5G与AI技术大系

算力网络详解 卷1

算网大脑

马雷明 孙杰 欧阳晔 编著

清华大学出版社
北京

内 容 简 介

本书从算力网络的顶层系统设计出发，首先介绍了算力网络的核心功能，然后围绕算网大脑功能对涉及的关键技术实现进行了详细描述。第 1、2 章介绍算力网络技术发展背景与趋势，并深入讲解算力网络与云网的关系；第 3 章系统性地介绍算力网络的体系结构；第 4 章介绍与算网大脑有关联的算网运营交易技术；第 5~9 章详细讲解算网大脑的核心功能：算网一体编排、算网管理调度、算网智能运维、算网智能引擎和算网数字孪生；第 10 章介绍算力网络应用场景；第 11 章对算力网络的发展趋势做了展望。

本书适合算力网络相关的系统规划师、软件设计师、产品经理、技术工程师等人员参考阅读。

图书在版编目(CIP)数据

算力网络详解．卷 1, 算网大脑 / 马雷明，孙杰，欧阳晔编著．—北京：清华大学出版社，2023.1

（5G 与 AI 技术大系）

ISBN 978-7-302-62370-0

Ⅰ．①算⋯ Ⅱ．①马⋯ ②孙⋯ ③欧⋯ Ⅲ．①计算机网络 Ⅳ．① TP393

中国版本图书馆 CIP 数据核字 (2022) 第 256838 号

责任编辑：王中英
封面设计：陈克万
版式设计：方加青
责任校对：胡伟民
责任印制：宋　林

出版发行：清华大学出版社
网　　址：http：//www.tup.com.cn，http：//www.wqbook.com
地　　址：北京清华大学学研大厦 A 座　　**邮　　编：**100084
社 总 机：010-83470000　　**邮　　购：**010-62786544
投稿与读者服务：010-62776969，c-service@tup.tsinghua.edu.cn
质 量 反 馈：010-62772015，zhiliang@tup.tsinghua.edu.cn
印 装 者：北京同文印刷有限责任公司
经　　销：全国新华书店
开　　本：170mm×240mm　　**印　　张：**17.5　　**字　　数：**340 千字
版　　次：2023 年 1 月第 1 版　　**印　　次：**2023 年 1 月第 1 次印刷
定　　价：89.00 元

产品编号：098226-01

作者介绍

马雷明，现任亚信科技研发中心技术与规划专家。拥有 10 余年通信领域工作经验，负责算力网络、5G 专网等产品研究与规划，对端到端网络系统有深刻理解。

孙杰，现任亚信科技研发中心云网技术与产品规划总监。拥有多年通信行业云网技术与产品规划经验，负责云网产品的整体技术架构设计与产品创新规划，并为大型企业客户提供数智化转型解决方案及架构设计等咨询服务。

欧阳晔　博士

IEEE Fellow，Verizon Fellow

亚信科技首席技术官、高级副总裁

欧阳晔博士目前在我国领先的电信软件公司亚信科技（1675.HK）担任首席技术官、高级副总裁，全面负责公司的研发与创新工作。加入亚信科技之前，曾任美国第一大移动通信运营商威瑞森（Verizon）电信集团通信人工智能系统部经理及 Verizon Fellow。欧阳晔博士在 ICT 领域拥有丰富的研发与大型团队管理经验，研究领域专注于移动通信、数据科学与人工智能跨学科领域的研发创新与商业化。

欧阳晔博士在工业界与学术界获得多项荣誉与奖励，近期奖项包括 2022 中国计算机学会 CCF 科技进步一等奖、2017 美国杰出亚裔工程师奖、2019 TM Forum 电信业未来数字领袖大奖、2021 吴文俊科技进步奖、2020 中国人工智能商业领袖奖、2017 IEEE 国际大数据会议最佳论文奖、2021 美国国家多元化科技领袖奖、2017 美国电信业创新大奖和最佳 OSS/BSS 产品奖、2017 北美最佳运营商大数据系统奖、2016 美国电信业创新大奖、2015 IEEE 无线通信年会"无线通信跨领域贡献奖"、美国总统科学技术与政策办公室电信大数据研究基金等。欧阳晔博士在多个国际标准组织与学术组织任职，包括 IEEE、ETSI 等多个工作组与会议主席、北京软协人工智能专委会会长、美国斯蒂文斯理工学院职业发展导师、清华大学—亚信科技 5G 智能联合实验室主任等，并在多个学术会议、期刊担任编委和审稿人。

欧阳晔博士著有 40 余篇学术论文、13 本学术书籍，拥有 60 余项专利，参与 50 余项国际标准的制定。欧阳晔博士拥有中国东南大学学士学位、美国哥伦比亚大学硕士学位、塔夫斯大学硕士学位和斯蒂文斯理工学院博士学位。

“算力网络详解”三部曲书序

当下，数字经济席卷全球，以科技为武器的产业革命深刻地影响着社会的发展进程，人类社会正迎来百年未有之大变局。在疫情这一“黑天鹅”的助推下，全球加速进入以数字化、网络化、智能化为特征的数智信息时代，这一变革重塑着全球的经济结构和竞争格局。

伴随着经济范式的革新，信息基础设施被视为推动经济高质量发展的重要引擎。国家间信息经济的竞争逐渐转变为算力水平的竞争，算力发展成为实现中国科技强国的内在发展需求。因此，要把握算力发展的重大战略机遇，抢占发展主动权。为此，国家在 2018 年明确提出“新型基础设施建设”之后，相继出台了“东数西算工程”等一系列助力算力基础设施建设的政策和文件，为加快形成高质、经济、可持续的算力提供政策性保障，以迎接数智信息时代的到来。

同时，产、学、研各界一同掀起了算力探讨和研究的热潮。受限于硅基芯片的 3 纳米单核制程，并且多核设备的芯片架构设计难度大，单一形态和单一算力提供主体的发展陷入了瓶颈期。通过计算联网实现大型计算业务自然成为业界当下的选择之一，只有如此，才能加速驱动算力设施和网络设施走向融合，算力网络这一概念便被提出来了。

算力网络诞生于中国，是国内数字经济领先发展的成果，是具有国际领先水平的重大原创性技术。2022 年是算力网络的建设元年，国内电信运营商均把算力网络建设提升到公司战略高度。中国电信构建以云网操作系统为核心的云网体系，围绕资源和数据、运营管理、业务服务、能力开放四个维度分阶段向算力网络迈进。中国移动于 2021 年 11 月发布了《中国移动算力网络白皮书》，明确了总体策略和发展实施方案。为加快整合统筹现有资源和能力，推进算力网络建设发展，确定了算力网络发展的三个阶段：泛在协同、融合统一、一体内生。中国联通则以 CUBE-Net 3.0 为发展愿景，提出构建“算网为基、数智为核、低碳集约、安全可控”的算力网络一体底座，实现 6 融合的“智能融合”服务。

亚信科技基于国际标准与国内电信运营商对算力网络的定义与规划，结合东数西算、AR/VR/XR 等多类典型算力网络场景，自主设计研发了算力网络产品体系，汇集了亚信科技在算力网络领域的创新研究成果，赋能通信运营商构建算力网络，助推东数西算工程落地。“算力网络详解”三部曲以亚信科技算力网络产品为基础，并结合相关场景和实践案例，全面介绍算力网络中智能编排调度、能力开放运营和大数据应用等关键功能和技术，从下往上贯穿整个算力网络系统架构，是国内首套详细回答算力网络两个核心问题——“算力网络怎么建”和“算力网络怎么用”——的书。非常荣幸能将此阶段性成果和经验以图书的形式与行业伙伴们进行分享，共同促进算力网络的繁荣发展。

我国信息科技领域经历了从全面落后到奋力追赶的阶段，目前正处在争创领先的大背景下，未来必然会面临巨大的困难和挑战。亚信科技诞生之时就以“科技报国”为己任，在过去近 30 年的发展中始终不忘初心，砥砺前行，站立在技术的发展潮头。未来，我们将继续坚持以技术创新为引领，与业界合作伙伴们共同努力，为提升我国信息科技和应用水平、实现“数字中国”贡献力量。

2022 年 9 月于北京

前　言

随着数字化经济的发展，算力日益成为经济发展的重要动力，是支撑数字经济发展的坚实基础。基础算力、智能算力、超算算力等多类型异构算力支撑千行百业的数字化转型，涌现出如智慧城市、智慧能源、智能制造各类算力应用。数字化转型中新应用对算力供给提出低时延、广覆盖、大量级的应用要求。目前单一的端、边、云算力供给无法有效地满足新业务的算力要求。

从2020年起，中国政府围绕算力统筹发展，发布了《全国一体化大数据中心协同创新体系算力枢纽实施方案》《新型数据中心发展三年行动计划（2021—2023年）》等纲领性指导文章。2022年3月全国两会明确提出筑牢数字底座，推进“东数西算”工程落地。“东数西算”工程目标在京津冀、长三角、粤港澳大湾区、成渝、内蒙古、贵州、甘肃、宁夏等8地启动建设国家算力枢纽节点，并规划了10个国家数据中心集群。“东数西算”工程是国家层面为了应对未来数字化经济算网一体的新型信息基础设施。算力网络技术是支撑新型算网一体基础设施的关键技术。

算力网络技术是面向未来算力和网络融合的新技术领域，是ICT行业发展的必然趋势。目前包括国际电信联盟（ITU）、中国通信化标准协会（CCSA）等在内的标准组织已经完成了算力网络需求与架构定义，但在具体系统模块功能设计方面仍处于探索阶段。亚信科技作为数字化经济发展的引领者，在云计算、通信网络、企业应用等多方面都有深厚的技术积累。亚信科技坚信算力网络会在未来数字经济发展中发挥关键作用，并积极进行算力网络相关的创新研究与产品开发。

亚信科技认为算力网络将算力融入网络，以网络作为纽带，融合人工智能、大数据、区块链等通用目的技术组合，使得算力通过网络连接实现云—边—端的最优化协同与调度，最终实现有网即有算，有网络接入的地方即有算力可提供。从算网资源编排调度角度讲，算力网络通过对异构、多层级算力的感知能力，建立算、网资源的全局统一视图，统筹优化算网资源调配，最大化资源使用效能；从服务运营角度讲，算力网络打造开放、公正的算力供需对接平台，汇集大、中、小等多供应商、多层次算力，构建良性的算力市场竞争环境，最小化算力使用代价；从算网成效角度讲，在算网拓扑的任何一个接入点，算力网络可为用户的任何计算任务灵活、实时、智能匹配并调用最优的算力资源，从而实现云—边—端 anywhere 与 anytime 的多方算力需求。

算力网络是 ICT 行业发展的新趋势，是面向未来算力和网络融合的新技术领域。亚信科技精心打造了“算力网络详解”三部曲，包括：

- 《算力网络详解 卷1：算网大脑》(即本书)，详细介绍在算力网络中面对应用需求如何实现算力资源和网络资源的联合优化。
- 《算力网络详解 卷2：算网PaaS》，详细介绍算力网络能力如何通过PaaS平台进行纳管、开放、运维和运营，最终实现算力网络技术和商业价值的落地。
- 《算力网络详解 卷3：算网大数据》，主要讲解面向算力网络的大数据关键技术，以及这些技术是怎么赋能算力网络的。

本书为亚信科技“算力网络详解”三部曲中的第一本，由亚信科技产品研发中心编写，编写组成员还包括王淑玲博士、杨先磊、吴晶、杨爱东，同时感谢朱多智、王迎、杨川、王志刚、陈赫赫、曾港、陈果、边森、齐宇、雷霆为本书出版所做的工作。由于水平有限，时间仓促，不足之处在所难免，请读者不吝告知，不胜感激。

编者

2022 年 9 月

目 录

第1章 算力网络概述

当前，在新冠肺炎疫情大流行的背景下，社会加速进入以数字化、网络化、智能化为特征的信息社会，经济社会发展范式正在经历变迁。在经济结构范式方面，经济已经从高速增长转向高质量发展，人类对数字产业化、产业数字化能够带来的经济倍增、叠加、放大效应给予厚望，数字经济也因此成为当下全球经济发展的主旋律；在技术应用范式方面，信息技术已由单点突破进入了协同推进、群体性演进的爆发期，对于经济发展的作用从原来的基础动力向核心引擎转变；在商业竞争范式方面，科技创新成为构筑企业竞争优势的关键支撑；在大众消费范式方面，新生代群体逐步成为数字化消费主流人群，传统的规模经营方式向基于规模的价值经营范式演变，信息通信服务逐渐从满足需求向引领群众需求、创造需求发展。

伴随着经济范式的革新，信息基础设施被视为推动经济高质量发展的重要引擎，国家的核心竞争力逐渐发展为算力能力和水平的竞争。在中国，国家高层高度重视新时代基础设施的建设，在 2018 年年底召开的中央经济工作会议上明确 5G 基建、特高压、城际高速铁路和城际轨道交通、充电桩、大数据中心、人工智能、工业互联网作为“新型基础设施建设”，并在随后的国家战略指导性文件、国家政策中均给予了大力支持。

基础设施资源的建设和供给结构经历了不同的发展阶段。在早期，财力雄厚的大型企业倾向于自建自有的数据中心、算力资源以及网络基础设施。但是，以云计算为代表的算力供给模式，以其灵活的资源获取和使用方式、低廉的基础设施使用成本等优势，成为了当下非常受欢迎的一种算力供给模式。随着业务类型的丰富和多样化，雾计算、算力网络等方案也被提出。近年来提出的“算力网络”更是引发了业界的广泛关注。ITU-T、CCSA 等国内外标准化组织也已经开始进行深入的研究和标准化工作。

算力网络是随着5G网络、云计算、边缘计算等技术发展而出现的一种新型的资源整合方案，它将属于不同所有方的计算、存储等资源通过网络整合起来，按照用户业务的不同需求提供不同的资源组合。算力网络是在技术契机和商业背景的双重驱动下，得到了产业界的诸多关注。

1.1　算力网络概念

1.1.1　算力网络的定义

算力网络（本书中也简称“算网”）定义的标准化研究当前主要集中在ITU-T SG13。2019年10月，在ITU-T SG13全会上，算力网络的概念被正式提出，相关的研究正式拉开序幕。在该会议上，中国电信和中国联通主导的“算力网络—需求与架构”立项（Y2501 Computing Power Network – framework and architecture）获得全会通过，成为算力感知网络首个国际标准项目，目前仍然在更新中。2021年7月中国电信、中国联通成功立项Y.NGNe-O-CPN-reqts标准和Y.ASA-CPN标准，分别研究算力网络的NGNe编排增强要求及框架、算力网络认证调度架构。2021年11月中国移动进一步提出算力网络需求与场景（CFN），在同期的ITU-TSG13全会上，ITU-T组织者对先后出现的3类术语进行了研究范围界定，并确认了算力网络的共同研究目标是CNC（Computing and Network Convergence），未来考虑以CNC作为统一术语研究。由于算力网络标准工作的积极开展，该领域得到了ITU的重点关注，同时ITU-T与中国通信标准化协会（CCSA）算力网络系列标准相互呼应。首个算力网络国际标准的通过及国际系列标准的形成，是算力网络从国内走向国际的重要一步，在算力网络发展中具有里程碑式的意义。究竟什么是算力网络？目前业内其实并没有给出一个完整、规范的定义，可以从标准组织的研究中寻找一些启发。从2019—2021年，ITU中涉及算力网络的概念和定义有：

- CPN（Computing Power Network）：算力网络是一种新型的网络结构，通过一个集中式的或者分布式的网络控制平面，获取服务节点相关的计算、存储、网络等资源信息，并最终实现资源的最优化分配。
- CAN（Computing Aware Networking）：面向云计算环境，CAN提供

了一种云算力和网络资源的集成优化方案，使得CSP能够提升云服务能力。

- CFN（Computing Force Network）：在IMT-2020以及其演进技术背景下，CFN倡导在全算力感知和集中管理的基础上，引入AI/ML相关技术和能力，实现算力、网络资源的联合优化。

尽管不同的概念侧重点不一样，但是，三者的目标还是一致的，即从全局的视角下，实现算力资源和网络资源的统筹调度，达到联合资源效用的最优。因此，为了概念和后续研究工作的统一，ITU 在 2021 年的时候，将算力网络的定义统一为：

- Computing and Network Convergence（CNC）：在网络、算力资源统一感知和控制的基础上，实现算力和网络资源的联合优化。

在国内，产业界依托 CCSA，也给出了算力网络的概念：

- 面向算网融合演进的新型网络架构，通过算力资源与网络资源状态的协同调度，将不同应用的业务通过最优路径，调度到最优的计算节点，实现用户体验最优的同时，保证运营商网络资源和计算资源利用率最优化。

除此之外，IETF、ETSI、6GANA 等组织中，也或多或少地涉及算力网络的概念。

1.1.2　算力网络与电力网络

算力网络的理念提出以来，业界一直把算力网络类比于电力网络。电力时代构建了一张“电网”，有电就可以用电话、洗衣机、电饭煲、电风扇、电视机，终端的用户无须关心所使用的电来自哪里，只需要保证家里的插头标准、电力电压标准满足要求即可。在算力时代，算力网络将发挥同样重要的作用，为数字经济蓬勃发展提供必不可少的支撑，自动驾驶、人脸识别、游戏渲染等业务申请需要的算力，而无须关注来自哪个物理位置。

2002 年 3 月，国务院正式批准了以“厂网分开，竞价上网，打破垄断，引入竞争”为宗旨的《电力体制改革方案》（国务院 5 号文件），国家电力公司分拆成两家电网公司、五家发电集团公司和四家辅业集团公司。电力的生产和供给由五家发电集团公司负责；电力的输送和对外供给由电网公司负责。算力网络时代，运营商的网络能够感知算力的需求和供给，是实现供需高效对接的有利武器。类比于电力，算力网络需要实现算力资源的开放性纳入，构建公平、开放、透明的算力供给对接市场机制。

1.2　新型数字化经济需求

1.2.1　人工智能产业化需求

人工智能是数字经济高质量发展的引擎，也是新一轮科技革命和产业变革的重要驱动力量。作为引领这一轮科技革命和产业变革的战略性技术，加快发展新一代人工智能是赢得全球科技竞争主动权的重要战略抓手。《中华人民共和国国民经济和社会发展第十四个五年规划和 2035 年远景目标纲要》也做出了相关部署。

随着人工智能技术的发展和在各行各业的落地，数据呈爆炸式增长趋势，模型也愈加复杂和庞大，算力成为人工智能发展的重要制约因素。据 OpenAI 公布的 AI 算力报告显示（如图 1-1 所示），自 2012 年以来最先进的 AI 模型的算力需求每 3~4 个月翻一番，也就是每年增长 10 倍，比摩尔定律两年增长一倍的速率快得多。

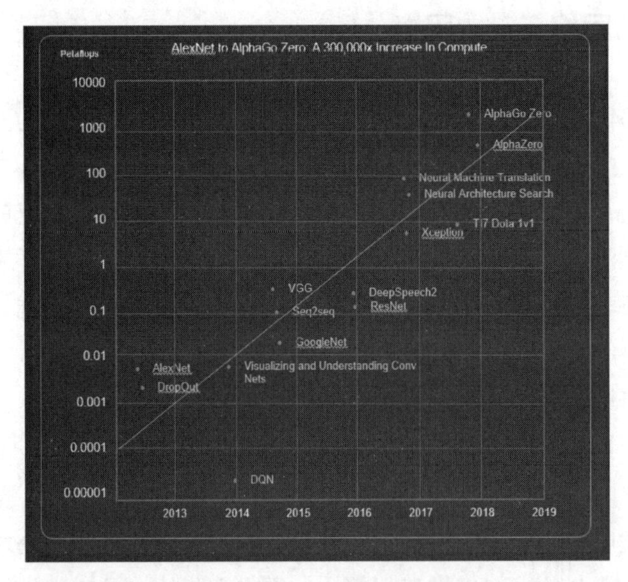

图 1-1　OpenAI 公布的 AI 算力报告

中国作为较早布局人工智能战略的国家，充分重视科技创新对于社会经济发展的助推价值，并通过政策引导，布局人工智能算力基础设施发展，夯实 AI 产业化的根基。

以人工智能新型计算算力为代表的人工智能计算中心（以下简称“智算中心”），是目前人工智能基础设施的重要组成部分。人工智能计算中心是以基于人工智能芯片构建的人工智能计算机集群为基础，主要应用于人工智能深度学习模型开发、模型训练和模型推理等场景。目前，智算中心通过地方的产业政策引导，并依托本地化的特色产业生态，构建规模化的算力中心，向企业提供普惠的公共算力服务、特色的数据和算法服务，支撑科研创新和人才培养，让算力服务更易用，也为未来人工智能计算算力如何布局提供参考。截至 2021 年 4 月，中国先后批准设立了北京、上海、合肥等 15 个国家新一代人工智能创新发展试验区。智算中心被越来越多的地方政府视为支撑和引领数字经济、智能产业、智慧城市和智慧社会发展的关键性信息基础设施。

当前，人工智能计算中心的发展面临新的形势。一方面，人工智能的发展对算力的需求持续攀升；另一方面，在国家“双碳”战略下，需要计算中心加强统筹建设和提升利用率，进一步减排降耗。智算中心逐渐走向网络化和集约化，实现算力、大模型、数据集、行业应用等人工智能要素流动共享。因此，智算中心不再作为独立的系统，而是逐步走向相互连接的算力网络，深化智算中心的高质量建设，是智算中心下一步发展的新形态和新范式。新型网络技术将各地分布的智算中心节点连接起来，构成感知、分配、调度人工智能算力的网络，可以更好地汇聚和共享算力、数据、算法资源，更好地满足我国经济社会高质量发展的新需求。

1.2.2　分布式多级算力需求

伴随着算力需求与日俱增，对算力的要求也开始呈现多面性特征，使得原有的算力横向扩展方式不再使用，分布式云、MEC、泛在计算等主张多级算力的算力方案走进了大家的视野。据 Gartner 的报告显示，分布式云在 2020 年和 2021 年，连续两年被列为了战略性技术。

CCSA 在 2020 年启动了《面向业务体验的算力需求量化与建模研究》的研究项目。在该项目中，对当下比较典型的业务的算力需求进行了量化分析。

1. 训练类业务

训练类业务是指通过大数据训练出一个复杂的神经网络模型，即用大量标记过的数据来“训练”相应的系统，使之可以适应特定的功能。训练需要极高的计算性能、较高的精度、能处理海量的数据、有一定的通用性，以便完成各种各样的学习任务（参见图 1-2）。训练类业务目前主要集中在云端，算力需求主要体现为算力的量级、异构的算力、算力的效率。

使用算法	应用场景描述	算力需求估算	网络需求估算	存储需求估算	备注
VGGNet	在数据集上训练网络模型，提升检测效果；以训练迭代一次为例(ImageNet中的ILSVRC2010数据集，包含了1000类，共1.2百万的训练图像，50000张验证集，150000张测试集)	19 PFLOPS (采用VGG16结构为例，在ImageNet数据集上训练1次所需的算力：1200000*16GFLOPS；数据来源:https://github.com/Lyken17/pytorch-OpCounter)	非实时性业务	VGG16模型权重大小138.37M；ImageNet数据集大小1TB	VGG16在ImageNet数据集为例
	在数据集上训练网络模型，提升检测效果；以训练迭代一次为例；(COCO数据集；包含80个对象类别，33万图像)	6 PFLOPS (采用VGG16结构为例，在CoCo数据集上训练1次所需的算力：330000*16GFLOPS；数据来源:https://github.com/Lyken17/pytorch-OpCounter)		VGG16模型权重大小138.37M；CoCo数据集大小20G	VGG16在CoCo数据集为例
Resnet50	在数据集上训练网络模型，提升检测效果；以训练迭代一次为例 (ImageNet中的ILSVRC2010数据集，包含了1000类，共1.2百万的训练图像)	5 PFLOPS (采用ResNet50结构为例，在ImageNet数据集上训练1次所需的算力：1200000*4.14GFLOPS；数据来源:https://github.com/Lyken17/pytorch-OpCounter)		ResNet50模型权重大小25.56M；ImageNet数据集大小1TB	ResNet50在ImageNet数据集为例
	在数据集上训练网络模型，提升检测效果；以训练迭代一次为例	2 PFLOPS (采用ResNet50结构为例，在CoCo数据集上训练1次所需的算力：330000*4.14GFLOPS；数据来源:https://github.com/Lyken17/pytorch-OpCounter)		ResNet50模型权重大小25.56M；CoCo数据集大小20G	ResNet50在CoCo数据集为例

图 1-2　训练类业务相关参数

2. 推理类场景

推理类业务是指利用训练好的模型，使用新数据推理出各种结论。即借助现有神经网络模型进行运算，利用新的输入数据来一次性获得正确结论的过程。也叫作预测或推断。推理对性能要求不高，更注重综合指标，包括单位能耗算力、时延、成本等（参见图 1-3），因此，越来越多的推理过程逐渐从云端转移到边缘端或者终端，算力从集中走向了分布、泛在化。

使用算法	应用场景描述	算力需求估算	网络需求估算	存储需求估算	备注
CNN	单张图像的人脸识别任务	**10GFLOPS** 输入尺寸为2560*1920，MTCNN所需要的算力约为10GFLOPS (数据来源:https://zhuanlan.zhihu.com/p/92177798)		MTCNN模型权重大小186MB	MTCNN人脸识别算法为例(CNN约占80%算力需求)
	单路单流对人脸图像进行识别;应用在实验室环境	**13 GFLOPS** (由于CNN特征提取占据80%的算力，所以可以推测出检测一张分辨率2560*1920的图片所需要的算力：10/0.8=13)	时延<60ms		
	单路多流对人脸图像进行识别；应用在写字楼等场景，实现并发(300张图片并发为例)人脸识别功能	**4 TFLOPS** (300张并发检测所需要的算力：300*0.013TFLOPS/每张)	时延<60ms		
	多路多流对人脸图像进行识别(16路，300张图像并发)；应用在城市街道、闹市区	**64 TFLOPS** (16路监控视频高并发检测所需要的算力：16*4TFLOPS/每路)	时延<200ms		
RNN	对一条语音进行语音识别	**2 GFLOPS** (数据来源：BIG-LITTLE NET: AN EFFICIENT MULTI-SCALE FEATURE REPRESENTATION FOR VISUAL AND SPEECH RECOGNITION 中的论文实验)	时延<60ms	DeepSpeech2普通话语音识别模型权重大小216MB	DeepSpeech2语音识别算法为例
	实现并发(500条语音识别为例)语音识别任务	**1 TFLOPS** (500条语音高并发所需算力:2GFLOPS*500)	时延<60ms		

图 1-3　推理类业务相关参数

3. 云 AR/VR 场景

传统 AR/VR 业务由于开发成本高、硬件受限、场景受限等弊端，未能得到大规模的普及。随着算力的普及增长以及 5G 的商用，移动式云 AR/VR 的业务场景将会大受欢迎。如图 1-4 所示，移动 AR/VR 业务是一种云和端结合的方式，本质是一种交互式在线视频流。对于云侧拥有超强算力和低时延的网络，该算力网络根据业务需求，一键部署与之匹配的业务能力，更多的渲染工作在云端完成，然后通过网络传送给用户端，如手机、PC、Pad、机顶盒等终端设备，用户通过输入设备（虚拟键盘、手柄等）对业务进行实时的操作。

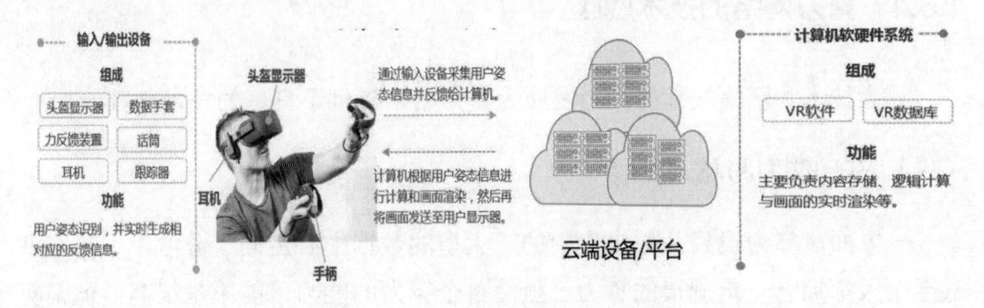

图 1-4　VR 系统组成及交互示意图

另外，云 AR/VR 业务在高铁、地铁等高速移动的场景下，用户侧终端设备将会在多个基站甚至多个地域进行网络切换，这样与初始连接的云端节点网络之间的延迟增加，因为需要在多个云端节点进行切换，根据用户的实际情况进行统一调度和管理，将计算能力在多个节点之间无缝迁移，且保障流畅、切换无感的用户体验。这就要求算力网络节点能够快速调用计算能力，设计灵活的架构，进行弹性伸缩，满足用户的密集需求，如图 1-5 所示。

使用算法	应用场景描述	算力需求估算	网络需求估算	存储需求估算
	PC VR,移动VR 2DAR 动作本地闭环，全景云端下载 远程办公，购物等	40 EFLOPS 算力需求来自视频编解码以及视频内容语义感知和环境感知(数据来源：《泛在算力：智能社会的基石》立场文件-华为)	20Mbps 时延<50ms	运行环境：内存4G，存储32G
	VR 新零售：利用计算机 3D 建模等技术，将商品的 3D 模型还原，身临其境地浏览商品，更细致地观察商品		40Mbps 时延<20ms	

图 1-5　云 VR/AR 业务参数表

各类计算密集型业务对于算力的需求与日俱增，如工业自动化、机器视觉等应用，需要大量的算力资源。同时，与传统应用相比，诸如 AI 类的应用在时延上是非常敏感的，单纯地靠增加算力的能力或者扩充网络传输通道，已经不能很好地满足业务场景的需求。因此，为了满足当下新型业务对算力的多维度需求，业内的一致观点是，需要结合算力能力与网络能力，统筹全局调配基础设施资源，这也就是算力网络的宗旨和目标。

1.3　算力网络发展的基础

1.3.1　算力网络的技术底座

算力技术和网络技术的大力发展为算力网络提供了良好的技术基础。

1. 基础能力跨越式发展

一方面，算力已经从原来集中的、大型的数据中心走向了分散，中小企业甚至个人都拥有一定规模的算力。虽然单个算力的能力可能不是很高，但是算力的量级非常大。早在 1999 年，加州大学伯克利分校的几位科学家，就通过网络把世界上无数的计算机连接在一起，组成巨大的算力网络，来处理从浩瀚的宇宙中收集的信号，并找寻地外生命（SETI）存在的证据，也就是 SETI@home 项目。如今，这个项目已经过去了 20 多年，算力的水平在遵循摩尔定律的基础上，有了长足的提升，社会上闲散算力聚集起来的能量将不可估量。在这个过程中，算力经历了大型机、分布式模式、云计算模式等由合到分，由分到合的过程，同时伴随着算力的管理、维护技术的日趋成熟。

另一方面，网络连接的能力、范围等都得到了扩展，资源的获取更加的无边界和无障碍。无论是移动网络还是数据网络，网络带宽越来越大。网络经历了 Mbps、Gbps、10Gbps、100Gbps 等阶段，网络这条公路越来越宽，能够承载的 bit 位越来越多，同时，移动通信网络也在 2G/3G/4G/5G 越来越宽的道路上演进。网络的运维管理智能化水平也逐渐提高。同时，网络的成本近几年也在不断下调。因此，对于资源需求方，已经无须太过于关注资源是从何处获取，资源的供给方也无须担心网络供给不足的问题。

2. 算网融合发展初现

算力和网络一直是计算机领域发展的两条主线。在早期的大型机时代，用户终端仅仅作为显示器，并通过通信线路连接到大型主机，使用集中点的算力资源。那时候的网络仅起到了连接的作用，功能单一。随着个人 PC 的普及，计算资源逐渐分散，计算机网络逐渐从满足连接需求向满足计算协同的需求发展，比较典型的有 P2P 网络和网格计算。随着互联网业务的飞速发展，云计算高可靠且高弹性的资源供给模式与以 Web 为代表的互联网业务需求高度吻合，从而迎来了黄金发展期，也成为互联网经济发展的核心推动力。

在过去，算力和网络都沿着各自的轨道，往前迭代。虽然在网格计算的时代两者短暂地融合过，但是由于当时技术的局限以及商业模式的不成熟，网格计算最终还是成为了实验室的产物，并没有走向成熟的商业化。但是，时至今日，两者的融合趋势越来越显现。一方面，繁荣的移动互联网业务催生了移动通信网络、固定通信网络、云计算服务的连接需求，并且诸如 AR/VR、车联网等新形态的业务，从业务侧给网络提出了安全、可靠、可确定等要求。这就要求网络从原来默默支撑、哑管道的角色，逐渐走向前台业务，走进千差万别、需求各异的业务。另一方面，随着个人业务、企业业务向云的迁移，算力供给模式由传统的自有 IDC 提供向公有云、分布式云、混合云等多种形态演进，网络如何去适配新型算力结构的需求，也成为当下网络演进的课题。因此，在数字化经济日益繁荣的时代，云网融合、算力网络、云网络、多云网络、NaaS 等代表了云网融合演进方向的词汇频频出现在从业人员的视野中。

算力网络作为资源分配与网络连接的一体化方案，将改变未来基础设施资源的供给模式，也会激发更多的商业模式。

1.3.2 “双碳”社会的国际共识

工业社会，工业革命和技术创新促使人类生产力水平不断提高，人类在改造自然界、创造极大财富的同时，也在不断地破坏着赖以生存的自然环境。能源的不合理使用、废物和有害物的排放造成的环境问题不断为人们所认识。其中，包括二氧化碳在内的温室气体的过度排放带来全球气候变化，也已被确认为不争的事实。在此背景下，“碳排放”碳足迹、低碳经济、低碳技术、低碳生活、低碳社会等一系列新概念、新倡议应运而生。

《联合国气候变化框架公约》是世界上第一个为全面控制二氧化碳等温室气体排放，以应对全球气候变暖给人类经济和社会带来不利影响的国际公约，也是国际社会在应对全球气候变化问题上进行国际合作的一个基本框架。1997 年 12 月，联合国气候变化公约第三届缔约方大会在日本京都举行，会议通过了具有法律约束力的《京都议定书》，对 2012 年前主要发达国家减排温室气体的种类、减排时间表和额度等做出了具体的规定。2009 年，在丹麦首都哥本哈根举行的联合国气候峰会上，欧美发达国家提议以现在各国的碳排放规模为基准，按照相应的比例来各自承担减排的责任。2015 年 12 月，在第二十一届缔约方会议上，欧美国家又提出了“碳排放权”，这是一个全新的、有针对性的概念。“碳排放权”的提出，意味着碳排放行为开始被资本化。也就是说，在自己配额不够的情况下，可以通过向别人购买配额的形式获得，后者在替前者完成减排任务的同时，也可以获得收益。发展中国家想要发展经济，发展工业是不二的选择，然而发展工业就必然会产生碳排放，这就会受限于欧美发达国家。

因此，为了我国可持续发展的内在要求，履行国际责任、推动构建人类命运共同体的责任担当，中国政府提出了“2030 年达到碳高峰，到 2060 年实现碳中和”的承诺，也就是国内的“双碳”战略。

作为高耗能行业，做好绿色转型、实现可持续发展成为数据中心响应国家“双碳”目标的必修课。据统计，数据中心能源侧的碳排放主要来自 IT 设备及基础设施的电力消耗。在数据中心能耗结构中，主设备耗电占 45%~55%，空调设备占 35%~45%，电源及其他设备占 10%~15%。空调设备的冷却系统能耗是数据中心的消耗大头。因此，优化数据中心的物理分布位置或者引入新的冷却技术等成为了数据中心绿色转型的主要方式。

“东数西算”工程可谓数据中心建筑布局优化的最典型例子。将新数据中心的建设地址选在能源丰富的西部地区，承接东部算力需求。以贵州为例，其年平均气温仅有 15℃，常年无风沙，且拥有众多大型水电工程，电价便宜。这种得天独厚的气候和能源优势，不仅有利于服务器散热，而且有利于电路板保持洁净，以及用电成本与设备维护成本的降低，整体运营成本随之也保持在最优水平。

算力网络依托高速、移动、安全、泛在的网络连接，整合多层次算力资源，提供数据感知、传输、存储、运算等一体化服务的数字基础设施，能够实现东西部一体化的算力服务，是使能“东数西算”工程落地的重要技术。

1.3.3　算力网络发展的国家政策

算力网络是响应国家战略、加速技术创新、顺应产业发展、推动公司转型的必然要求，将为社会数智化转型带来全新机遇。算力网络是支撑国家网络强国、数字中国、智慧社会战略的根本要求，是对接国家规划，落实“东数西算”工程部署的重要支撑，是推动国家新型基础设施走向纵深的全新路径，将有力地推动算力经济的持续健康发展。

算力网络是信息科技创新的新赛道，是加快大数据、AI、区块链、物联网等多要素融合的重要载体。发展算力网络必然会引发大量跨领域融合技术和原创技术的突破。算力网络推动网络与计算两大技术体系融合发展，以网络创新优势带动算力网络创新发展，占据新的技术制高点。

算力网络是行业发展的新引擎，是行业价值重构的重大机遇。通过发展算力网络，可以有效融通多元业态、提供多元供给、形成多元服务，催生全新的商业模式，极大地拓宽行业边界、提升行业价值，促进产业高速发展。

算力网络是对云网融合的深化和新升级，主要体现在：一是对象升级，云是算的一种载体，算力将更加立体泛在，包含边端等更丰富的形态；二是融合升级，算力网络不仅是编排管理的融合，更强调算力和网络在形态和协议上的一体融合，同时也强化了以算为中心，ABCDNETS 等多种技术的融合共生。三是运营升级，算力网络对网络运营管理的要求更高，从一站式向一体化、智慧化演进；四是服务升级，算力网络是以算力为载体，多要素融合的新型一体化服务。

算力网络也将成为 6G 网络发展的基础。在网络和计算深度融合发展的大趋势下，6G 的核心愿景和应用场景呼唤基础设施的创新，要求网络和计算相互感知、高度协同，实现泛在计算互联，提升网络资源效率。

算力网络是运营商面向下一个十年的网络战略，从“算”和“网”两个角度来看，运营商的垄断性优势是网。从“算”的角度来看，在最近刚认定的 44 个 2021 年国家级绿色数据中心中，运营商有 14 个，接近 1/3。其他的数据中心来自阿里巴巴、百度、腾讯、字节跳动、华为等大厂，还有世纪互联等数据中心企业，以及像银行、能源这样的适配于垂直行业的数据中心。这也是我国算力来源的现状。算力网络，价值在于算力与网络的融合，现在的算力大户是互联网大厂，运营商的这场“借东风”，如何构建以及能否如愿，仍然是当下的一个重要课题。

1.4　算力网络的新应用形态介绍

1.4.1　新型算力组合

从成本和技术角度考虑，云计算服务向边缘计算领域扩展已经成为了业界的共识。传统的云计算服务通过规模效应降低成本的商业模式，迎来了蓬勃的发展。在云服务时代，云服务商建设超大规模的数据中心，并研发自动化、智能化的管理手段、数据中心节能技术、资源调配技术等，来降低基础设施资源的使用成本，提升灵活性。但是，随着边缘计算的兴起，云商通过技术以及资金投入构筑的市场准入门槛被大大降低。因此，市场的算力供给结构将出现非常大的变化。

算力网络作为一个中立的算力调配平台，为最终的业务需求匹配的算力组合，位置、供应商、算力类型等均可能存在差异，与当前的云环境有较大的差别。

1.4.2　新型算力模式

5G 时代的到来，可以为更多的地方提供不受限制的高速网络接入，提供更多的网络连接的可能性。接入网络的带宽、便利性、稳定性和安全性等方面，5G 都是一种网络连接方式的最好选择。尤其是随着 SD-WAN、智能网络、自智网络等新技术的引入，网络已经不再是瓶颈。并且随着确定性网络等技术的引入，网络的可保障性也得到了提高。因此，归属于不同所有方的资源，可以通过网络整合起来，形成一个整体供给。但是，在这个过程中，如何整合各方资源，给最终用户一个无差别的感知，成为一个新的问题。这个无差别的感知包括了业务体验、运营体验、管理及维护体验等方面的无差别。

为了实现这样一种状态，算力供给的商业模式将会被重塑。

首先，对于算力资源的整合。在过去，算力资源整合是以云服务商为中心的，云服务商通过规模效应来节省各类支出，包括建设、管理和维护等各方面。但是，对于边缘算力，在 DC 的建设、设备的管理维护、DC 节点的分布、DC 内网络资源的规划等方面都和传统的云数据中心存在一定的差异。如果为了整合边缘算力，需要雇用大量的人力，来进行点位的洽谈、后期离散设备的维护与运营，那么云服务商可能很难有意愿去维护和推进。

其次，中小型算力资源的提供方也很难开展相关业务。由于技术实力的限制，能够运营的产品和提供的服务相当有限，尤其当用户提出新的需求之后，很难及时提供有效的技术支持。同时，受限于企业规模，市场推广力度小，很难将自身的资源信息告知潜在用户群。

因此，算力网络可能是这些问题的一类解决方案。通过算力平台，构建中立的、公正的算力供需对接平台，提供方和消费方无须感知对方的存在，按照一致的标准和规则，进行交易，催生一种新的算力供给模式。

1.5 算力网络产业规划

1.5.1 算力网络的标准规划

在产、学、研、政等各方的努力下，算力网络标准的体系化工作在 ITU 和 CCSA 中同步开展。ITU 更侧重于算力网络的架构、应用场景，CCSA 则覆盖了端到端的算力网络体系，包含了算力网络的技术架构、运营架构等，对于算力网络未来的商业模式、商品形态等都进行了前瞻性的研究。

1. ITU-T 中的算力网络标准

ITU-T 的算力网络研究有以下主要方向：

- 以CPN为定义衍生了5种标准。“Y.2501 Computing Power Network – framework and architecture”标准将算力网络定义为一种资源分配优化的网络CPN。其核心要义在于基于用户需求和算网环境，通过网络控制面实现算力资源节点、存储资源节点、网络资源节点的最佳分配。该标准给出了CPN的4层架构，即南北的服务层（需求信息、计费、交易等模块）、控制层（信息采集、资源分配、网络调度等模块）和资源层，以及支撑实现业务和资源编排管理的编排层（资源和业务编排、算力建模、安全、算网OAM等模块）。同时该标准提出了保障算网可行性需求，包括算力资源统一度量、算力的采集和监控等。“Signaling requirements for Computing power Network”标准定义了CPN架构涉及的资源数据模型、接口数据模型和故障的数据模型等，同时定义了向上的各类资源采集及汇聚接口、向下的执行策略及资源配置等接口功能，给出了资源的采集与部署、故障的处理等信令流程。“Requirements and signaling of intelligence control for the border network gateway in computing power network”标准给出了边界智能网关设备集成了CPN功能实现基于业务需求的资源调度，包括域内的资源调度和跨域的资源信息交换实现的资源调度。“算力网络认证和调度体系架构”“NGNe编排增强的架构和要求支持算力网络”两份标准于2021年11月完成立项，拟对算力网络架构中两个关键功能块的架构、功能和需求展开研究。
- 以CAN为定义共开展了4项标准研究。“Functional requirements of computing-aware networking”项目给出了基于云网融合资源优化的基本实现需求，保留资源的统一度量、算力感知网络的广播、路由、算力感知网络服务合约、算力感知网络OAM等。
- 以CNC为术语的标准当前衍生了3份标准，“Management and orchestration related requirements and framework for computing and network convergence in IMT-2020 networks and beyond”标准拟制定算网融合编排模块的需求与架构。“QoS assurance-related requirements and framework for computing and network convergence supported by IMT-2020 and beyond”标准拟使用CPN架构对架构各控制层进行增强，实现QoS保障。“Requirements of

computing and network convergence for IMT-2020 and beyond”标准给出了算网融合的资源感知、资源与服务映射、资源管理、资源度量、服务连续性、融合AI/ML等的算网能力要求、交易要求、接口要求等。

2. CCSA 中的算力网络标准

自 2019 年至今，CCSA 已完成 14 项算力网络标准立项，涉及算网总体技术要求、算网设备和协议技术要求、算网关键模块技术要求、算网运营管理技术要求等。在已经开展的《算力网络 总体技术要求》项目中，主要研究了算力网络的 4 层架构中的算力服务技术要求“研究算力网络的算力服务层负责算力网络与用户服务的信息交互，将业务或者应用的服务请求，映射为服务应用信息及用户业务请求，包括算力请求等参数，发送给算力路由节点”，算力网络的路由技术要求“研究算力的控制和转发”，管理技术要求“包括算力服务编排、算力运营，算力建模与度量、算力节点管理、算力 OAM、算网安全等”。在《算力网络运营管理总体技术要求》项目中的研究主要包含：是面向用户的层面，研究算网的源自能力和服务定义；面向按需、灵活的业务需求，研究算网编排及其他各层的能力抽象、组合编排和封装、人工智能技术在算网资源和能力的辅助建模、产品模型的智能化组装方面的应用；网络控制层重点研究算力网络中的全局网络资源收集、分发；算力管理层研究全域多层级的算力资源注册、度量等，为算力交易提供支持；基础设施层需要研究如何能更快捷地部署新的业务，进一步向用户提供端到端资源可视、确定性时延保障的服务能力。在《面向算网融合的算力度量与算力建模研究》项目中，研究涉及算力资源建模、服务能力建模、综合能力建模。算力资源建模包括算力建模、通信能力建模和存储能力建模等；服务能力建模是从安全性、定位功能、移动性支持功能三个方面对服务能力进行建模；综合能力建模指使用算力节点动态算力综合性能计算方法，采用指标评价相似度对多维指标进行处理并得到动态算力综合评价指标。

1.5.2 中国运营商的算力网络规划

算力网络能够由中国运营商提出，并在中国这块大地上发展和逐步完善，背后的驱动力有技术的发展，同时也有商业市场的需求。过去，运营商通过兴建网络、IDC 等基础设施资源，并以标准化的方式来开展一体化的服务，这种通过规模效应来降低成本的商业模式运转良好，给运营商带来了丰厚的利益。在云时代，以阿里云、腾讯云为代表的云厂商以这种商业模式，占据了云市场的半壁江山。运营商一向将自己定位为基础设施的供应商，投入了大量的资源想要与云厂商一较高下。但是，在过去的十几年中，运营商的斩获并不太理想。随着政企云、国资云的提出，运营商在云市场上逐渐有上升之势。同时，随着边缘云、私有云、混合云等算力架构的引入，运营商云网兼备的优势日渐突出。因此，算力网络作为一种云网边端协同的资源分配方式，成为了运营商进军算力供给阵列的有力武器。

2021 年 11 月，中国移动董事长在移动合作伙伴大会上，正式将算力网络上升为移动的集团战略，引爆了产业界对于这项技术的极大关注。据悉，中国电信和中国联通也在筹划启动集团级的战略规划，对于算力网络的落地部署进行指导。从目前的公开资料中，能了解到三家运营商对于算力网络的一些观点和看法。

中国移动算力网络规划出现在《算力网络白皮书》中。在该方案中，中国移动将算力网络的最终发展目标定义为“算力泛在、算网共生、智能编排、一体服务”，同时，给出了“泛在协同、融合统一、一体内生”三个阶段（图 1-6 所示），并对各阶段的重点工作、关注重点进行了描述。

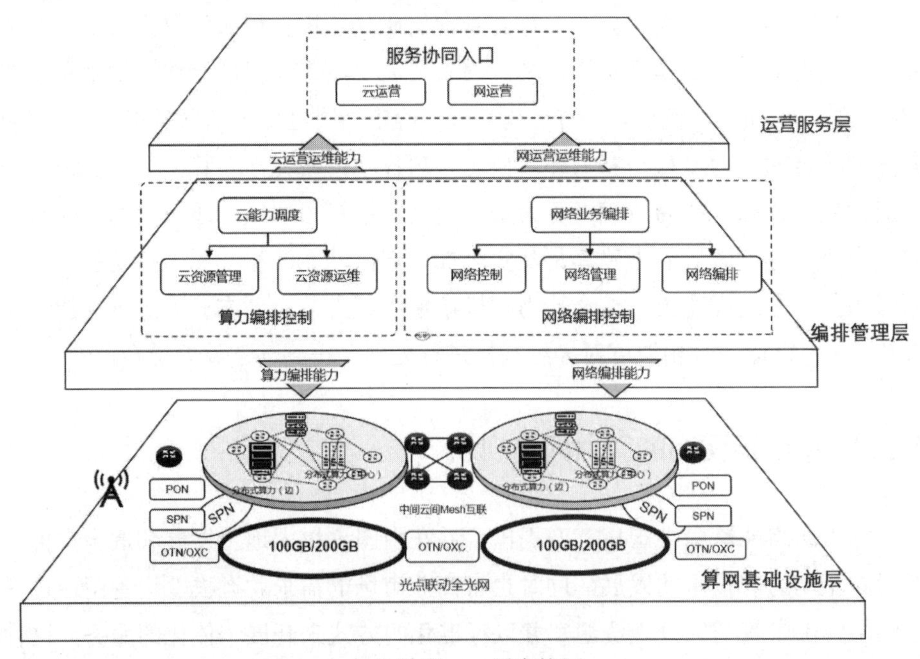

（a）阶段一：泛在协同

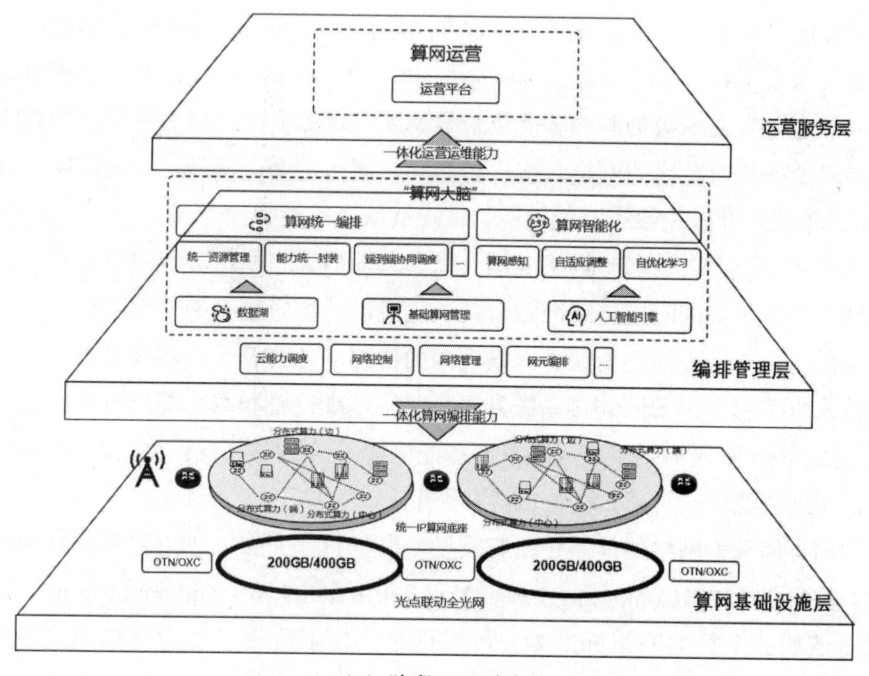

（b）阶段二：融合统一

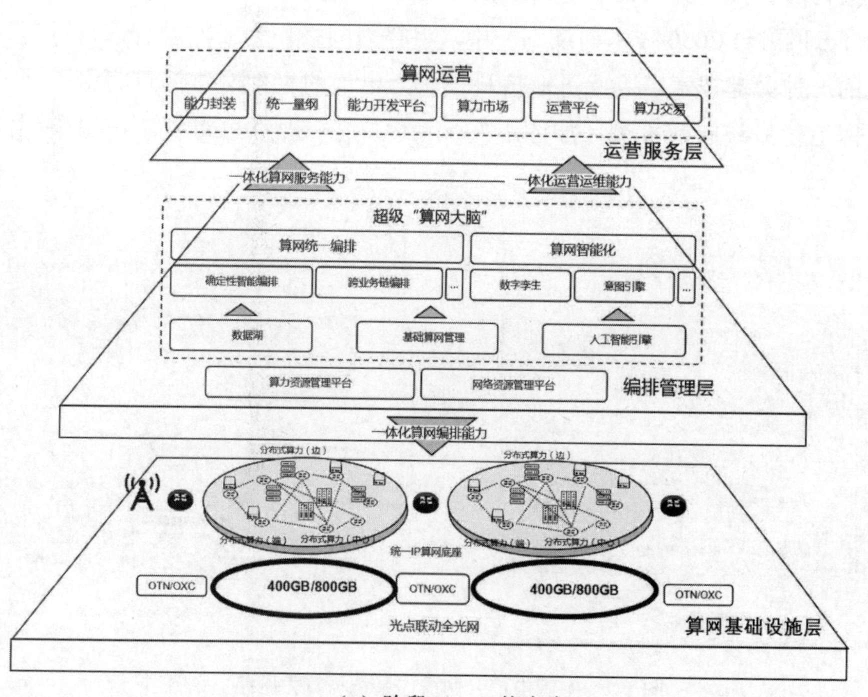

（c）阶段三：一体内生

图 1-6　中国移动算力网络的三阶段

从发展目标来看，中国移动的算力网络中，算力和网络是基础设施底座，其上会承载各类创新的 IT 技术和能力，同时，利用网络对于算力供给和需求的感知能力，实现多级资源的智能化统筹调度。资源层面，会关注云、边缘算力布局以及各算力之家的网络传输资源布局。能力层面，以云、边为底座，对外提供 CT 能力开放、数据智能服务、区块链服务等能力。

从《算力网络白皮书》描述的愿景以及近期的算力网络交流情况来看，目前移动处于泛在协同阶段，瞄准融合统一阶段，一体内生则是理想阶段。泛在协同阶段，重点推进算力资源、网络资源的协同，运营统一，管理分离。此阶段的技术攻关包含了云网编排系统升级、网络基础设施和算力基础设施的统一管理。融合统一阶段需要重点攻关算网智能化技术，推进算力、网络的融合管理、调配，实现资源统一管理、统一编排和调度。

中国电信算力网络的体系化研究成果输出至 ITU-T 的 Y.2500 系列标准中。其中，项目“Y.2501Computing Power Network – framework and architecture”是中国电信的首个算力网络标准项目，在这个项目中给出了算力网络的定义、参考架构。从生产侧来说，电信并没有给出明确的算力网络规划。在中国电信的《云网融合 2030 技术白皮书》中，将算力网络作为云网融合演进过程中所需的一种关键技术。因此，亚信科技认为电信的算力网络演进将沿着新一代云网运营系统向前推进（如图 1-7 所示）。这一观点也得到了电信集团的确认。

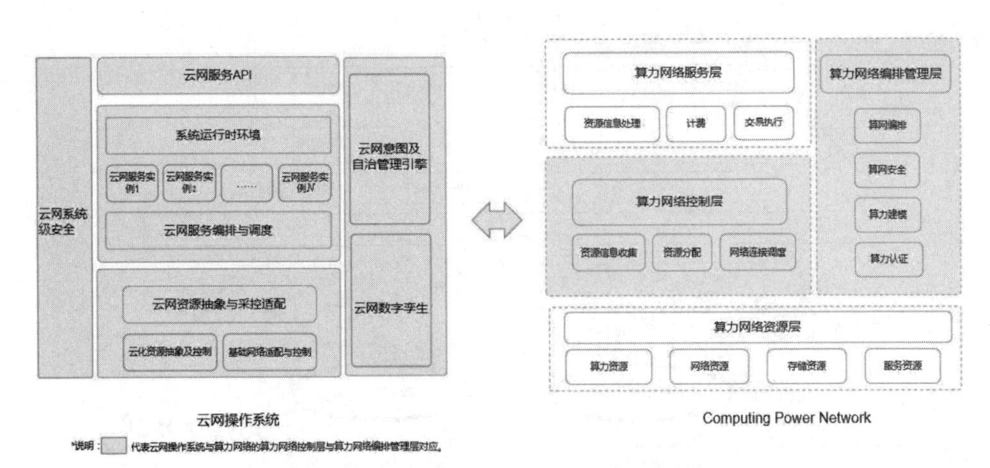

图 1-7　中国电信云网操作系统与算力网络

中国联通在《云网融合向算网一体技术演进白皮书》中，描述了中国联通认为的算力网络一体化架构。该白皮书中，明确地将算力网络定义为云网融合 2.0，是一种新型的、可以调配算力的网络架构（如图 1-8 所示）。与中国移动和中国电信的算力资源储备相比，中国联通算力资源布局较弱，因此，对于算力网络的研究还是以研究院为主体，重点考虑不同的算力供给模式对网络架构演进的需求。

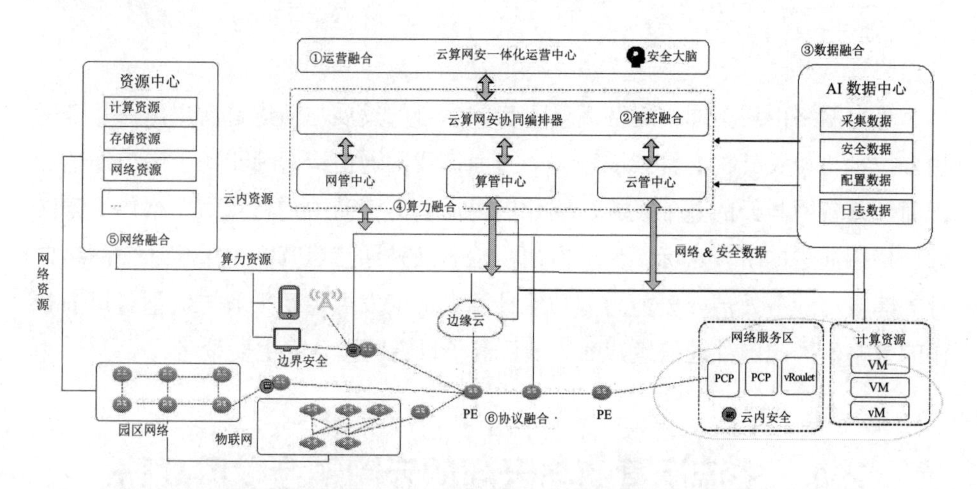

图 1-8　中国联通算力网络规划

第2章 算力网络与云网融合的关系

算力网络由我国通信运营商基于云网融合的发展与演进首次提出，是云网融合技术与相关架构的持续演进。一方面，我国通信运营商相比于国外通信运营商，兼备网与云的基础设施，因此国内通信运营商中均将算力网络作为云网融合持续演进的阶段目标。另一方面，由于国外通信运营商更聚焦通信网络自身的建设与业务发展，云能力与边缘计算业务的发展主要采取与大型云厂商合作的策略，因此国外通信运营商与云厂商仍以云网融合为主要策略。

2.1 主流运营商与云商的云网融合发展战略

中国通信运营商基于对云网融合的共识，均采取以网强云的策略，即基于自身无线网络、接入网络、IP 网络、传输网络、机房资源等的优势，实现自身云业务的突破。在补足云资源产品短板的同时，实现云资源和网资源的一体管理，以提升客户产品体验。同时国内三大运营商积极拓展 5G MEC（Multi-access Edge Computing，边缘计算）领域，希望通过边缘计算，实现从管道经营到算力经营的转变，强化政企市场能力，完善业务体验。

中国移动自“云改”战略启动以来，除加速核心技术突破外，还制定了“N+31+X”移动云布局，提出了“一朵云、一张网、一体化服务”的云网一体化策略，以及 8 朵 5G Standalone（独立组网，简称 SA）网络云，并进一步推动“云 + 网”的深度融合。中国移动还加强了 5G 与云的深度融合，重点围绕 5G 网络建设及数据资源价值释放，探索云网一体、云数融合等应用，并在政务、医疗、金融等行业推动产品研发。

中国联通的云网融合战略为通过加快互联网和承载网的 SDN 化改造、云化部署，构筑云网一体化能力。构建以 DC 为核心的智能城域网：与通信云协同实现端到端调度，构建网络能力资源池；持续扩大 DC 的覆盖范围与边缘云建设，构建“云、管、边、端、业”一体化服务能力。产品布局方面，中国联通发布了新沃云 6 版本、新沃云智慧 PaaS 能力等全新的沃云产品及解决方案，部署了国内首个商用 SDN 大规模广域网，还与云服务提供商开展合作，面向政企客户群体，提供线上的云网一体自服务。

中国电信的云网融合战略为通过构建“网是基础，云为关键，网随云动，云网一体”的数字化基础设施，积极推进云网融合发展实践，最终实现简洁、敏捷、开放、融合、安全、智能的新型信息基础设施的资源供给，如图 2-1 所示。

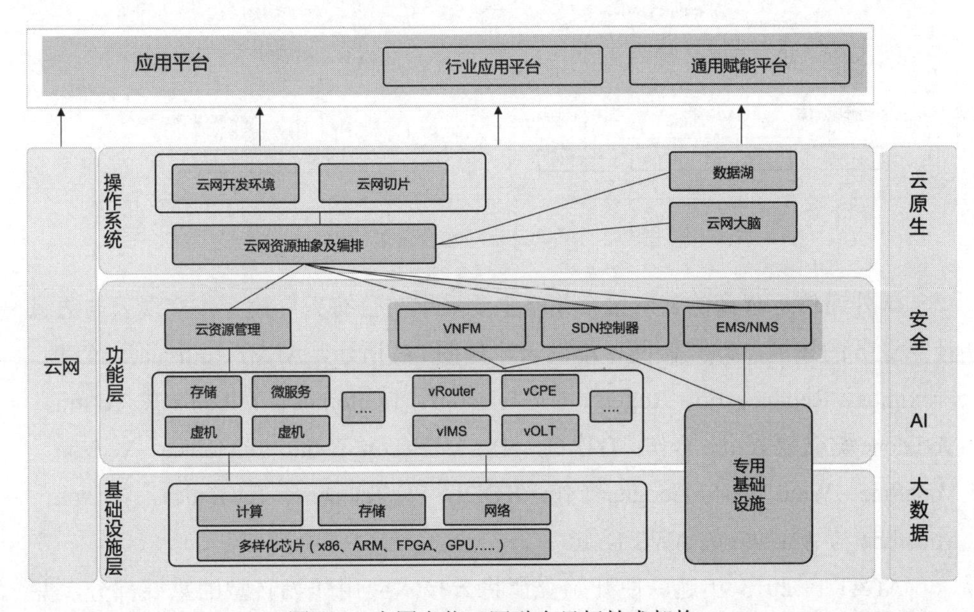

图 2-1 中国电信云网融合目标技术架构

同时国内公有云厂商普遍存在接入用户、云间互联等的资源短板，主要通过 VPN、专线、5G 专网（含 5G 网络切片）等技术从通信运营商取得网络接入与连接资源，因此国内云厂商主要关注和运营商网络的打通，同时希望借助通信运营商的边缘接入网络作为其中心云能力下沉的承载底座。另外，国内公有云在政企行业市场存在短板，希望和运营商合作获得客户资源。如图 2-2 所示，阿里云和运营商深入合作，打造“互联网 + 通信”的深度合作模式。尤其是阿里云与联通沃云的深度合作，实现能力与资源互补，共同开拓云市场。

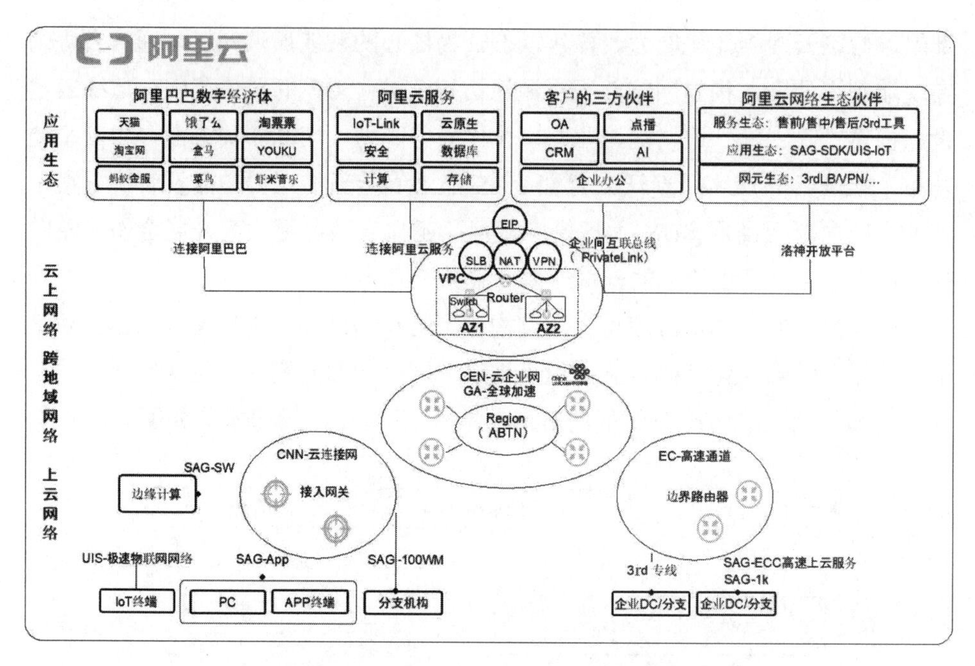

图 2-2　阿里云云网融合发展策略

国外通信运营商的云网融合策略主要采用与公有云厂商合作实现云与边缘计算业务的拓展，即只做网、不做云，如图 2-3 所示，AT&T、Etisalat、NTT、Proximus、Reliance Jio、Rogers、SK Telecom、Telefónica、Telkomsel、Telstra、Vodafone 与微软 Azure 合作；DTAG、NTT、Telecom Italia、Telefónica、Verizon、Vodafone、Wind Tre 与 Google 合作；KDDI，SK Telecom、Telefónica、Verizon、Vodafone 与 Amazon 的 AWS 合作。

AT&T 自 2013 年起，便开始强调将云技术应用作为转型的重要部分，并于 2014 年，提出到 2020 年实现 75% 传统网络功能虚拟化的转型愿景。2018 年，AT&T 开始布局 5G 网络，致力于依托数据中心和软件平台开展流量路由。值得一提的是，AT&T 与国内运营商的云发展模式截然相反：减少自有云的投入，通过与微软、谷歌等云计算巨头联合，推动云计算业务的合作赋能。2020 年，AT&T 与微软合作推出了集成物联网解决方案，支持企业通过安全的网络实现设备的无缝云连接。2021 年，AT&T 联合微软发布声明，在未来三年内完成 5G 网络运营向微软云端转移。双方的合作基础在于，AT&T 依托微软 Azure 云承载 AT&T 网络运行业务，全面提升网络速率、安全服务能力以及优化工程成本，而微软收购 AT&T 的云技术和运营团队，进一步增强云产品服务能力和适配性，为“Azure for Operators”产品的开发及推广注入新动能。此外，AT&T 和谷歌合作开发 5G 边缘解决方案，以探索消费零售、医疗健康、 视频娱乐、智能制造等领域的变革性应用。

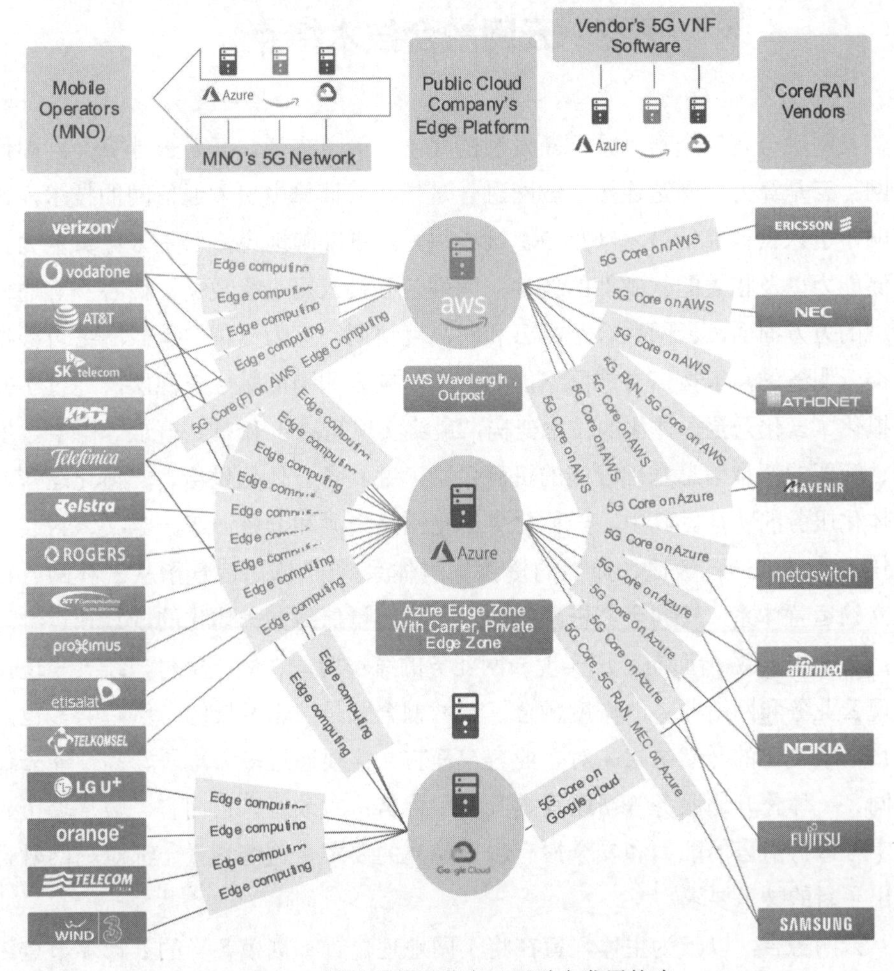

图 2-3　国外通信运营商云网融合发展策略

Verizon 与 IBM 达成协议，出售企业云计算以及托管服务，将更多资源投入到云端资源连接、数字广告、云应用程序等方面。同时，为强化云相关业务的运营，Verizon 选择与亚马逊等巨头联合，进一步巩固发展优势。Verizon 与亚马逊联合推出的 Wavelength 服务，致力于将 AWS（Amazon Web Services）计算和存储服务延伸至 5G 公共移动网络边缘，支持对延迟敏感、速率要求高的各类应用场景。在此基础上，私有移动边缘计算也成为双方合作的另一切入点，旨在为企业客户提供专用、高速便捷、安全、超低时延的连接、计算和存储服务。目前康宁公司已推进私有MEC的测试。

2.2　云网融合技术特点

云网融合是一个新兴且不断发展的概念。简单来说，云是云计算，网即通信网；云是算力，网是连接。云网融合是指在云计算中引入通信网的技术，通信网中引入云计算的技术（如5G核心网）。更准确地说，云是云计算能力、存储能力以及相关的软硬件的统称，网则包括接入网、承载网、核心网等通信网络的方方面面，云网融合是指云和网高度协同，互为支撑。承载网络可根据各类云服务的需求按需开放网络能力，它面向云和网的基础资源层，通过实施虚拟化、云化乃至一体化的技术架构，最终实现简洁、敏捷、开放、融合、安全、智能的新型信息基础设施的资源供给，并具备一体化供给、一体化运营、一体化服务的特征。其中，一体化供给指网络资源和云资源统一定义、封装和编排，形成统一、敏捷、弹性的资源供给体系；一体化运营指从云和网各自独立的运营体系，转向全域资源感知、一致质量保障、一体化的规划和运维管理；一体化服务指面向客户实现云网业务的统一受理、统一交付、统一呈现，实现云业务和网络业务的深度融合。云网融合既是技术发展的必然趋势，也是客户需求变化的必然结果。对企业客户而言，需要通过多云部署、高性能云边协同、一体化开通服务等帮助其提升竞争优势；对政府客户而言，数字城市、数字社区等对云的能力和安全性有越来越高的要求。这些场景，都对云网融合提出了新的技术要求。

云网融合，以云为主体，旨在将不同地理位置、规模各异的云计算节点统一纳管到一套云管理系统中，为云用户提供标准统一、高效便捷、安全可靠的云服务。云网融合的关键技术能力主要包括云基础设施技术、网基础设施技术与云网融合管理编排技术3大技术能力。

2.2.1　云基础设施技术

云既然提供数据存储和计算的能力，其针对不同的数据类型可分为不同的云类型。针对公众个人用户和普通政企用户的公有云：对于个人用户而言公有云可按需提供相应的主机存储资源，同时方便客户随时接入、退订，资源能够按需灵活地扩容和缩减，同时可根据用户的需求提供个性化的安全防护。企业用户则对于数据的安全、服务的影响提出了更高的要求。对于部分企业用户，由于涉及企业敏感的数据，则需要将其上云的数据独立存放，实现网络、存储、计算资源的逻辑甚至是物理隔离，同时给予更高的安全防护，这就是私有云的需求。对于公有云和私有云均有需求的企业则选择了混合云。它既可以利用私有云的安全，将内部重要数据保存在本地数据中心；同时也可以使用公有云的计算资源，更高效快捷地完成工作。无论公有云、私有云，还是混合云，都是针对用户对数据易用性和安全性不同而产生的不同云类型，其一般部署在城市的几个中心机房，同时和公众用户或者企业用户有着现成的网络互联通道。

1. 边缘云

除此之外，云还可根据对数据处理反馈时延不同分为中心云和边缘云。对于很多业务应用，如自动驾驶控制、AR/VR 识别既需要大量的算力同时还需要计算结果的快速反馈，这就需要云下层到边缘层尽可能贴近用户；中心云则负责处理其他对时延不那么着急的计算工作并回传给边缘云。通过对上述云类型的分析，可以基本总结出云计算对于技术的要求主要包括计算存储资源的弹性伸缩、网络随着计算资源变化而变化、灵活提供低时延、可靠的连接能力，方便用户随时安全地接入，根据业务需求及时提供业务处理的数据。

边缘云是一个新兴的网络架构和开放平台，该平台融合了网络、计算和存储，其部署在靠近人的网络边缘侧，能够满足敏捷连接、实时业务、数据优化、应用智能、安全和隐私保护等多种关键需求。边缘云是一种就近计算的概念，可以将计算能力带到网络边缘。有了边缘云后，数据无须上传至集中云，降低了等待时延和往返云端的开销。边缘云将密集型计算任务迁移到了网络边缘侧，降低了核心网和传输网的负担，减少了网络带宽压力，实现了低时延大带宽，快速响应用户请求并提升了用户服务质量。边缘云整合了网络能力开放，融合了云计算平台和大数据等能力，使能第三方应用部署在网络边缘，是网络架构平滑演进到 5G 的关键技术。

在过去几十年的发展过程中，亚信科技在 CT 和 IT 领域积淀大量的技术和产品，同时在客户服务方面构建了包括团队、产品、工具等在内的资源。因此，在边缘计算中，亚信科技将围绕“一巩固三发展”战略，定位为“数字化转型的使能者”，面向行业客户的数字化改造需求，依托成熟生态的平台和服务，为客户提供个性化的产品和服务。在产品方面，亚信科技形成了端、边、网、云的全栈能力，弹性适配客户的网络专用化、业务边缘化以及边云协同等场景。

2. 网络云

随着NFV技术的发展，网络云也成为云网融合的关键技术特点。2012年10月，ETSI在德国SDN和OpenFlow世界大会上发布的白皮书中引入NFV。2014年9月，由Linux基金会发起的OPNFV（Open Platform For NFV）项目启动。ETSI ISG和OPNFV密切合作，共同推动NFV概念和技术的发展。随着NFV日益成熟，越来越多的设备厂家提供基于NFV的商品和服务，而越来越多的运营商在通信网络中逐步引入NFV设备进行网络云化改造。ETSI NFV标准组织对NFV的定义是：NFV作为一个解决方案，能够解决由传统专有的基于硬件的网络组件不断增加而导致的问题，能够满足云计算、大数据、物联网等需求。NFV通过发展标准的IT虚拟化技术，将网络设备整合到行业标准的高容量服务器、交换机和存储上来解决这些问题。帮助运营商和数据中心更加敏捷地为客户创建和部署网络，降低设备投资和运营的费用。随着业务驱动，不断涌现的新型IT技术正逐渐渗入电信行业，加之电信业务升级换代，场景延伸至物联网、人工智能等领域，电信网络亟须转型升级构建云化网络。同时为满足5GC落地部署，各大运营商对于网络的扩展性、敏捷性、降成本的需求更加迫切。而5GC自带的云原生、SBA架构和微服务的理念，以及切片技术的引入，也决定了运营商在5GC建设时，只有基于虚拟化和云化部署，才能在通信行业日益激烈的竞争中，获得领先优势。

2015年，中国联通发布了《新一代网络架构（CUBE-Net 2.0）》白皮书，明确了网络即服务（NaaS）引入云计算、SDN和NFV技术进行网络的重构和改造，使得基础网络具备开放、弹性、敏捷等新的技术特征。同年中国移动发布《NovoNet 2020愿景》白皮书，提出以新型数据中心（TIC）和新型网络、新型大脑为核心的面向三层解耦的NovoNet未来网络目标架构。2016年，中国电信发布了《CTNet-2025网络架构》白皮书，明确提出以简洁、敏捷、开放、集约为特征，构建软件化、集约化、云化、开放的CTNet 2025目标网络架构；以SDN/NFV为技术抓手，以网元云化部署、软件定义网络智能控制、部署新一代运营系统、网络 DC 化改造等为网络切入点，推进网络的纵向解耦、横向打通。基于虚拟化和网络云化，各运营商掀起了网络重构的浪潮。2017—2018 年，中国联通建设了基于软硬件解耦的 NB-IoT 物联网和移动 vIMS 网络，在运营商中首次大规模应用虚拟化技术部署商用网络。2014 年中国移动成立苏州研发中心，职责定位于云计算、大数据、IT 支撑系统前沿技术的研发和运营支撑，支撑中国移动网络云化技术演进。经过 4 年 NFV 研发和试点，2018 年部署基于虚拟化架构的 NBIoT 网络，2019 年进行 NFV 一期工程建设，按照八大区集中部署云化分组域设备，提高网络云化比例；2020 年随着 5GC 建设，无论中国移动、中国电信的大区部署，还是中国电信按省部署的 5GC，均采用了云化部署方式，基于电信云部署 NFV 架构 5GC 网元。至此，传统 ATCA 设备生命周期进入倒计时。2020—2021 年，三大运营商又陆续发布了《云网融合 2030 技术白皮书》《算力网络架构与技术 体系白皮书》《中国移动网络技术白皮书》《CUBENet 3.0 网络创新系列技术白皮书》等文件，将网络云化改造提到新的高度。在网络重构，实现敏捷、开放、 集约的网络转型基础上，推动云网融合和算力网络，实现网络数字化转型。亚信科技依托在 PaaS 平台和 NFV 领域的深厚积累，推动电信云平台向云原生演进，把 IT 领域成熟的微服务、容器、DevOps 等能力逐步引入到网络核心网元，实现快速部署、灵活弹性、持续发布，如图 2-4 所示。

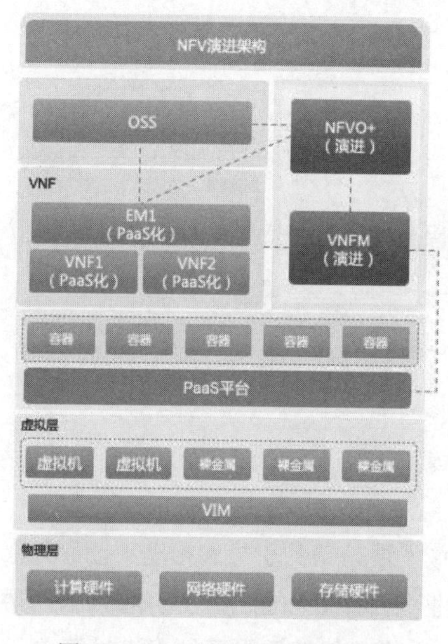

图 2-4　NFV 架构向云原生演进

2.2.2　网基础设施技术

云网融合的发展围绕网基础资源层，主要包括云内网络、云间网络和入云网络。

1. 云内网络

云网融合最初发生在云内网络，为满足云业务带来的海量数据的高频、快速传输需求，引入了 Leaf-Spine（叶脊）架构和 VxLAN（虚拟扩展局域网）大二层网络技术，实现 DC 内部网络能力和云能力的有机结合和一体化运行。云内网络的关键技术包括 VPC、负载均衡、NAT 网关、vSwitch、EIP、共享带宽与云防火墙等。

2. 云间网络

随着 DC 间流量的剧增，云网融合的重点转向云间网络，通过部署大容量、无阻塞和低时延的 DCI（数据中心互联）网络，实现了 DC 间东西向流量的快速转发和高效承载。如图 2-5 所示，随着边缘计算与 5G 专网的发展与应用，云间业务场景也随之增多，云间业务编排管理需要具备云间、分支互联与多云管理的能力。

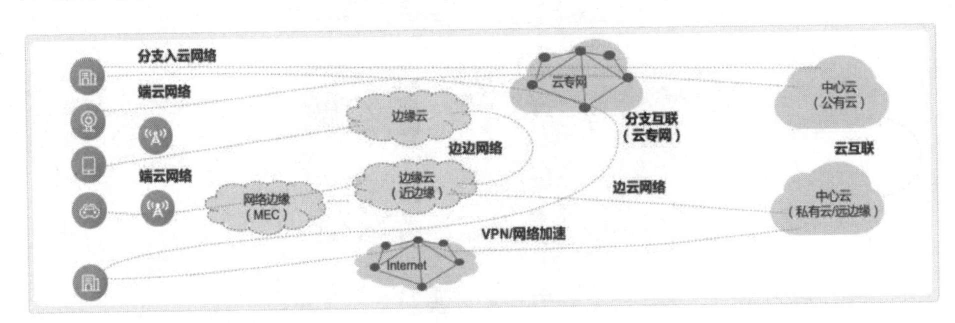

图 2-5　云间网络

3. 入云网络

在国家云计算领域发展政策的引导和推动下，业务上云已成为各行各业信息化的共识，由于企业上云需求和业务流量激增，云网融合引入软件定义的理念，采用以 SD-WAN 为代表的新型组网技术满足简单、灵活、低成本的入云场景需求。如图 2-6 所示，入云网络主要包括 PON 专线、云梯、PTN 专线、OTN 专线与 SD-WAN 专线等。

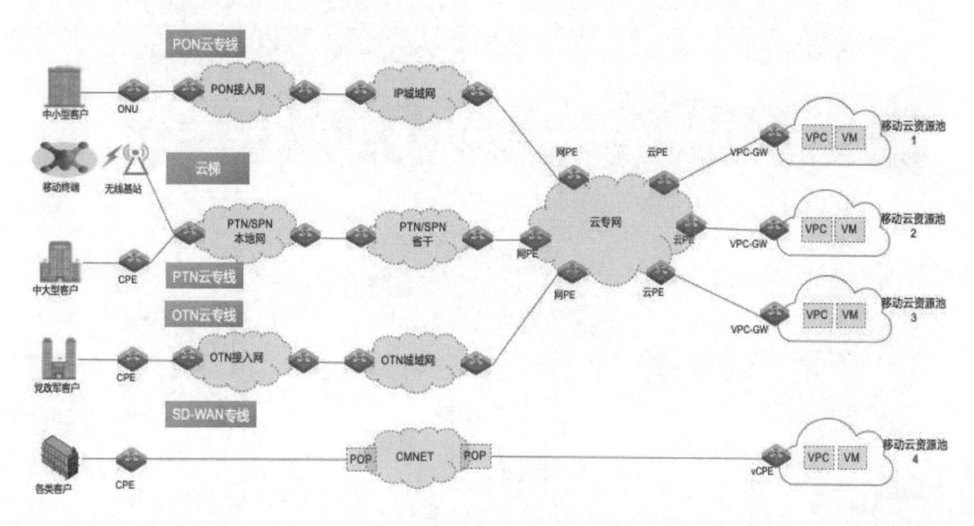

图 2-6　入云网络

2.2.3　云网融合管理编排技术

云网融合业务通常包含云侧业务和网络侧业务。为实现云网融合业务的一体化开通，需实现网业务、资源的统一编排与集中调度，并支撑实现业务开通流程的全程贯通。其中网络侧管理编排包括无线网、传输网、IP 网和核心网的开通能力标准化、自动化与智能化，并实现跨专业网络端到端管理编排、调度与运维；云侧管理编排在统一架构模式下，基于混合多云管理的能力，实现异构云资源的统一纳管、统一调度、统一运维。同时基于云网融合管理编排能力进行统一封装，供上层云网业务运营模块调用，为上层提供云网编排与调度服务能力，支撑用户云网业务的快速开通。

亚信科技基于云网融合管理编排技术，结合丰富的BSS与OSS的融合经验，设计开发了 5G 时代的云网融合管理编排平台架构。如图 2-7 所示，云网网融合管理编排平台主要包括云网业务管理模块、云网融合编排模块、网络编排控制平台与云管理平台。

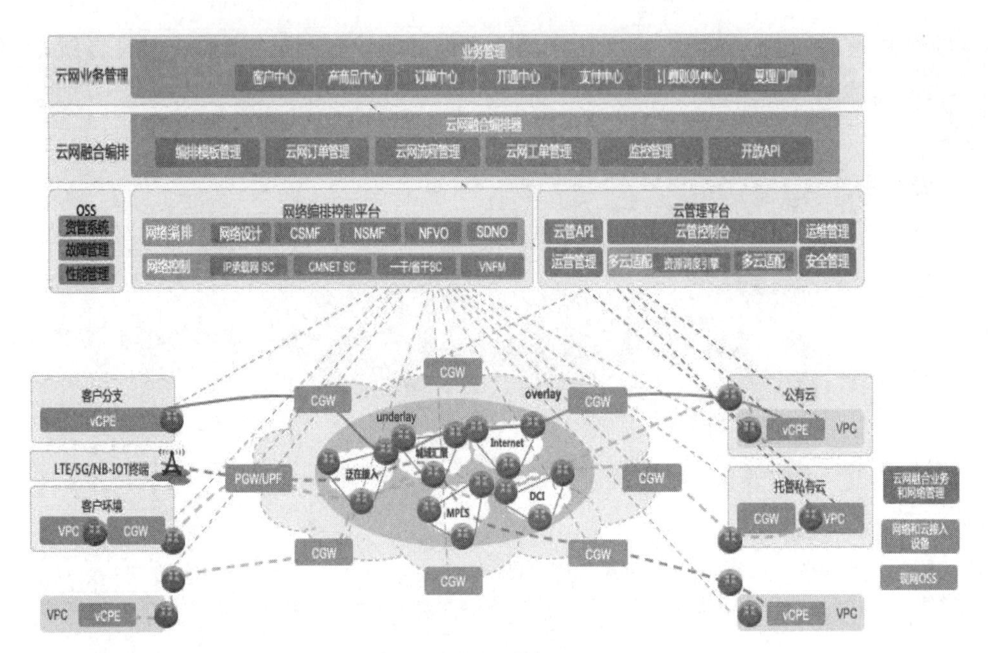

图 2-7　云网融合管理编排平台

1. 云网业务管理

云网业务管理主要实现云网客户、产品、订单与计费等管理，主要包括客户中心、产商品中心、订单中心、开通中心、支付中心、计费账务中心与受理门户等模块。其中云网业务管理的关键技术能力是云网一站式计费功能，如图 2-8 所示，主要包括构建一站式计费网关，打通 OB 数据交互，实现 O 域、B 域、云管平台侧的数据采集和计费事件采集，支持多协议、在线实时消息、离线文件等。根据 5G 3GPP 标准和集团规范，需要由计费中心进一步完成 5G 网元计费事件的统一交互和格式化处理，特别是涉及云网融合的 PCF、NEF、NSSF 等网元。同时实现全业务多量纲管理：构建多量纲管理，实现 5G、云资源、边缘、能开等不同场景的量纲管理能力；构建多量纲模型，实现计价因子管理，如切片类、云资源类、能开类、边缘类等；构建多量纲资费体系和计费能力；实现面向渠道询价 / 实扣的多量纲计价模式，提供量纲计价和动态计价等服务能力；实现面向话单的多量纲计量、多量纲计费、多模式计费、多维度出账能力；构建场景化边缘计费能力，根据场景简化采集、解码、提重和网关提醒等能力，将计费部分能力前移到边缘。

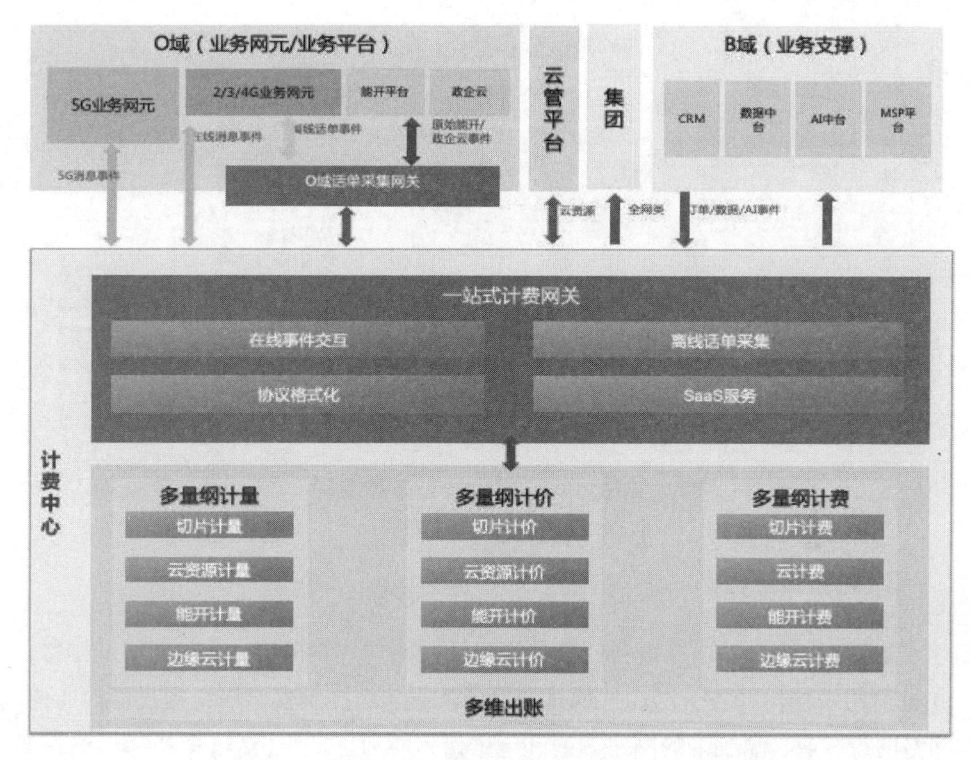

图 2-8　一站式计费功能架构

2. 云网融合编排

云网融合编排管理主要实现云网编排模板、流程与监控管理等。主要包括编排模板管理、订单管理、流程管理、工单管理、云网监控和开放 API 等模块。云网融合编排器包含网管和云管等业务、构建订单管理、流程管理等订单端到端的流程编排，实现跨域云网的调度融合，如图 2-9 所示，包括构建云网联合调度引擎，解决客户在云网联合编排时的融合问题，实现网、云一体化订单接收、管理、分解、施工等功能。构建融合 API 体系，构建客户在云、网体系中独立的 API 模式，降低业务开发成本，实现 API 统一管控，达到 API 业务透明化。构建开通业务化，实现业务模板管理，解决客户在不同的部门之间术语统一的问题，通过编排模板的业务透明化管理，实现 B 域和 O 域之间的业务模板无缝对接。实现资源监控、开放式运维，解决客户在网络编排的过程中实现信息可监控、可管，达到业务开通透明。

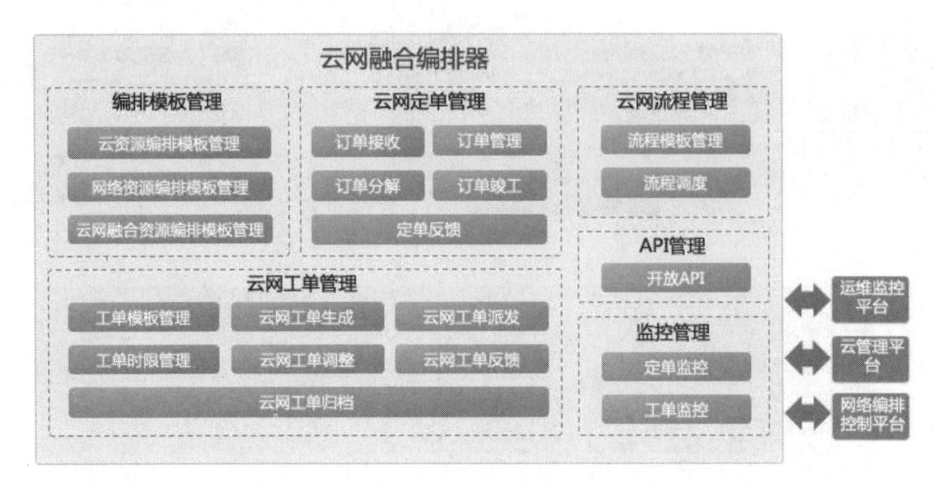

图 2-9　云网融合编排器

3. 网络编排控制

如图 2-10 所示，网络编排控制平台包括网络切片编排器、NFV 网络编排器、SDN 网络编排器、各子网切片编排器以及各类超级控制器。平台提供面向通信网络的跨专业、端到端的网络开通和运维保障能力。

图 2-10　网络编排控制

4. 云管理

多云管理具备统一门户、监控运维、开发交付能力，向下探索，实现开源虚拟化，开源云适配，为容器化提供基础资源能力，为企业上云及迁移提供基础保障。如图 2-11 所示，多云管理主要通过构建多云适配调度引擎，解决大型客户多云纳管、统一管理异构资源池的问题，集中共享客户资源，提升资源利用率。构建多云统一的资源配置，解决大型客户多云纳管、统一管理异构资源池的问题，集中共享客户资源，提升资源利用率。统一的多租户体系的工作控制台，解决多云场景下管控入口分散的问题，帮助客户构建内部统一体系的云管控制台。实现资源监控告警运维，解决客户使用多云监控、告警等运维手段分散的问题，通过统一采集、统一存储管控，提供统一运维手段。实现开放 API 功能，面向上层技术中台门户提供相应的开放 API 服务能力，便于统一集成和资源能力对接。

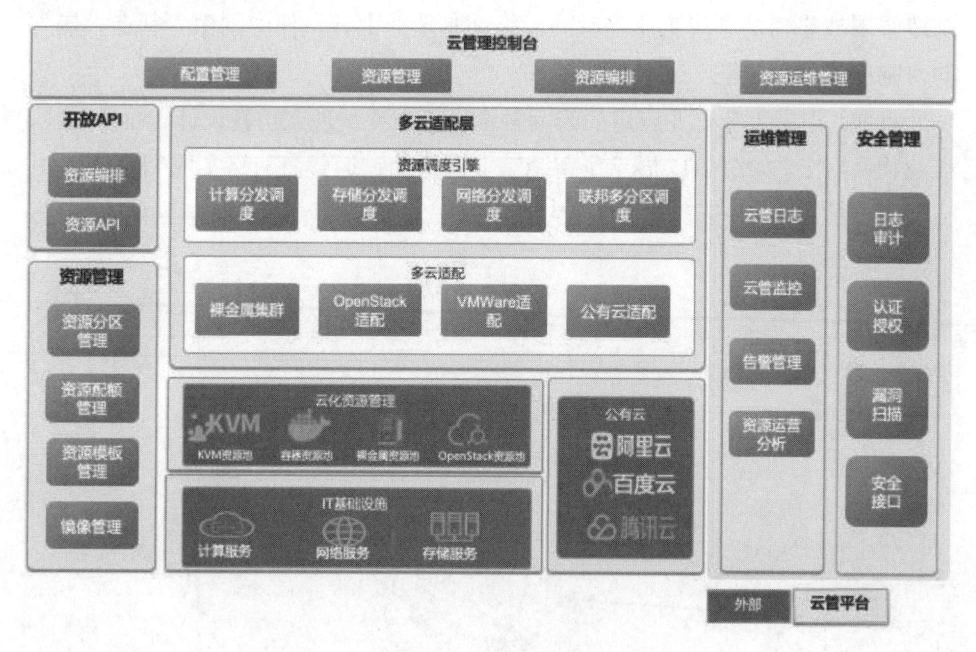

图 2-11　多云管理

2.3　云网融合典型场景

云网融合作为云计算和网络深度融合的产物，“云 + 网 +X”模式本身带动了以云平台和云专网为基础的云网融合解决方案，形成了“云 + 网 + 应用”

服务框架，面向垂直行业又形成“云 + 网 + 行业”服务框架。这些基础框架为多元化发展开拓了新的云网融合生态蓝海。广阔蓝海之上，参与者数量飞速增长，相关的多主体设备商、运营商、服务商云集，众多需求者也进入生态链条，甚至有不期而至的闯入者。需求的多元化，与之匹配的服务模式也更加多样化。尤其是云网融合生态的不断完善，服务提供商不必担心是否拥有强大的网络资源和云资源，只要做好优势领域即可，而这为更多参与者的进入开放了生态，多元化展现蓬勃生机。云网融合在工业行业的应用尤为典型，这实际上是全球加速推进工业信息化战略的结果。

不论是德国工业 4.0 战略，还是中国工业互联网战略，都是基于通信和信息网络技术的联通能力，通过实时获取相关信息，实现智能制造。同样，中国制造强国战略也是利用工业互联网，推动制造业上云，使中国由“制造大国”向“制造强国”转型。

目前，中国工业行业应用的云网融合场景主要呈现在仿真设计、业务系统、工业物联网上。如图 2-12 展示了智慧工业园区通过运营商网络实现“5G+MEC+云”、“专线 +MEC+ 云”与“SD-WAN+MEC+ 云”3 类不同组网的云网融合场景。

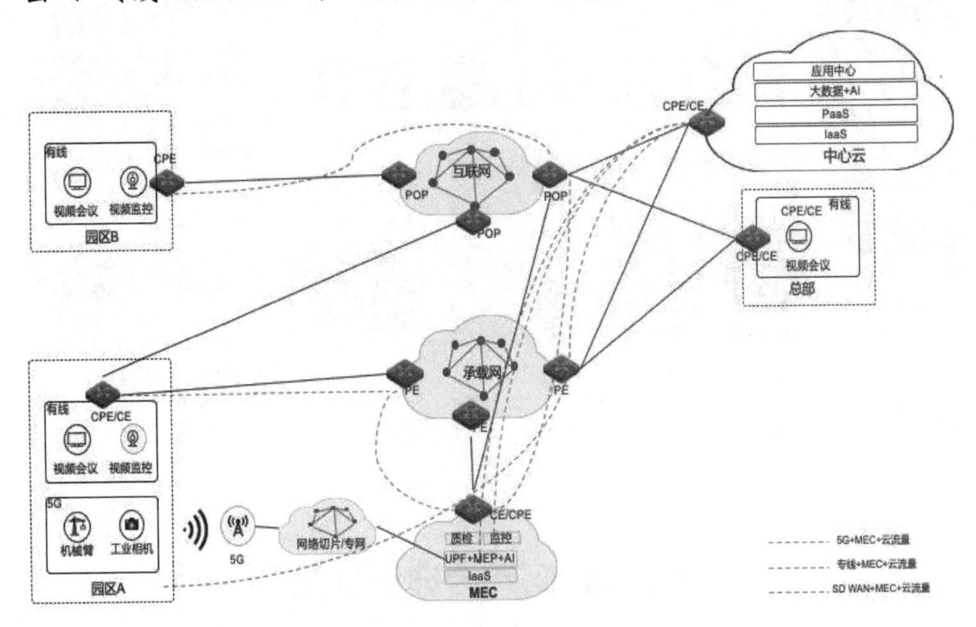

图 2-12　智慧工业园区

1. 5G+MEC+ 云

该组网场景主要实现园区 A 5G 机械臂、工业相机业务通过切片网络接入 MEC，实现边缘快速质检及边缘机械臂控制管理，其中 MEC 通过专线（L3VPN）接入中心云实现质检等业务 AI 模型更新（联邦学习）与关键业务数据（如质检问题图像、照片）传送。

2. 专线 +MEC+ 云

该组网场景主要实现组园区 A 有线视频会议、视频监控业务通过专线（L3VPN）接入 MEC，实现边缘生产监控；MEC 通过专线（L3VPN）接入中心云，实现监控业务 AI 模型更新（如人脸识别）与关键业务数据（如质检问题图像、照片）传送。

3. SD-WAN+MEC+ 云

该组网场景主要实现园区 B 有线视频会议、视频监控业务通过 SDWAN 接入 MEC，实现边缘生产监控；MEC 通过专线（L3VPN）接入中心云，实现质检等业务 AI 模型更新（联邦学习）与关键业务数据（如质检问题图像、照片）传送；园区 A、B 与总部通过 SDWAN 实现分支互联进行视频会议。

2.4　从云网融合到算力网络

算力网络和云网融合在技术体系上紧密联系，而算网一体是云网融合发展演进的必然结果，也是数字经济发展的必然选择。通信运营商近年来的云网融合实践以云网业务的联合快速开通为主要抓手，以 SDN/NFV 技术实现为主要特征，实现了网络控制系统与自身云管理系统和外部主要公有云业务系统的互联互通，从而使云、网业务的同开同调成为可能。

随着边缘计算成为 5G 时代重要的创新型业务模式，尤其是其低时延特性，被认为是传统方案所不具备的，因此边缘计算能够提供更多的服务能力且具有更为广泛的应用场景。但边缘计算与处于中心位置的云计算之间的算力协同成为新的技术难题，即需要在边缘计算、云计算以及网络之间实现云网协同、云边协同，甚至边边协同，才能实现资源利用的最优化。单一的端、边、云算力供给无法满足新业务的算力要求，其中端侧算力目前主要通过降低芯片纳米制程、增加芯片的晶体管数量来提升算力，但是端侧算力存在算力有限、进一步提升难度大、成本高与算力分散、难以统一管理调度的问题。边侧算力目前将算力下沉到网络边缘，接近用户，满足低时延、大带宽、低能耗的网络需求，但是边缘算力分布取决于业务场景，算力利用率受业务潮汐现象影响。云侧算力主要通过集中部署计算、存储资源，并通过网络为用户提供服务，但是存在网络成本居高不下（比如在大型项目中，网络成本占 50%）与网络性能影响算力效能（比如在 AI 计算任务中，1% 的网络数据丢失带来 50% 的算力浪费）的问题。如图 2-13 所示，需要通过网络实现端、边、云的算力资源协同是较为经济、有效的算力供给方案。

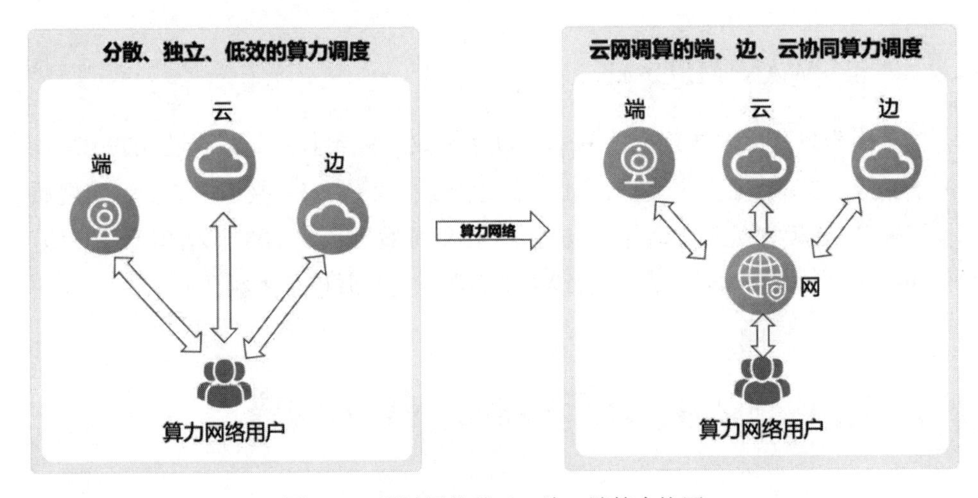

图 2-13　通过网络的云、边、端算力协同

云网融合时期，以云为主体，旨在将不同地理位置、不同规模的云计算节点统一纳管到一套云管理系统，为云用户提供标准统一、高效便捷、安全可靠的云服务。在云网融合初级阶段，网络能力开放程度有限，尤其是在网络接入侧。由于泛终端接入位置的广泛性、普遍性和不确定性，云厂商很难构建或租用一张泛在接入网络的基础设施实现算力的 anywhere 与 anytime 接入。另外，最重要的短板在于，由于网络开放能力的缺失以及云和网统一编排调度标准的缺失，云管理系统与网络管理系统无法互通，无法灵活、实时地根据用户需求选择并调配恰当的算力资源与网络资源，亦无从实现算力在云、边、端的协同调度。

因此，在算网阶段，强调以网调算、以网融算、以网强算，通过网络对算力的感知、触达、编排、调度能力，在算网拓扑的任何一个接入点，为用户的任何计算任务灵活、实时、智能匹配并调用最优的算力资源，从而实现云—边—端 anywhere 与 anytime 的多方算力需求。

目前云网融合存在“两张皮”的问题，主要表现在以下几方面：一是云网服务提供效率低，云网资源缺乏统一、灵活的能力提供和调度，云网产品和业务开通调整慢；二是云网业务发展成本高，云网独立建设、信息互不开放，相互调用接口不标准，难以形成云网整体视图；三是云网管理系统和部门独立，云网资源分域分专业管理，协同差，数据共享程度低，端到端管理难；四是云和网各自存在众多系统，规模大、技术复杂，端到端云网安全保障挑战大。这些问题需要在未来五年乃至十年的算网融合过程中各个击破。

5G 时代，智能计算被广泛应用于工业、零售、医疗、教育等行业，算力呈现几何级数的增长趋势。根据国际权威机构 Statista 的统计和预测，2035 年全球数据产生量预计达到 2142ZB，全球数据量即将迎来更大规模的爆发，全球电信行业面临重要机遇。当前背景下，算力已经成为比流量更加宝贵的基础资源，算网融合也已成为信息通信技术演进发展的重要方向，全球电信行业面临重要机遇。一是目前全球通信运营商均已开展云网融合，极大地促进了算力发展，将推动算力新业务需求，推动云网融合向算力网络演进。二是计算泛在网需要高效率的算力连接，以提升算力的利用效率。三是算力已成为拉动数字经济向前发展的新动能、新引擎，提前布局算力网络，对于通信运营商提升核心能力、市场占比与国际竞争力等至关重要。

2.5　算力网络目标

算力网络是通信运营商为应对云网融合向算网一体转变而提出的新型网络架构，是实现算网融合的重要技术抓手。算力网络的目标是在算网拓扑的任何一个接入点上，为用户的任何计算任务灵活、实时、智能匹配并调用最优的算力资源，实现云—边—端算力间的协同灵活调度。

为实现算力网络目标，需要明确算力网络如何构建。算力网络系统主要包括算网基础设施、算网大脑、算网运营三大领域。

（1）算网基础设施。国家新型数字基础设施《“十四五”信息通信行业发展规划》中明确指出，建设形成数网协同、数云协同、云边协同、绿色智能的多层次算力设施体系；要以网强算，改变网络系统化优势改变单点算力不足现状；以算促网，算力调度的高需求促进网络超带宽高智能发展。

（2）算网大脑。先看国外运营商在构建算网大脑的局限性，国外运营商逐渐退出云市场，算力的全局图谱由云厂商提供。即算力资源、接入拓扑与网络资源、拓扑是完全独立的两个体系。因此，最大的问题在于网络性能与算力性能无法达到联合最优解，或者说只能是基于当前算力分布现状的条件下的网络性能最优解。算网大脑属于算力网络的中枢核心，实现算力感知、算网统一调度、算网智能编排等。

（3）算网运营。算网运营是算网服务和能力提供中心，支撑算网业务管理（意图感知）、成本分析、竞价排名、算网通证和算力运营等。

1. 算网基础设施

“十四五”规划已明确提出通过算力与网络基础设施构建国家新型数字基础设施。算力基础设施的建设，主要通过5G边缘计算构建云边协同、布局合理、架构先进的算力基础设施。网络基础设施的建设，主要通过SRv6、确定性网络等网络协议实现网络对算力的感知、承载与调度，进一步实现算在网中，从而构建算、网统一管理的条件。亚信科技提供算网软件基础设施的全栈产品与解决方案，目前已在三大运营商初步商用。

2. 算网大脑

算网大脑的关键组成包括四个部分：首先，算网编排中心，实现算网业务网络资源和算力资源统一编排；其次，算网调度中心，实现网络和算力资源采集、感知、调度与开通；再次，算网智能引擎，提供算网注智以实现网络与算力性能，网络与算力资源达到联合效用或者期望最优；最后，算网数字孪生中心，利用数字孪生技术实现算网建模与编排仿真。算网大脑主要由以下几部分组成：

- 算网编排中心：算网业务网络资源和算力资源统一编排。
- 算网调度中心：网络和算力资源采集、感知、调度与开通。
- 算网智能引擎：算网注智以实现网络与算力性能，网络与算力资源达到联合效用或者期望最优。

- 算网数字孪生中心：算网建模与编排仿真。

3. 算网运营交易中心

算网交易商业模式探索：算力作为运营商新服务，基于自有或第三方算力，通过中立的算网交易满足多方算力需求，因此在传统计费系统北向，需新建设基于区块链技术的算网存证与交易平台。在平台之上，要积极探索算网交易新商业模式，如直营、代销与联邦模式等。算力网络的商业目标是要像卖水、电一样提供算力服务，其重要内涵是构建、设计一套完整的算力商业运营模式，以满足算力需求、供给等多方需求，实现多方的利益最大化。商业模式的关键要素包含多方的合作边界、分账模式、算力计费等。

第3章 算力网络技术体系

3.1 算力网络标准体系进展

前面章节已经介绍了算力网络的标准化进展，目前算力网络的标准化处在定义需求和框架的阶段。国际电信联盟（International Telecommunication Union，ITU）和中国通信标准化协会（China Communication Standards Association，CCSA）分别对算力网络体系框架做了初步的标准化，下面分别介绍。

3.1.1 ITU标准中的算力网络体系框架

ITU-T Y.2501 标准定义了算力网络（Computing Power Network，CPN）的框架和结果，并定义了功能实体和定义了相关功能。如图 3-1 描绘了 ITU 定义的算力网络功能结构，该结构包含 CPN 资源层、CPN 控制层、CPN 服务层和 CPN 编排管理层。

1. CPN 资源层

CPN 资源层（CPN Resource layer）是算力网络提供商和网络运营商提供资源的层次。该层包括的资源通常指在云计算节点和边缘算力节点上的计算资源（Computing Resource，如服务器等）、网络资源（Network Resource，如交换器、路由器等）、存储资源（Storage Resource，如存储设备），以及部署在服务器上的应用服务资源（Service Resource）。在该层，资源是多样化、异构的，属于许多不同的资源提供者。使用统一的标识可以实现不同厂商和异构算力资源的统一鉴权和资源调度。

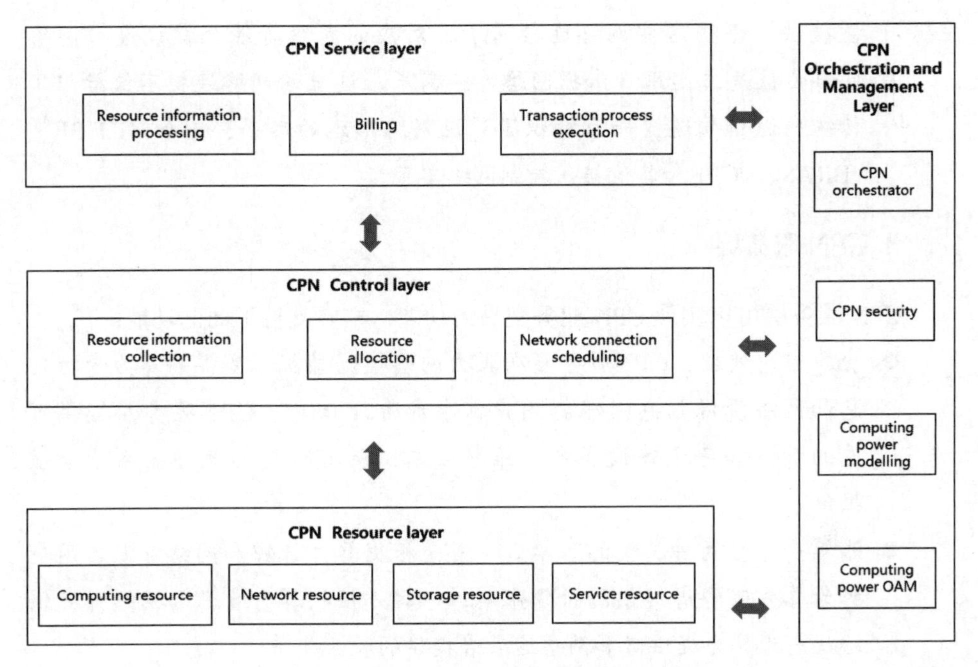

图 3-1　ITU 定义的算力网络功能结构

2. CPN 控制层

CPN 控制层通过 CPN 控制面实现，从 CPN 资源层收集信息，然后把信息发送到服务层以进一步处理。在从 CPN 服务层收到处理结果后，CPN 控制层会预留占用资源和建立网络连接。

CPN 算力网络控制层有三个基本功能：资源信息收集功能、资源分配功能、网络连接调度功能：

- 资源信息收集功能：算力网络控制层收集多样的资源信息，包括但不限于算力资源信息、网络资源信息、存储资源信息、算法资源信息等，然后生成一个资源信息表。
- 资源分配功能：根据CPN用户需求或者来自CPN服务层的处理结果，算力网络控制层检查资源信息表，然后做一个资源分配策略，并将分配策略发送给CPN提供者，比如通知算力网络提供者什么时候和多少算力资源会被占用，同时刷新它们的资源信息。
- 网络连接调度功能：网络连接需求根据资源分配策略获得，例如在哪些节点中应该建立网络连接、每个网络连接的带宽、必要的服务质量提供。根据这些网络连接需求，对应的网络资源会被调度，网络连接会被建立起来。依据网络连接需求，这里的网络连接不仅标识了传统的通信管道，而且标识了对应网络单元的部署，例如5G UPF、vBRAS、vCPE和其他接入控制网络单元。

3. CPN 服务层

CPN 服务层可以实现 CPN 业务交易的功能，主要支持下面的功能：

- 资源信息处理：CPN服务层从算力网络控制层获得多样的算力资源信息和网络资源信息。根据用户需求和资源信息，CPN服务层提供可选的资源和基于建设成本、维护成本、稀有程度和竞合关系的合理报价。
- 账单：包括两种类型的账单。一种是根据算力资源和网络资源占用数据为算力消费者提供的付费账单；一种是根据算力资源和网络资源供给状态为算力提供者和网络运营者提供的收入账单。
- 交易流程执行：完成算网业务交易执行。这个交易流程如下：

步骤 1：算力网络客户输入资源需求或服务需求，例如资源位置、时延、带宽、资源数量等信息。

步骤 2：根据用户需求和从 CPN 控制层接收到的资源信息，CPN 交易层生成一个资源视图。在这个资源视图中，包含可选的资源和对应的价格。

步骤 3：根据资源视图，用户选择最合适的资源，然后和资源提供者完成交易合同。

步骤 4：算力网络交易平台发送交易信息到算力网络控制层，同时更新对应的资源信息。

步骤 5：算力网络交易平台会监控资源的使用情况一直到交易合同到期为止。算力网络交易平台会终止服务并释放对应的资源。

在算力网络服务层建议使用新型技术比如区块链来实现诸如分布账单、匿名交易等新功能。

4. CPN 编排管理层

CPN 编排管理层可以实现编排、安全、建模、OAM 功能。

- CPN编排器负责CPN资源和服务的编排管理。

- CPN安全模块应用安全相关控制来减少CPN环境中的安全威胁。
- 算力建模模块根据各类服务构架算力模型、算力OAM实现运营、管理和维护功能。

3.1.2 CCSA标准中算力网络体系架构

中国通信标准化协会（CCSA）在《算力网络需求与架构》研究报告中，对算力网络的功能架构与技术特征进行了研究分析，并给出了如图3-2所示的算力网络功能架构参考图。

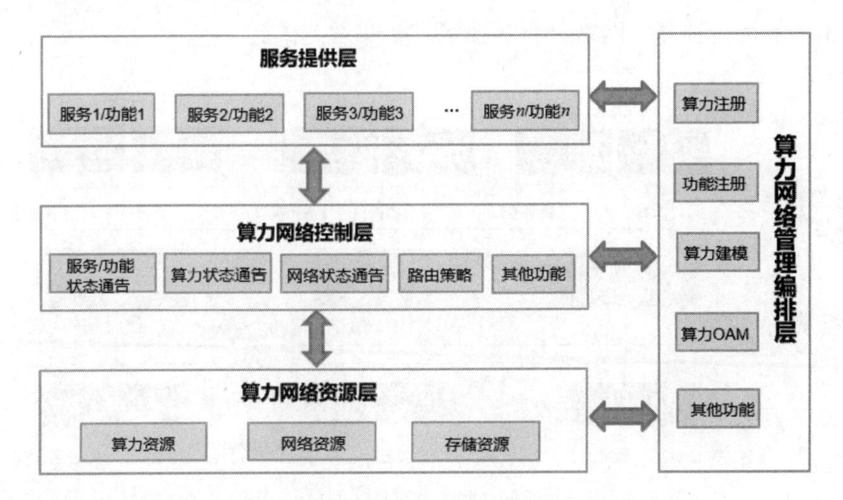

图3-2 CCSA定义的算力网络功能架构参考图

功能架构接口具有如下功能：

- 服务提供层与算力网络控制层之间的接口用于交互服务/功能状态等信息。
- 算力网络资源层与算力网络控制层之间的接口用于交互算力资源、存储资源、网络资源状态等信息。
- 服务提供层与算力网络管理编排层之间的接口用于交互服务/功能注册、修改、删除等信息。
- 算力网络资源层与算力网络管理编排层之间的接口用于交互算力资源、存储资源、网络资源的注册、修改、删除等信息。
- 算力网络控制层与算力网络管理编排层之间的接口用于交互算力网络资

源信息与服务/功能信息之间的映射关系，以及服务/功能对算力/存储/网络资源的需求等信息。

3.2　亚信科技算力网络系统参考体系

《算力网络需求与架构》标准也讨论了算力网络集中式技术方案和算力网络分布式技术方案，分布式技术方案则是基于分布式路由协议实现算力路由控制和转发，该分布式路由协议包含计算信息、网络信息等多个维度的信息。如图 3-3 所示是一种算力网络分布式技术方案实现方式。

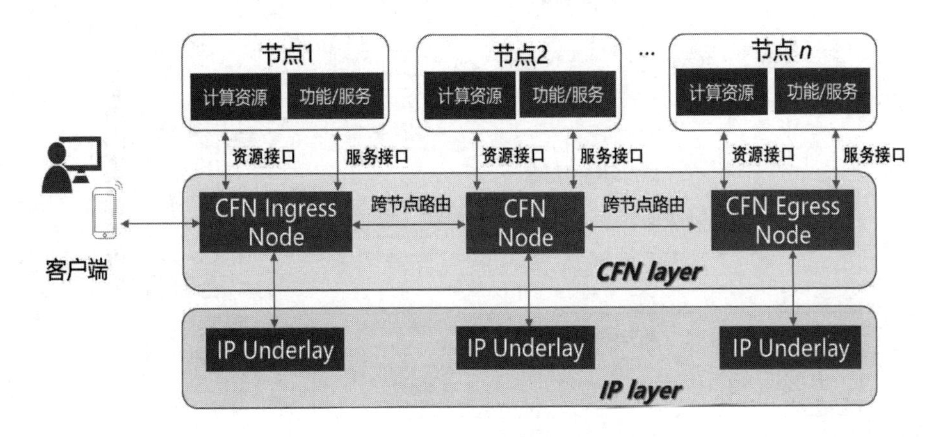

图 3-3　一种算力网络分布式技术方案

主要依赖底层 IP 设备的 BGP、IGP 等路由协议的扩展，支持服务化的寻址与路由，包含基于抽象后的计算资源发现，计算资源层面的拓扑和路由生成和愈合，由 CFN 入口节点完成算网资源调度。

从技术方案讲，算力网络分布式技术方案有以下不足之处：

- 目前IP设备不能满足算力网络的需求，需要网络中IP节点对算力信息实时感知，涉及底层路由协议的大量改动。
- 分布式方案中，IP设备需要关注整体的业务信息和网络信息，不利于控制和承载的分离，很难做到网络资源的灵活控制。
- 很难拓展到除IP域以外的其他网络域，不能保证从用户接入到算力提供整个业务的全面控制。

而集中式方案将算网资源选择与分配的控制权放在算网基础设施之上的编排控制层，对算网基础设备依赖较小，因此目前基础设施的状态不需要太多变动便可以实现算力网络的目标场景：算力资源和网络资源联合优化调度。未来，如果基础设施发展可以支持服务化的寻址和路由，集中式技术方案只需将编排控制层释放一定网络资源管理控制权，就可以支持新的基础设施。

本章基于亚信科技在算力网络中的项目实践经验，提出集中式管理控制的亚信科技算力网络系统功能参考体系。

3.2.1　系统功能架构

图 3-4 描述了亚信科技算力网络系统框架参考体系，主要分为四大部分：算网运营交易中心、算网大脑、基础能力中心和算网基础设施。

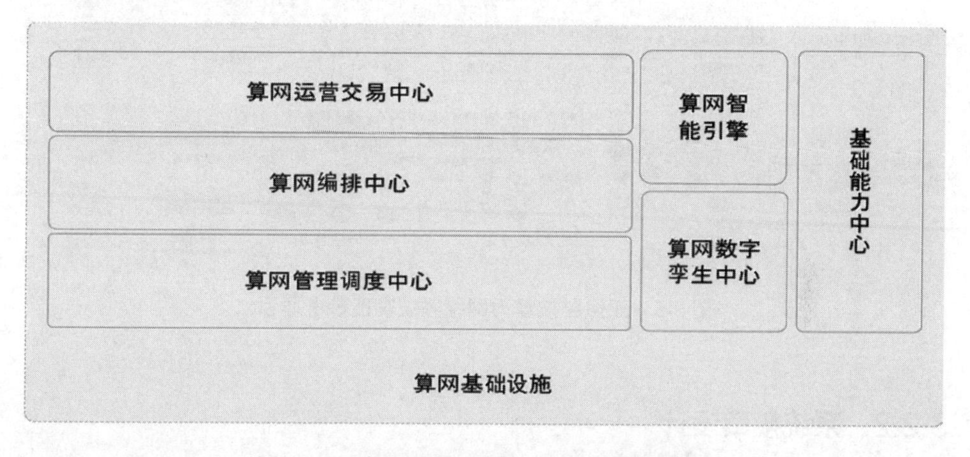

图 3-4　亚信科技算力网络系统框架参考体系

（1）算网运营交易是算力网络面向客户的算网运营服务。算网运营交易中心负责算网业务管理、计费、算网交易、算力并网等功能。

（2）算网大脑负责完成客户业务与算网资源的编排调度，具有全域集中式控制能力，包含网络控制和算力控制。算网大脑具有算力感知和网络感知双感知能力，实现了算网资源的智能编排调度能力，降低对算网基础设施的升级改造需求。具体功能模块包括：

- 算网编排中心：算网业务的网络资源和算力资源的统一编排。
- 算网管理调度中心：分为网络源管理调度中心和算力管理调度中心。

- 算网智能引擎：人工智能模型训练、部署和预测。
- 算网数字孪生中心：算力网络孪生建模、孪生编排。

（3）基础功能是指算力网络系统提供通用服务能力的部分，例如通用数据存储、安全管理、用户鉴权。

（4）算网基础设施负责承载客户业务流量的算力基础设施和网络基础设施。

图 3-5 描述亚信科技算力网络系统功能参考体系。在各中心模块，标识了主要的功能子模块。后文中描述主要参考这种实现方式。另外需要说明的是，本书重点介绍算网大脑相关的功能模块，其他部分做简要介绍。

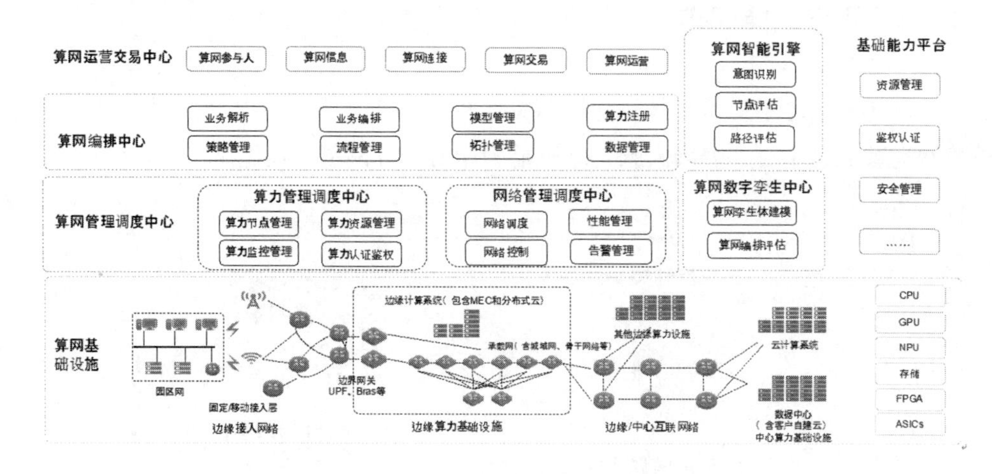

图 3-5　亚信科技算力网络系统功能参考体系

3.2.2　系统接口设计

1. 接口参考点

基于亚信科技算力网络系统功能参考体系，图 3-6 描述了算力网络系统参考架构。考虑到网络基础设施和算力基础设施目前从属于不同的管理系统实体，将算网管理调度中心划分为网络管理调度中心和算力管理调度中心两个不同的系统，便于目前现状集成管理。算网系统中不同功能实体之间的接口参考点如下：

CFN1：算网运营中心和算网编排中心之间的参考点。

CFN2：算网编排中心和网络管理调度中心之间的参考点。

CFN3：算网编排中心和算力管理调度中心之间的参考点。

CFN4：网络管理调度中心和算网基础设施之间的参考点。

CFN5：算力管理调度中心和算网基础设施之间的参考点。

CFN6：算网运营交易中心和算网智能引擎之间的参考点。

CFN7：算网编排中心和算网智能引擎之间的参考点。

CFN8：网络管理调度中心和算网智能引擎之间的参考点。

CFN9：算力管理调度中心和算网智能引擎之间的参考点。

CFN10：算网编排中心和算网数字孪生中心之间的参考点。

CFN11：网络管理调度中心和算网数字孪生中心之间的参考点。

CFN12：算力管理调度中心和算网数字孪生中心之间的参考点。

CFN13：基础能力平台提供给通用服务接口的参考点。

CFN14：算网运营交易中心与算力管理调度中心之间的参考点。

CFN15：算网智能引擎和算网数字孪生中心之间的参考点。

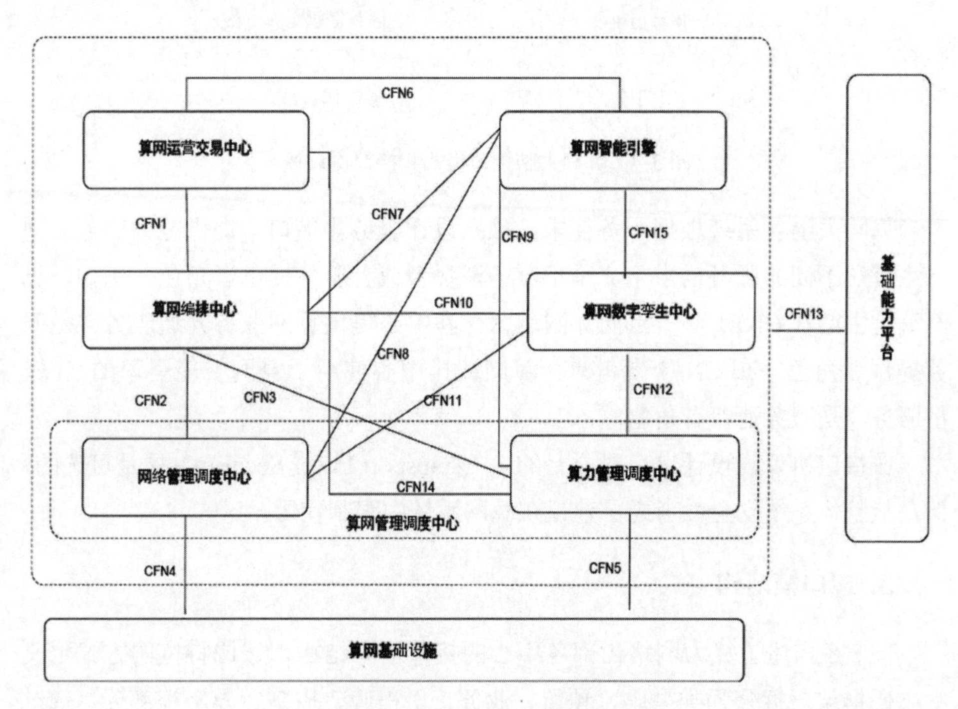

图 3-6　算力网络系统参考架构

2. 接口协议

图 3-7 描述了算网大脑各中心系统之间的接口设计，接口均采用服务化模式，遵循 Restful 协议规范。目前算网基础设施中网络设备控制协议不一定遵循 Restful 协议，如果需要考虑与现有网络基础设施兼容的话，CFN4 需要根据协议做适配。

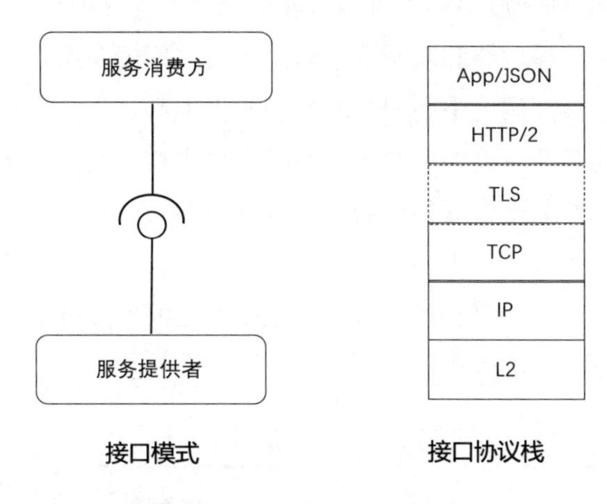

图 3-7　算网大脑接口模式和接口协议栈

算网大脑各系统根据服务需求，独立设计服务化借口，提供能力服务。同一系统在不同的服务需求下，承担服务消费者或者服务提供者角色。例如，算网编排中心在 CNF1 参考点向算网运营交易中心提供算网业务开通服务，是服务提供者角色。在 CNF7 参考点，算网编排中心使用了算网智能引擎的 AI 模型服务，是服务消费者角色。

在接口协议栈设计上，理论上 TLS（Transport Layer Security）层是可选的，但是从整体系统安全性考虑，建议在算网系统中强制使用。

3. 接口帧结构

图 3-8 描述了算力网络内部各中心的接口信令结构，按比特位的方式定义状态码框架，拆分为类型码、预留、业务、里程碑、控制、异常等部分。通过状态码框架的定义，在信令异常发生时，可快速实现系统问题原因定位，回复服务。

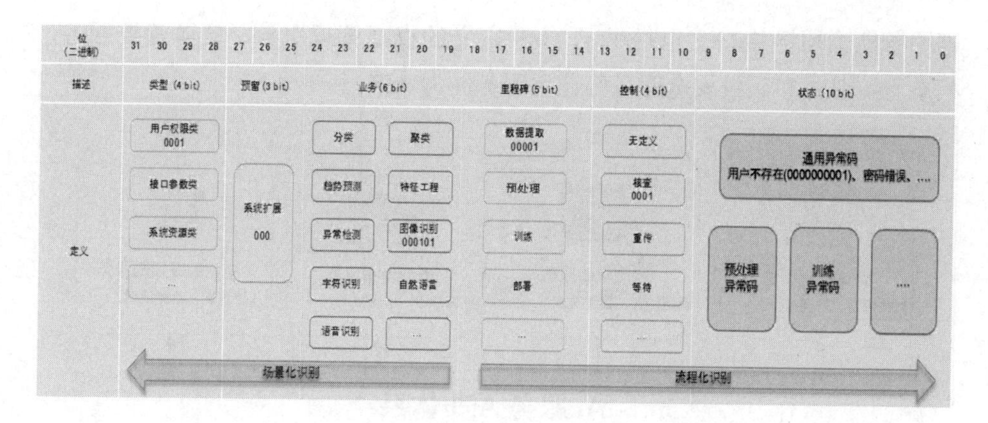

图 3-8　信令帧结构

4. TMF Open API

参照 TMF Open API 框架，采用如图 3-9 所示的算力网络系统服务能力 API 体系，实现不同算网系统间的服务能力开放与调用。算力网络系统 API 体系提供算网系统各功能中心的不同服务能力 API，同时提供通用服务能力 API。

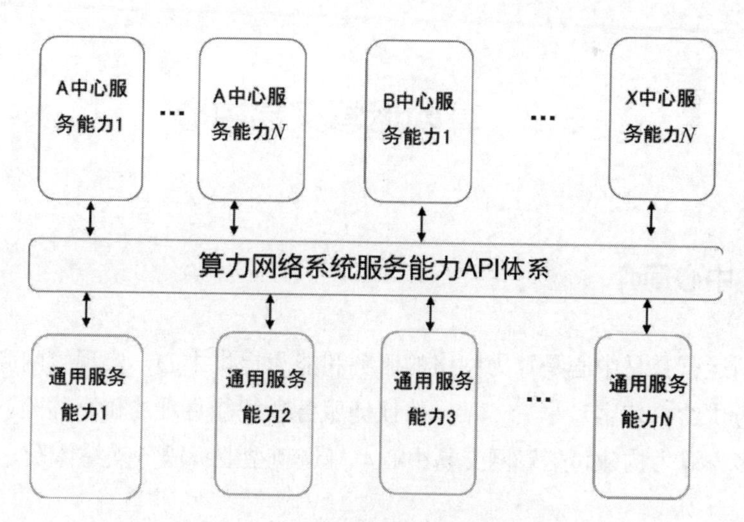

图 3-9　算网系统服务能力 API 体系

图 3-10 描述了算网智能引擎系统的服务 API 体系。算网智能引擎既提供了数据处理服务、模型训练服务、模型发布服务、模型部署预测服务等 AI 基

础服务能力服务接口，也提供了TMF定义的权限管理服务、资源管控服务、状态监控服务和系统安全服务等通用服务能力API。

图3-10 算网智能引擎的AI服务API体

3.3 算网运营交易中心

3.3.1 中心简介

算网运营交易中心是算力网络的服务和能力提供中心，实现算网商品的一体化服务供给，使客户享受一站式的便捷服务和智能直观的仿真体验。同时通过吸纳多方算力构建可信算网交易中心，打造新型业务服务支撑体系。

3.3.2 功能介绍

如图3-11所示，算网运营交易中心有五个基础功能模块：算网参与人、算网信息、算网连接、算网交易和算网运营。

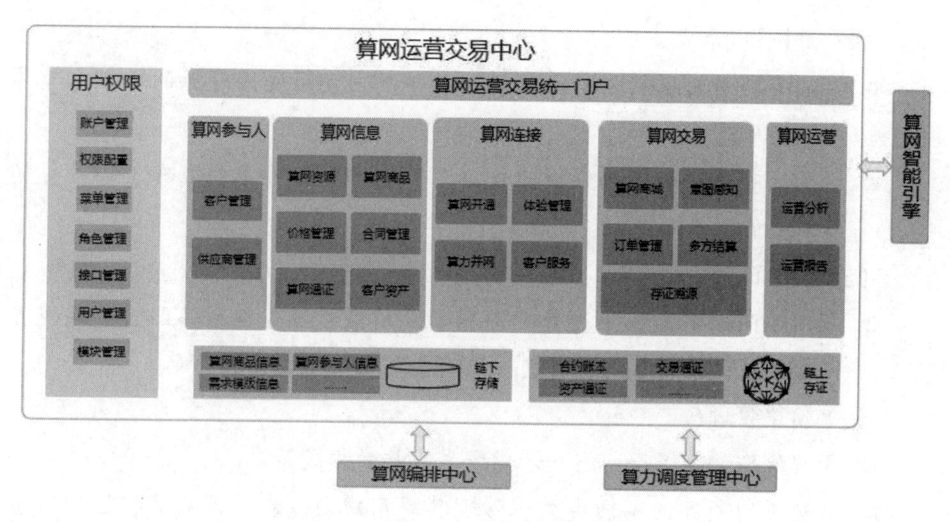

图 3-11　算网运营交易中心功能架构

1. 算网参与人

对算网交易买卖双方的参与人信息进行管理，提供两部分功能：

（1）客户管理：

- 支持算网客户管理，实现对客户注册、认证的管理，在多方平台下客户/买方也可具有发布需求的认证。
- 通过采集客户的人口属性、消费属性、行为属性、风险控制属性等，构建客户画像，形成具备客户的基本信息、关系信息、业务信息、价值分析、风险分析、行为分析等的客户360度视图。

（2）供应商管理：

- 提供供应商基本信息管理服务，实现供应商入驻、认证的管理，在多方平台下供应商/卖方也可参与竞价并按客户需求定制算网商品的认证。
- 通过采集供应商的人口属性、消费属性、行为属性、风险控制属性等，构建供应商画像，形成具备供应商的基本信息、关系信息、业务信息、价值分析、风险分析、行为分析等的供应商360度视图。

2. 算网信息

实现算网运营交易中心的六类信息资产的数字化管理：算网资源、算网商品、多量纲价格、交易合同、算网通证和客户资产。

（1）算网资源：

- 供应商查看自己提供的算网资源的信息，了解算网资源的分布、销售以及使用情况。
- 运营商查看全部算网资源情况，了解全部算网资源的分布、供给、销售以及使用情况。

（2）算网商品：

- 采用不同的商品模板进行资源型、应用型、任务型商品配置。实现算网商品的上架、下架、变更、注销等全生命周期管理功能。

（3）价格管理：

- 管理价格量纲因子，例如计费方式、收费方式等。
- 针对算网商品的不同类型，管理其费用规则，在算网商品视图中可查看其商品对应的价格表。
- 通过算力并网流程，从算网大脑获取算力资源信息，根据运营商定价规则，以及与供应商商定的定价规则，确定算力资源价格表，并下发给算力大脑。

（4）合同管理：

- 以算网参与人身份、操作行为、业务属性等对合同进行归类，实现运营商对合同模板管理功能。
- 提供合同视图，为不同身份的算网参与人提供算网合同信息的查询和浏览功能。

（5）算网通证：

- 对算网参与人进行身份认证与资源认证的管理，在多方平台下增强为算力资产交易中核心凭证资产化管理。

（6）客户资产：

- 客户查询并浏览购买的算网商品资产信息。
- 客户对算网商品资产执行续约、溯源、变更和注销等操作。
- 客户对算网资源资产执行相关操作，例如启用或暂停指定的云服务器等。

3. 算网连接

实现算网运营交易实体间的连接功能，主要包含四部分内容：体验管理——客户与算网的连接、用户服务——客户与运营商的连接、算力并网——算力与网络的连接、算网开通——算网商品形态与使用的连接。

- 体验管理：模拟算网使用的仿真效果，为客户提供真实的体验感知，为客户带来直观算力效果呈现。
- 用户服务：为算网参与人提供各类售前、售中和售后的相关服务，例如为客户提供算网售后集中响应支撑等。
- 算力并网：第三方资源在算力调度管理中心进行统一注册认证后，相关信息同步到算网运营交易平台中心进行统一纳管。
- 算网开通：根据算网商品订单完成算网商品的统一开通与调度。

4. 算网交易

实现客户、供应商和运营商之间的算网交易过程管理功能。

（1）算网商城：

- 提供由运营商配置的标准算网商品，客户根据自身需求选择商品进行订购。
- 提供场景化的解决方案模板，客户选择模板填写需求，由算网大脑实时定制解决方案，提供给客户进行选择，订购选中的解决方案。
- 算网商城中的标准商品和解决方案都无法满足客户需求时，填写需求模板，由运营方主导交易过程，讨论解决方案，支持以合约的形式进行多种模式的交易撮合，如撮合交易、多方协商、集中竞价等。

（2）意图感知：

- 提供意图输入和感知、意图翻译和意图智能匹配功能，实现根据意图向客户推荐算网商品和解决方案等。

（3）订单管理：

- 客户可查询并操作由自身发起各类业务申请订单，例如算网解决方案请求订单、算网商品订购订单等。
- 运营商可管理全量订单，在订单执行过程中，提供对算网订单的监控功能，并进行告警和应急处理，开通类参数的自动转换和补全，以及支持订单的聚合、分发等功能。

（4）多方结算：

- 提供结算依据，在多方平台下制定手续费结算规则生成账单、结算依据。

（5）存证溯源：

- 支持对存证数据的全链路溯源，如支撑认证过程、交易过程、使用过程、计量过程的溯源。

5. 算网运营

对算网运营交易过程中产生的各类数据进行统计和分析，提供运营报告。

- 运营报告：支持对算网使用轨迹、算网使用情况、算网账单、算网评价、算网成本信息、算网运营趋势等生成算网运营信息的数据可视化报告。
- 运营分析：根据算网一体的服务能力，通过算网生命周期的报告管理，实现算网综合运营分析，对算网运营趋势进行预测。

3.3.3 集成关系

图3-12描述了算网运营交易中心的集成关系，并给出了相关参考接口点对应的功能。

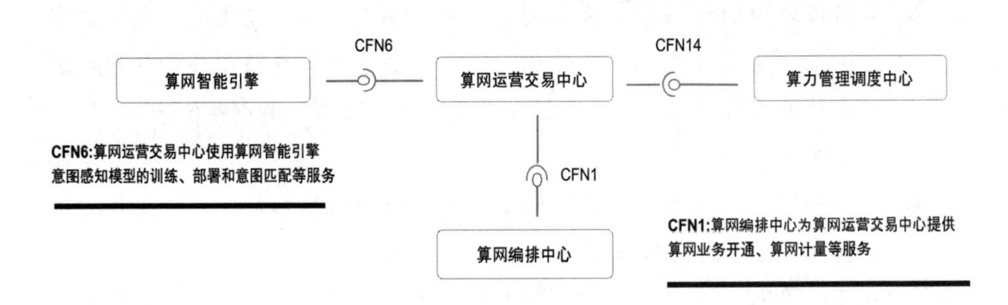

图3-12　算网运营交易中心集成关系

3.4 算力网络编排中心

3.4.1 中心简介

算力网络编排中心（简称算网统排中心）处于算网体系的中枢位置，负责算力资源和网络资源统一编排；北向对接算网运营中心，接收算网业务和资源编排请求；南向对接网络管理调中心和算力管理调度中心，分别控制网络资源和算力资源的管理调度；东西向连接算网智能引擎和算网数字孪生中心系统，实现编排注智。

3.4.2　功能介绍

图 3-13 描述了算网编排中心的功能架构图，主要包含设计态和运行态两大类。

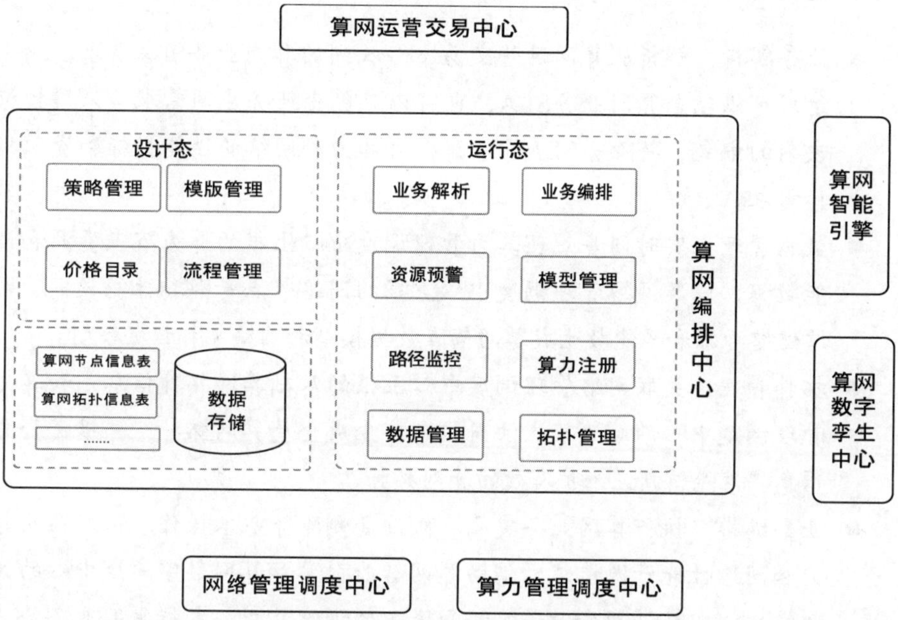

图 3-13　算网编排中心功能架构图

算网编排中心支持算力资源和网络资源的数据实时感知，实现算力和网络的融合资源视图，完成算力资源和网络资源一体编排。相比网络编排系统与算力编排系统两个独立系统的方案，算网一体编排系统可以兼顾算力和网络两个资源维度因素，实现资源联合价值最大化。算网编排中心主要功能如下。

1. 设计态

- 模板管理：SLA需求与算网资源的模板创建、激活、去激活等操作。如果算网业务中没有明确的算网资源与性能需求，需要基于专家经验设计的模板，完成应用SLA需求与算网资源性能映射。

- 策略管理：算网路径编排决策中的策略选择，比如费用最低、性能优先等。
- 价格目录：算力资源费用和网络资源费用的价格目录，是算网编排的重要输入。
- 流程管理：算网编排总流程的子流程增加、删除等操作，比如是否使用算网智能引擎提供算网节点和路径评估的子流程操作管理。

2. 运行态

- 业务解析：解析从算网运营交易中心收到的算网业务SLA请求。业务请求可以包含算网业务SLA，也可以只包含业务应用需求，采用模板映射的方式，将业务SLA需求解析为算力和网络的性能指标和资源指标需求。
- 数据管理：实时同步管理算力管理调度中心上报的算力节点资源和性能数据，以及网络管理调度中心上报的网络节点资源和性能数据、网络链路资源和性能数生成算网节点数据模型和网络拓扑数据模型。
- 拓扑管理：关联网络管理调度中心上报的基础算网拓扑信息，和算力管理调度中心的算力节点注册信息，生成全局算网拓扑；并根据告警信息、性能信息，维护有效的算网拓扑。
- 业务编排：执行算网业务建立、修改和删除等基本操作。根据业务算力和网络性能资源请求，借助算网智能引擎和算网数字孪生中心的注智能力，实现算网资源的编排和资源的调度需求。支持算网业务的多量纲计量方式，如算力的类型、精度、质量、等级等指标量纲，网络的带宽、时延、可靠性等指标量纲。
- 路径监控：提供端到端算网路径状态，比如健康度；提供算网路径轨迹，比如位置、关键节点等。
- 模型管理：管理算网编排流程中使用的算网智能引擎中的AI模型，包括训练、部署，预测的模型版本控制，以及相关的数据管理。
- 算力注册：支持算力节点注册、去注册，将已注册的算力节点纳入算力资源库。
- 资源预警：利用节点评估模型，支持算网节点资源状态预警，提供自智运维和质量保证的方案。

3.4.3　集成关系

图 3-14 描述了算网编排中心的集成关系，给出了相关参考点接口的功能。

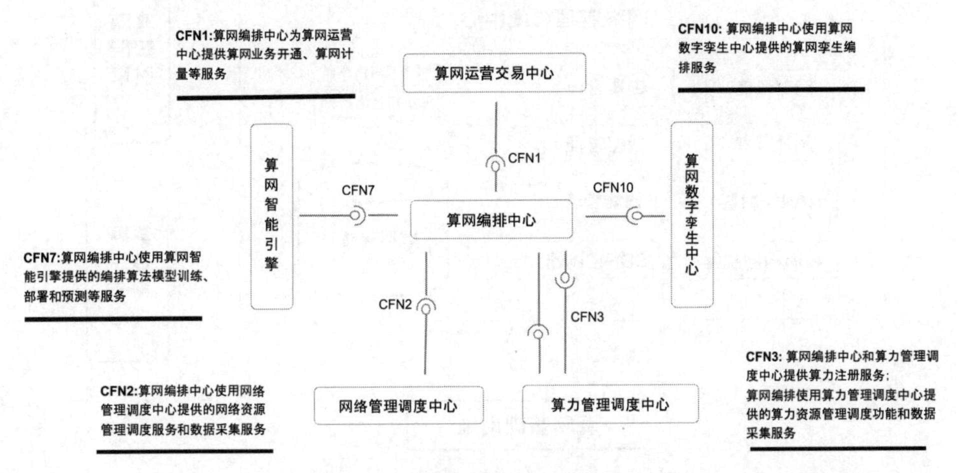

图 3-14　算网编排中心集成关系

3.5　网络管理调度中心

3.5.1　中心简介

网络管理调度中心负责网络资源的管理调度。北向对接算网编排中心，接收来自网络资源调度请求；南向对接算网基础设施，发送网络配置请求；东西向连接算网智能引擎和数字孪生中心，实现网络资源调度注智。

3.5.2　功能介绍

图 3-15 描述了网络管理调度中心的功能架构图。网络管理调度中心支持从端到端网络配置管理、性能管理和告警管理以及多域数据采集与汇集，实现端到端网络性能需求到单域网络性能需求的分解，实现网络性能需求到网络配置要求的映射。同时网络管理调度中心还支持借助算网智能引擎和算网数字孪生中心能力，实现网络管理调度的智能化。

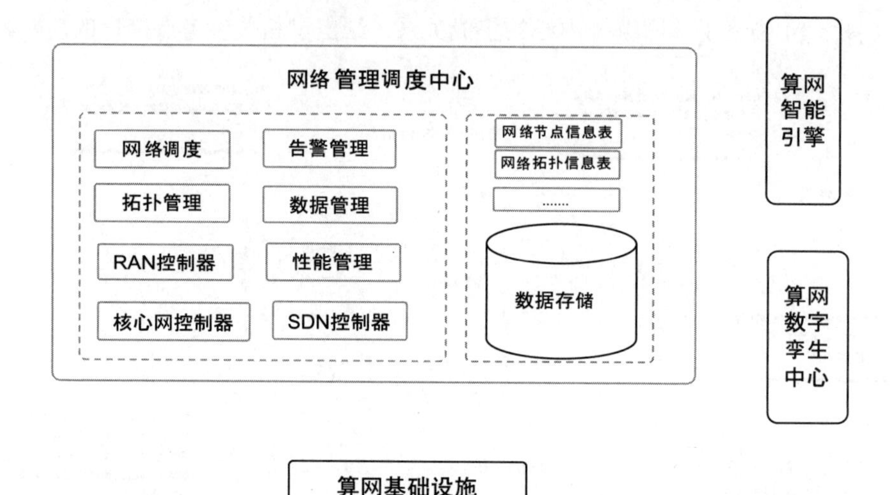

图3-15　网络管理调度中心功能架构图

网络管理调度中心的功能包括：

- 网络调度：接收算网编排中心的网络路径建立请求，分析端到端算网路径节点，将算网路径按域分割子路径；完成单域网络和跨域网络配置管理，规划端到端网络配置，统一协调域间网络的连接设计，统一分配网络路径建立所需网络标识和网络资源，生成各网络子域的配置需求。
- 性能管理：测量和监控算网业务的端到端网络路径性能，并分析性能指标，根据规则或算网智能引擎推理结果，触发性能告警。
- 拓扑管理：支持构建算力网络拓扑，包括网络节点和算力节点；汇集各网络子域的拓扑，构建跨域的网络图谱；实现在算网拓扑中添加与删除算网节点；并将算网拓扑实时同步给算网编排中心。
- 告警通告：监控网络域中网络节点状态和算网链路状态，及时发现异常、告警等，实现告警通告，触发运维管理。
- 数据管理：实时采集网络域中网络节点和网络链路的性能数据和资源数据，并与网络编排中心实时同步。
- SDN控制器：根据网络配置需求，控制IP网络、OTN网络、PTN/SPN网络等传输网络的调度管理，完成网络路径的建立、修改和删除。

- RAN控制器：根据网络配置需求，控制5G RAN网络调度管理配置，完成无线资源配置的添加、修改和删除。
- 核心网控制器：根据网络配置需求，控制5G核心网调度管理配置，完成核心网资源配置添加、修改和删除。

3.5.3　集成关系

图3-16描述了网络管理调度中心的集成关系，给出了相关参考点接口的功能。

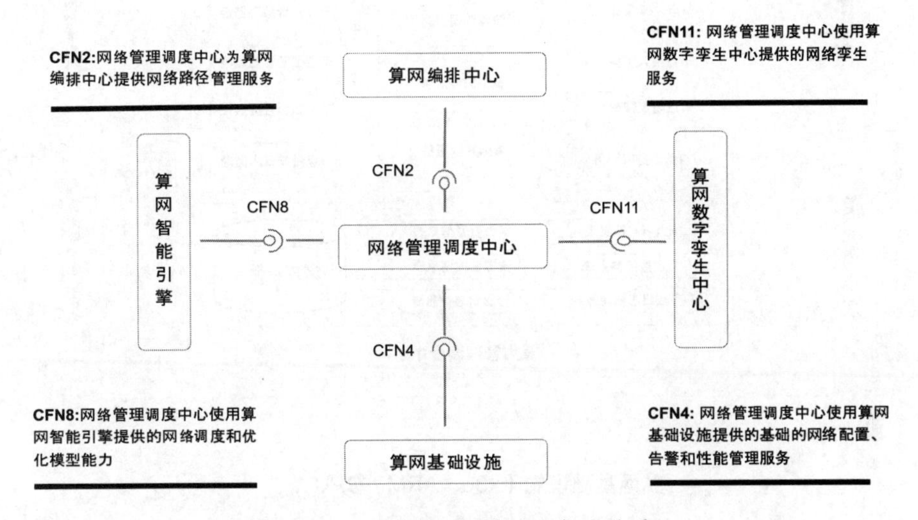

图3-16　网络管理调度中心集成关系

3.6　算力管理调度中心

3.6.1　中心简介

算力管理调度中心负责算力资源的管理调度。算力网络调度中心北向对接算网编排中心和算网交易中心，为算网的调度、编排和管理提供决策数据，执行算网编排中心和算网交易中心指令，为用户提供算力资源绑定等服务。南向对接算网基础设施，执行算力节点并网、资源同步等操作。

3.6.2　功能介绍

图 3-17 描述了算力管理调度中心的功能架构，主要具有算力节点管理、算力资源管理、算力监控管理等主要功能。

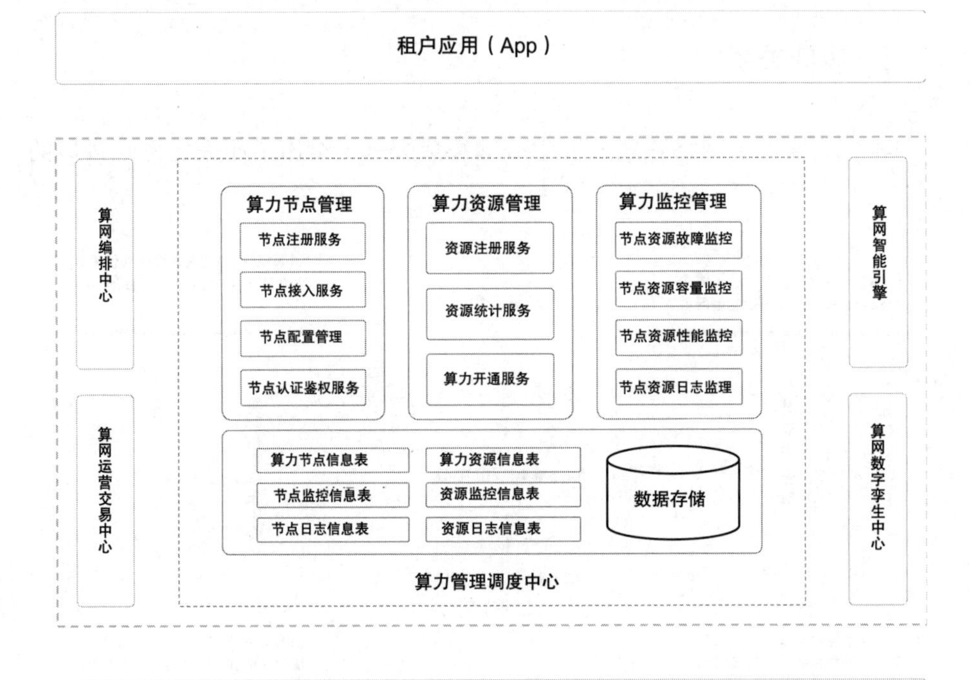

图 3-17　算力管理调度中心

功能介绍如下：

- 算力节点管理：提供算力节点的注册和管理服务，包括算力节点注册服务、算力节点接入服务、算力节点配置管理、算力节点的认证鉴权服务等。包括私有云、公有云节点纳管、配额分配和申请管理等。
- 算力资源管理：为算力节点提供算力资源注册服务、算力资源统计服务、算力资源开通服务、算力资源变更等。负责整个平台的多云资源的抽象、服务化管理能力的构建。多云资源的统一纳管，多云资源池的统一分配管理。支持多云模式下的平台分区资源分配管理；多云资源支持统一的编排调度的资源开通，支持工单申请流的开通调度；支持多云资源的北向服务接口的统一适配管理和对接。

- 算力监控管理：为算网提供算力资源的监控和告警服务，包括算力节点的故障监控、节点资源容量监控、节点资源性能监控、节点资源日志监控等。负责为接入的多云平台及使用租户提供相应的资源、服务等全面的监控、告警等运维管控服务。采用云原生的Prometheus作为监控告警的核心技术架构，在此基础上增强整合统一的多云监控告警体系。提供多维度的监控告警运维服务、平台资源分区维度资源监控，全局了解平台提供云资源的总体变化、使用率等信息；平台接入的多云资源池监控，支持接入每个资源池的资源使用情况、占比率等信息；平台服务被编排订购的各类服务实例的监控，包括使用率的监控、实例的进程监控等；平台针对各类接入的多云提供一站式的告警服务，包括告警模板配置、告警记录处理、告警通知等。
- 云原生功能：使用kube-virt为多云管理平台提供实现容器虚拟化能力。通过Kubernetes 的 CRD（Custom Resource Definition）机制，使用容器的Image Registry创建虚拟机并提供生命周期管理。使用kube-ovn补充Kubernetes的容器网络编排系统。将OpenStack领域成熟的网络功能平移到Kubernetes，为多云管理平台增强容器虚拟化网络的安全性、可运维性、管理性和性能。
- 算力资源调度：包括多个云资源池的调度分发以及相应的云服务的弹性伸缩管理，并提供算力注册、发现及调度能力。独立解耦的服务调度管理器，能够针对接入的混合云的各类独立的资源服务，如阿里云、腾讯云、AWS等ECS服务，采用独立解耦的多云服务调度管理器，支持多云的独立的服务适配调度。支持插件化的扩展方式，适配多云的资源服务接入，兼顾高性能并发处理和高可用的能力，确保对接多云服务的开通稳定性。

3.6.3　集成关系

图3-18描述了算力管理调度中心的集成关系，给出了相关参考点接口的功能。

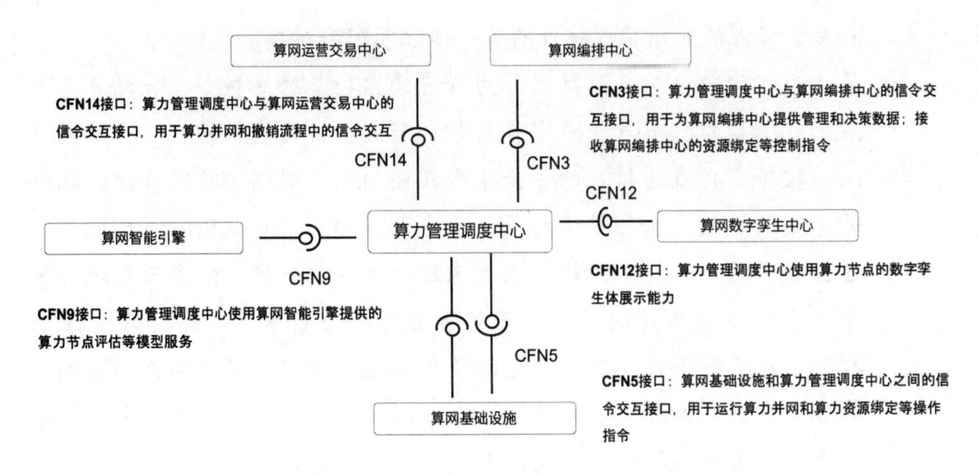

图 3-18　算力管理调度中心集成关系

3.7　算力网络智能引擎

3.7.1　简介

算网智能引擎为算网系统提供 AI 模型训练和推理服务，为算网系统提供节点能力评估、路径寻优、意图识别、资源调度等 AI 能力，为算网系统提供注智引擎和 AI 服务。

3.7.2　功能介绍

图 3-19 描述了算网智能引擎的功能架构。

算网智能引擎向算网编排中心、算网运营中心、网络管理调度中心和算力管理调度中心提供 AI 服务能力，主要包含模型服务和平台服务两大类模块。

- 模型服务：包括节点能力评估、节点风险评估、路径风险评估、路径 KPI评估、调度策略模型、意图识别模型、效益评估与预测、资源消耗预测等。
- 平台服务：包括数据处理、模型开发、推理服务、运维管理等。

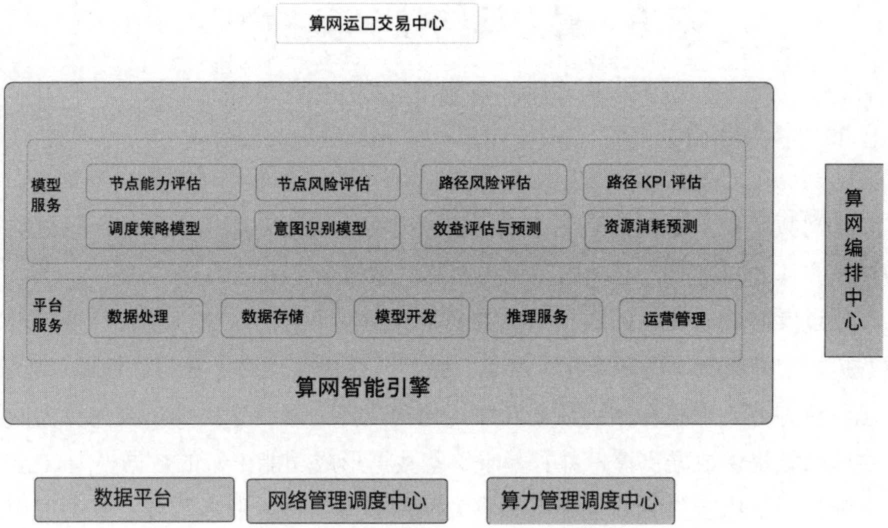

算网运口交易中心
模型服务
节点能力评估
节点风险评估
路径风险评估
路径 KPI 评估
调度策略模型
意图识别模型
效益评估与预测
资源消耗预测
平台服务
数据处理
数据存储
模型开发
推理服务
运营管理
算网智能引擎
算网编排中心
数据平台
网络管理调度中心
算力管理调度中心

图 3-19　算网智能引擎功能架构

3.7.3　集成关系

图 3-20 描述了算网智能引擎的集成关系，给出了相关参考点接口的功能。

算网运营交易中心
CFN6:算网智能引擎和算网运营交易中心提供算网意图识别模型训练和意图匹配等服务
CFN6
算网编排中心
CFN7
CFN7:算网智能引擎和算网编排中心提供节点能力评估和路径KPI评估模型训练和推理等服务
算网智能引擎
CFN15
算网数字孪生中心
CFN15:算网智能引擎和算网数字孪生中心提供预测模型训练和仿真验证等服务
CFN8
CFN9
CFN8:算网智能引擎和网络管理调度中心提供网络调度策略模型训练和推理等服务
网络管理调度中心
算力管理调度中心
CFN9:算网智能引擎和算力管理调度中心提供调度策略模型训练和算力智能调度等服务

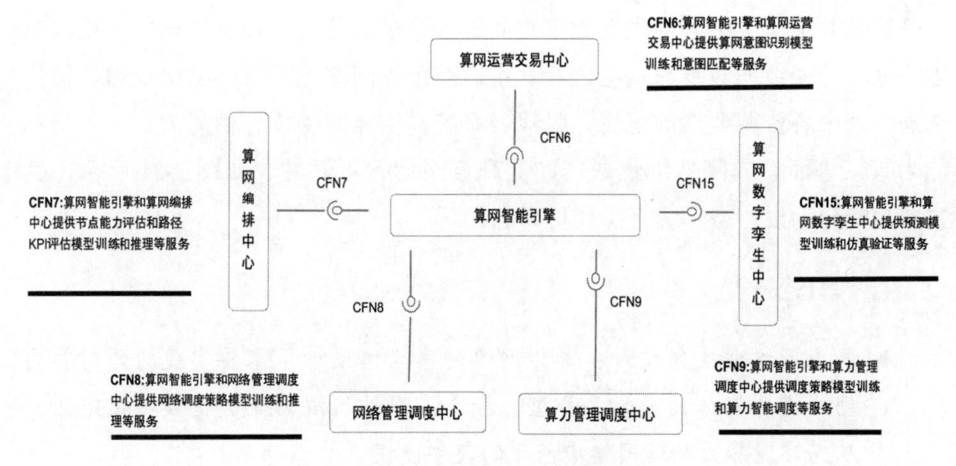

图 3-20　算网智能引擎集成关系

3.8　算力网络数字孪生中心

3.8.1　中心简介

算网数字孪生是以数字化方式创建算力网络实体的虚拟孪生体，且可与算力网络实体之间实时交互映射的算力网络的系统。

通过实时或非实时的数据采集方式将算力网络层的数据（主要包括物理实体数据、空间数据、资源数据、协议、接口、路由、信令、流程、性能、告警、日志、状态等）采集存储到数据仓库，为构建算力网络孪生体以及为算力网络孪生体赋能提供数据支撑，并且基于这些数据形成功能丰富的数据模型。

通过灵活组合的方式创建多种算力网络模型实例，服务于各种算力应用，同时通过算力网络孪生体以高保真可视化的页面去映射物理算力网络实体，最终达到可视化页面、孪生算力网络层、物理算力网络层的实时交互。同时借助人工智能、AI 算法、专家经验、大数据分析等技术实现对物理算力网络进行全生命周期的分析、诊断、仿真和控制。

3.8.2　功能介绍

算网数字孪生中心提供在数字空间进行建模、仿真、控制等操作，根据基础数据和性能数据对算力网络进行孪生，基于算网孪生平台的结果反馈，优化物理空间中各资源要素的配置，为算网系统提供算网编排评估能力、算网仿真能力等，进而有效降低维优成本，提升算网运行可靠性。如图 3-21 所示，其主要功能分为设计态、运行态和仿真态。

1. 设计态

- 算力网络孪生体设计：算力网络的孪生体设计，需要实现的是对算力网络设备实体的属性、模型、指令、事件、规则等进行数字化定义，从而实现算力物理网络中网元的数字建模。
- 算力网络孪生体实例管理：根据算力网络的孪生体设计，通过接入算力网络设备，例如，网元基础属性、运行数据、算力资源、网络资源、存储资源、网络拓扑信息等，与指定的数字孪生设计规格进行关联，将算力网络中的算力节点进行数字化的过程。

- 算力网络拓扑编辑器：算力网络拓扑是为了真实反映算力网络中各类实体、设备、终端等的布局关系，体现构成算力网络的成员之间特定连接关系和从属关系，这些关系可能是物理的，即真实的；也可能是逻辑的，即虚拟的。

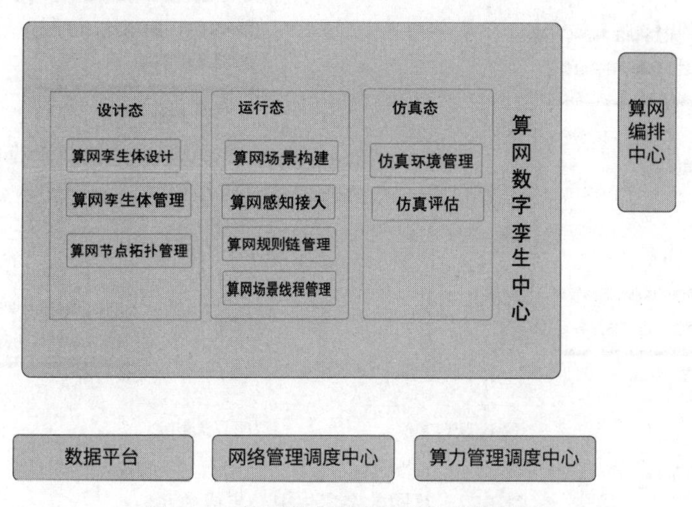

图3-21 算网数字孪生中心功能架构图

2. 运行态

- 算网场景构建：根据算网资源数字孪生体及拓扑关系构建算网感知、业务调度等场景，实现孪生场景配置。
- 算网感知接入：算网资源数字孪生体与算网资源实时运行态势的数据映射绑定。
- 算网规则链管理：算网资源业务场景规则链配置定义。
- 算网场景线程管理：算网孪生场景运行线程实例管理，实现算网孪生场景实例的启动、停止、监控。

3. 仿真态

- 仿真环境管理：根据算网运行态场景导出生成仿真环境。
- 仿真评估：接入算网AI算法及推理接口，实现对算网业务评估及资源调度策略的仿真评估分析。

3.8.3　集成关系

如图 3-22 描述了算网数字孪生中心的集成关系，给出了相关参考点接口的功能。

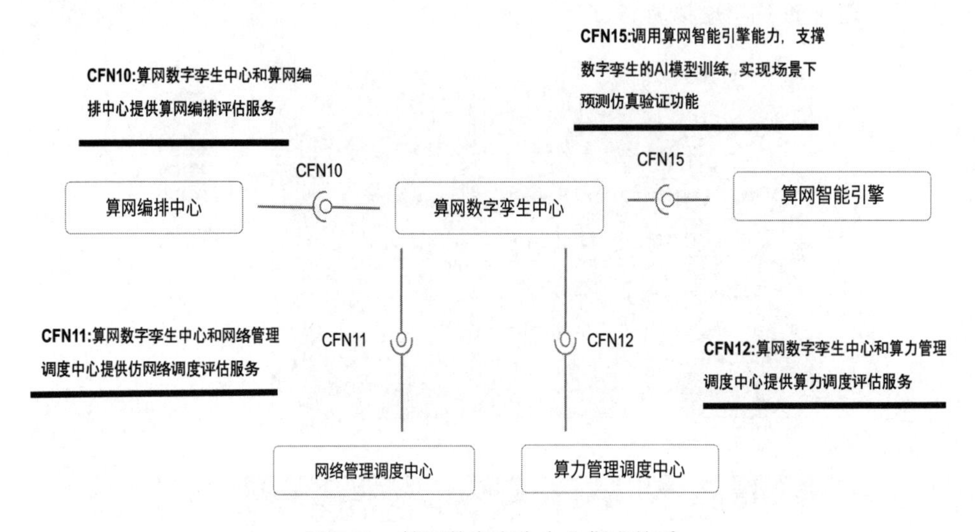

图 3-22　算网数字孪生中心集成关系

3.9　算力网络基础设施

算力网络基础设施是指网络基础设施和算力基础设施的统称，是承载算网业务的资源设施。网络基础设施连接算力设施，用以完成算力设施之间数据的传输；算力设施完成数据的计算，二者共同支撑算网业务。如图 3-23 描述了算网络基础设施的主要组成部分。

3.9.1　网络基础设施

网络基础设施从地理角度分为边缘接入网络、城域承载网络和骨干承载网络。边缘接入网从技术上划分为移动接入层和固定接入层；承载网从技术上可以分为以太网、IP、光等技术网络。为了使本书更有实践指导意义，结合当前技术发展趋势，本书聚焦5G网络和IP网络基础设计相关技术描述，本书所给出的算力网络相关设计的示例也是基于5G网络和IP网络。下面对5G网络和IP网络做简略介绍。

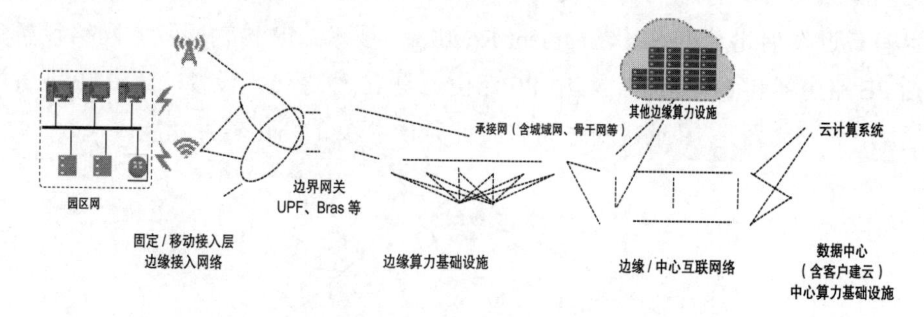

图3-23　算力网络基础设施

1.5G网络

5G网络是第5代移动通信网络技术，具有高带宽、低时延、高可靠等特性。如图3-24描述了5G SA网络的基本结构。5G网络包括5G终端、5G基站和5G核心网络三大部分。5G基站和5G终端之间通过无线频率空口，即Uu接口通信，支持多种类型的新型5G终端，如手机CPE、AGV、4K摄像头等用户设备。5G基站与5G核心网通过NG接口通信，其中NG-C接口是用于控制面数据的通信；NG-U接口用于数据面数据的通信，用户的5G业务流通过UPF的N6接口与其他技术域交互。

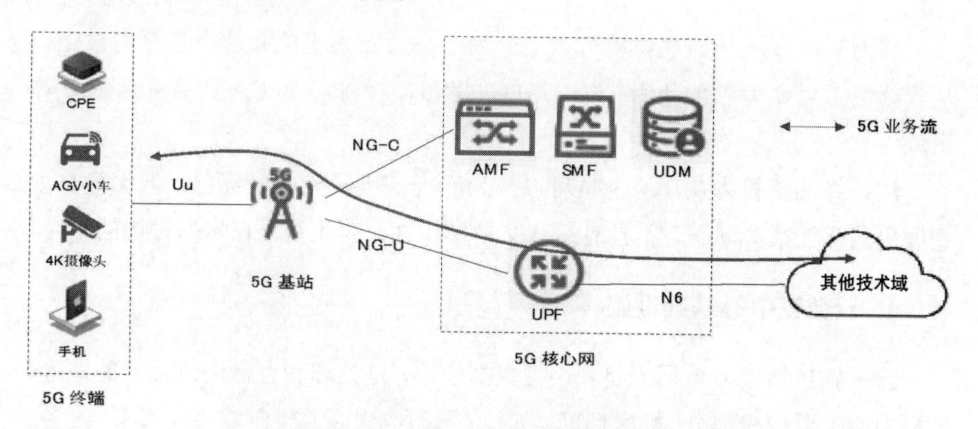

图3-24　5G SA网络结构

2. IP 传输网络

IP 传输网络服务于 IP 报文业务的传输网络，如图 3-25 描述了 IP 传输网络的基本结构。IP 传输网的承载技术比较多，既有传统的 IP/MPLS VPN 技术，也有最近发展迅速的 SR（Segment Routing）技术。IP 传输网基本网络设备包括 PE 路由器和 P 路由器，其中 PE 路由器是 IP 边缘接入设备，负责 IP 业务的适配，P 路由器是 IP 承载网之间的，负责 IP 报文的路由转发功能。

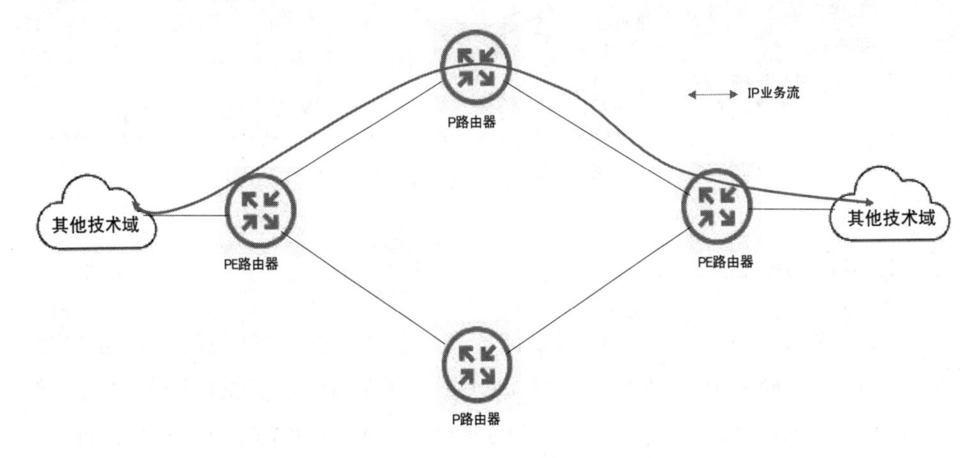

图 3-25 IP 网络结构

3.9.2 算力基础设施

算力基础设施从地理位置可以划分为中心云算力设施和边缘云算力设施。从设施资源角度可以划分为 CPU、GPU、NPU、存储、FPGA 和 ASICs 等计算资源。

注：终端侧算力从理论上也可以作为算力基础设施的一部分，但端侧算力调度仍然存在很多问题，不具有运营交易操作性，因此暂不在本书讨论的范畴。

1. 云数据中心基础设施

云设施包括大型数据中心和小型数据中心，是处理和存储海量数据的地方。数据中心主要构成部分：机房（建筑物本身）、供配电系统、制冷系统、网络设备、服务器设备、存储设备等。其中网络设备、服务器设备、存储设备是其中关键部分。如图 3-26 所示是数据中心机房内部设施。

图 3-26　数据中心机房

网络设备为数据中心构建对内、对外高速的传输通路。数据中心内部有大量的路由器、交换机、传输设备在支撑其数据的运输流转。

服务器设备是数据中心的心脏，负责数据中心海量数据的处理，服务器设备就有成千上万台。并且数据中心的服务器设备品种多样，从性能上来看，有小型机、大型机、x86 服务器等；从外形上来看，可以分为塔式服务器、机架式服务器、刀片式服务器、高密度服务器等。

存储设备是海量数据储存的地方，是用于储存信息的设备。很多大型的数据中心都配备有存储服务器，专门用于存储数据和提供数据服务。

从算力供给形式来看，云数据中心可以提供虚拟机、容器、数据库等多类型资源产品，具有很好的灵活性。

2. MEC 基础设施

MEC 基础设施是由 5G 网络兴起而引入的边缘算力设施，MEC 位置上靠近用户接入设备，可以为用户提供超低时延的应用体验。目前 MEC 的基础设施主要体现为边缘服务器，而服务器内部主要分为计算资源、存储资源等。如图 3-27 所示是一种典型的 MEC 算力设备。

从算力供给形式来看，MEC 可以提供虚拟机、容器等资源产品。但由于 MEC 自身算力资源较少，相比较虚拟机资源供给方式较高资源损耗，裸金属容器式的算力供给方式更为高效。

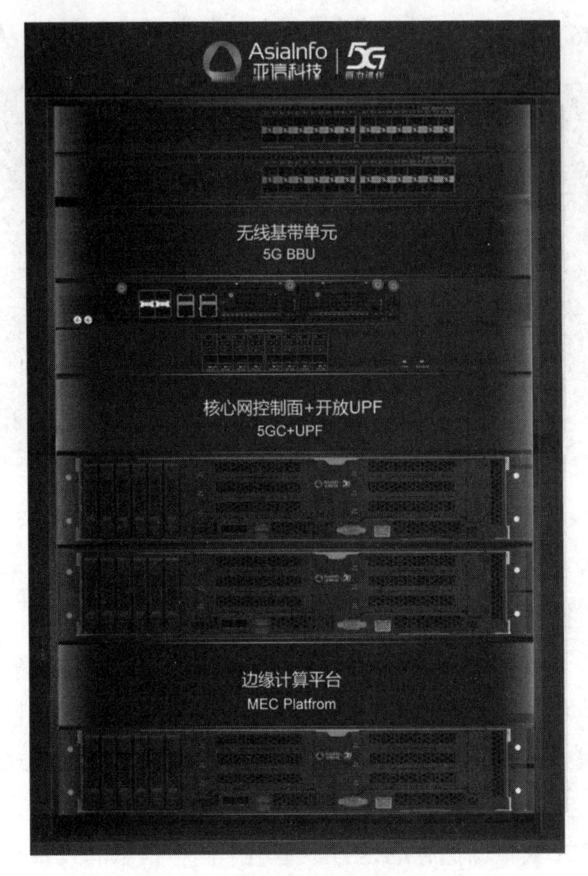

图 3-27 “5G+MEC”一体化设备

3.10 业务流程介绍

本节首先介绍几种基本的算网业务流程：算网业务开通、算网业务变更、算网业务撤销和算力并网。然后从算网应用角度给出了算力网络中应用管理流程：应用服务部署和应用运营维护。

3.10.1 算力网络业务开通

客户在算网运营交易中心触发了算网需求，由算网大脑执行算力资源和网络资源的编排调度。如图 3-28 描述了算网业务的开通流程。

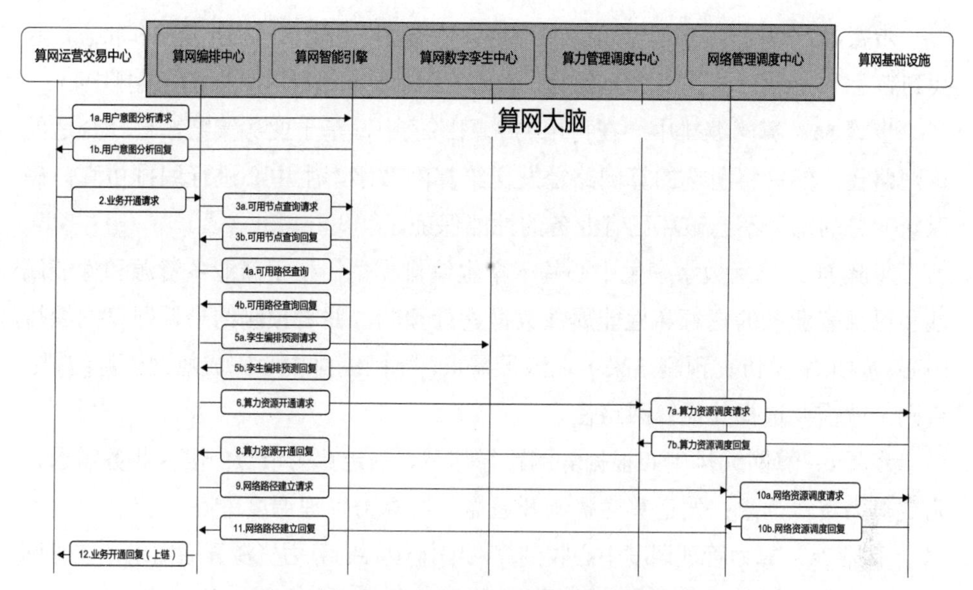

图 3-28　算网业务开通基本流程

算网开通流程如下：

步骤 1a：算网运营交易中心感知到客户在运营门户登录、浏览算网产品；算网运营交易中心会基于客户的历史数据和浏览数据，发送用户意图分析需求到算网智能引擎。

步骤 1b：算网智能引擎基于已部署的客户意图推理人工智能模型，回复给算网运营交易中心可选商品模板，然后算网并给出策略选择方案。

步骤 2：基于客户选择的算网产品，算网运营交易中心把客户需求发送给算网编排中心，客户需求的可能是比较粗略的算网应用需求，也可能是较为具体资源和性能需求。

步骤 3a：算网编排中心将客户需求转化成统一的可量化的算力和网络需求，分别包括性能属性和资源属性；算网编排中心将网络和算力需求发送到算网智能引擎。

步骤 3b：算网智能引擎基于网络和算力需求以及算网基础设备的状态信息，评估算网基础设施中可以承担此业务需求的算网节点；将评估的可用的算网节点返回给算网编排中心，算网编排中心基于策略，可以针对可用算网节点进行二次选择，比如限制某个节点或某一类节点。

步骤 4a：算网编排中心请求算网智能引擎，基于所选的算网可用节点和业务接入点，推荐满足端到端业务性能需求的算网路径，包括逐条的网络节点、算力节点。

步骤 4b：算网智能引擎基于路径性能评估模型，利用算网拓扑信息和状态，寻找到满足需求的端到端可用算网路径，并将可用的算网路径返回给算网编排中心。

步骤 5a：算网编排中心在可用的算网路径中，基于业务策略，选择合适的算网路径，然后将所选的算网路径发送给算网数字孪生中心进行编排仿真，确保新业务的部署不会破坏已有业务的性能保证。

步骤 5b：算网数字孪生中心基于孪生编排模型，使用新业务资源和性能属性和已部署业务的资源和性能属性数据进行预测，并将预测结果返回算网编排中心。如果编排仿真预测结果可以满足需求，算网编排中心完成算网资源编排；否则，就需要选择其他算网路径。

步骤 6：算网编排中心根据算网路径信息，确定算力节点；根据业务需求，确定算力资源需求；发送算力资源开通需求给算力管理调度中心。

步骤 7a：算力管理调度中心收到算网编排中心的算力资源开通需求，在算网基础设施中寻找到算力节点，通过算力资源池的管理控制器，比如 Openstack、Kubernets，预留算力资源。

步骤 7b：算力资源池的管理控制器回复算力管理调度中心算力资源调度结果。

步骤 8：算力管理调度中心回复算网编排中心的算力资源开通结果。

步骤 9：算网编排中心根据算网路径信息，确定网络节点；根据业务需求，确定网络性能与资源需求；发送网络路径开通需求给网络管理调度中心。

步骤 10a：网络管理调度中心收到算网编排中心的网络路径开通需求，在算网基础设施寻找到逐跳网络节点，通过网络域控制器或者直接对接网元，预留网络资源。

步骤 10b：网络控制器回复网络管理调度中心网元资源预留结果。

步骤 11：网络管理调度中心回复算网编排中心的网络路径开通结果。

步骤 12：算网编排中心回复算网运营交易中心算网业务开通结果，算网运营交易中心将交易信息用区块链记录。

3.10.2　算力网络业务变更

资源分配与业务需求不匹配，触发算网业务调整，由算网大脑完成算力资源和网络资源的重新调度。如图 3-29 描述了算网业务的变更流程。

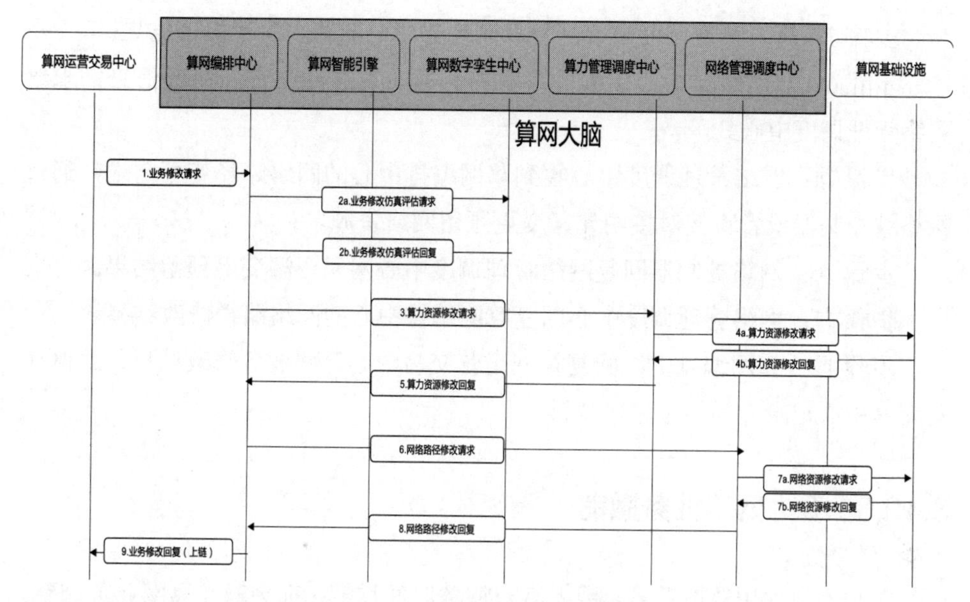

图 3-29　算网业务变更流程

算网业务变更流程如下：

步骤 1：算网运营交易中心收到客户的业务变更请求，会发送业务修改请求给算网编排中心，并携带新的业务需求信息。

步骤 2a：算网编排中心会将业务需求信息转化为算力资源需求和网络资源需求，然后将业务变更的资源请求发送给算网孪生中心请求进行业务修改仿真评估。

步骤 2b：算网数字孪生中心基于孪生编排模型，使用业务的变更资源请求数据和已部署业务的资源和性能属性数据进行预测，并将预测结果返回给算网编排中心。如果变更仿真预测结果可以满足需求，算网编排中心完成算网资源修改编排；否则，重新按照新业务进行算网编排。

步骤 3：算网编排中心依据业务算网路径，发送算力资源修改信息需求给算力管理调度中心。

步骤 4a：算力管理调度中心收到算网编排中心的算力资源变更需求，在算网基础设施寻找到算力节点，通过算力资源池的管理控制器，变更预留算力资源。

步骤 4b：算力资源池的管理控制器回复算力管理调度中心算力资源变更调度结果。

步骤 5：算力管理调度中心回复算网编排中心的算力资源修改结果。

步骤 6：算网编排中心依据业务算网路径，发送网络资源修改信息需求给网络管理调度中心。

步骤 7a：网络管理调度中心收到算网编排中心的网络路径变更需求，通过网络域控制器或者直接对接网元，变更预留网络资源。

步骤 7b：网络控制器回复网络管理调度中心网元资源变更预留结果。

步骤 11：网络管理调度中心回复算网编排中心的网络路径修改结果。

步骤 12：算网编排中心回复算网运营交易中心算网业务修改结果，算网运营交易中心记录交易信息用区块链。

3.10.3　算力网络业务撤销

客户不再使用算网业务，或者客户服务时间过期，都会触发算网业务调整。如图 3-30 所示，算网大脑完成算力资源和网络资源的释放。

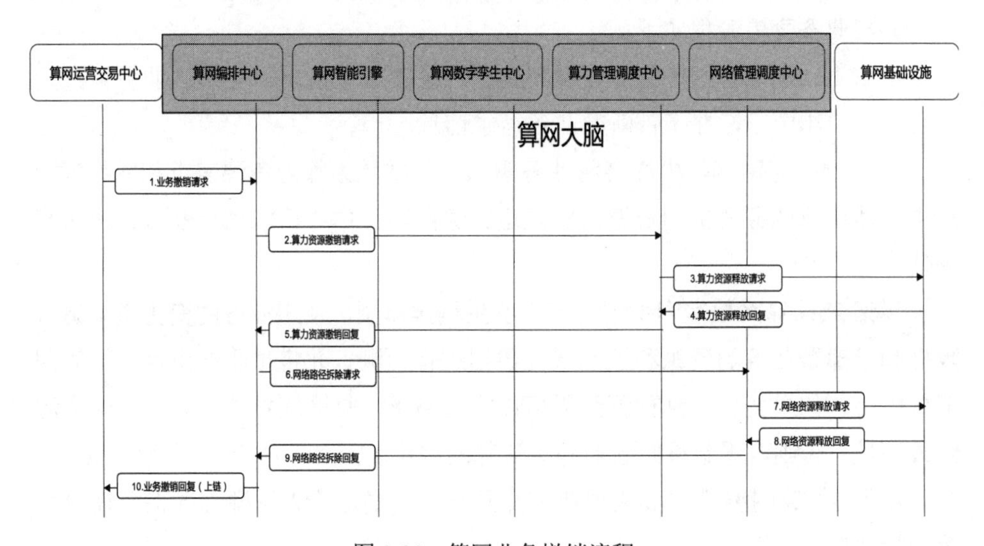

图 3-30　算网业务撤销流程

算网业务撤销流程如下：

步骤 1：算网运营交易中心收到业务撤销请求，会发送业务撤销请求给算网编排中心，携带业务标识信息。

步骤 2：算网编排中心依据业务算网路径，发送算力资源撤销信息需求给算力管理调度中心。

步骤3：算力管理调度中心收到算网编排中心的算力资源变更需求，通过算力资源池的管理控制器，释放算力资源。

步骤4：算力资源池的管理控制器回复算力管理调度中心算力资源释放结果。

步骤5：算力管理调度中心回复算网编排中心的算力资源撤销结果，并删除业务相关属性信息。

步骤6：算网编排中心依据业务算网路径，发送网络路径拆除需求给网络管理调度中心。

步骤7：网络管理调度中心收到算网编排中心的网络路径拆除需求，通过网络域控制器或者直接对接网元，释放网络资源。

步骤8：网络控制器回复网络管理调度中心网元资源释放结果。

步骤9：网络管理调度中心回复算网编排中心的网络路径撤销结果，并删除业务相关的属性信息。

步骤10：算网编排中心回复算网运营交易中心算网业务撤销结果，并删除业务相关的属性；算网运营交易中心将交易信息用区块链记录，并将业务相关的属性信息删除。

3.10.4　算力注册并网

算力并网是算力资源管理的重要步骤，可以实现算力的资源纳管，将算力资源用于算网编排的考量中。如图3-31描述了算力注册并网流程，此流程适用于运营方自有的算力资源，以及第三方的算力资源。

算力并网流程如下：

步骤1：算网运营交易中心收到算力资源并网信息，会将算力资源池相关信息，比如算力资源池控制器的地址、认证信息、资源类型等信息发送给算力管理调度中心。

步骤2a：算力管理调度中心根据算力资源池相关信息，发起与算力资源池控制器的信息同步流程，获取资源类型、资源大小等算力节点相关信息。

步骤2b：通过双向认证后，算力资源池控制器将所控制并用于算网业务的算力节点信息同步给算力管理调度中心。

步骤3a：算力管理调度中心将管理的算力节点，注册到算网编排中心的算网统一资源视图中，供算网业务使用。

步骤 3b：算网编排中心检查此算网节点是否已经连接到算网拓扑中，如果已经连接则回复注册成功；否则回复注册失败。

步骤 4：算力管理调度中心回复算网运营交易中心算力并网成功，算网运营交易将并网信息通过区块链存证。

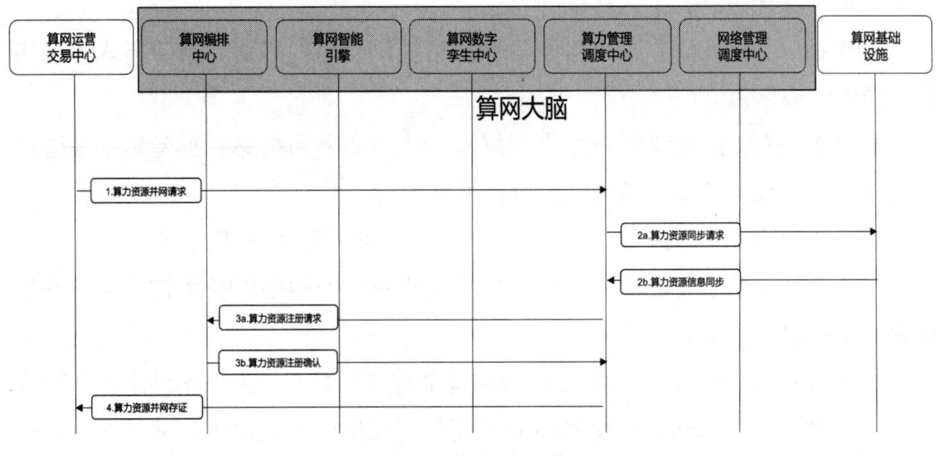

图 3-31　算力并网流程

3.10.5　应用服务部署

如图 3-32 描述了算力网络中 AR/VR 应用部署示例流程，其中 AR/VR 应用服务提供商是算力网络运营商的直接客户，AR/VR 应用消费者是终端客户。

算网应用部署流程如下：

步骤 1：AR/VR 应用服务提供商通过算网运营交易中心提交算网资源申请。

步骤 2~5：算网大脑完成算力资源和网络资源的开通。

步骤 6：AR/VR 应用服务提供商部署 AR/VR 应用，一种方式是通过授权的算力基础设施控制 API 部署；也可以通过算网大脑中算力管理调度中心完成应用部署。

步骤 7：AR/VR 应用消费者通过算网运营交易中心，申请 AR/VR 应用服务。

步骤 8~9：AR/VR 应用消费者通过网络服务接入授权和应用服务接入授权开始使用 AR/VR 服用。

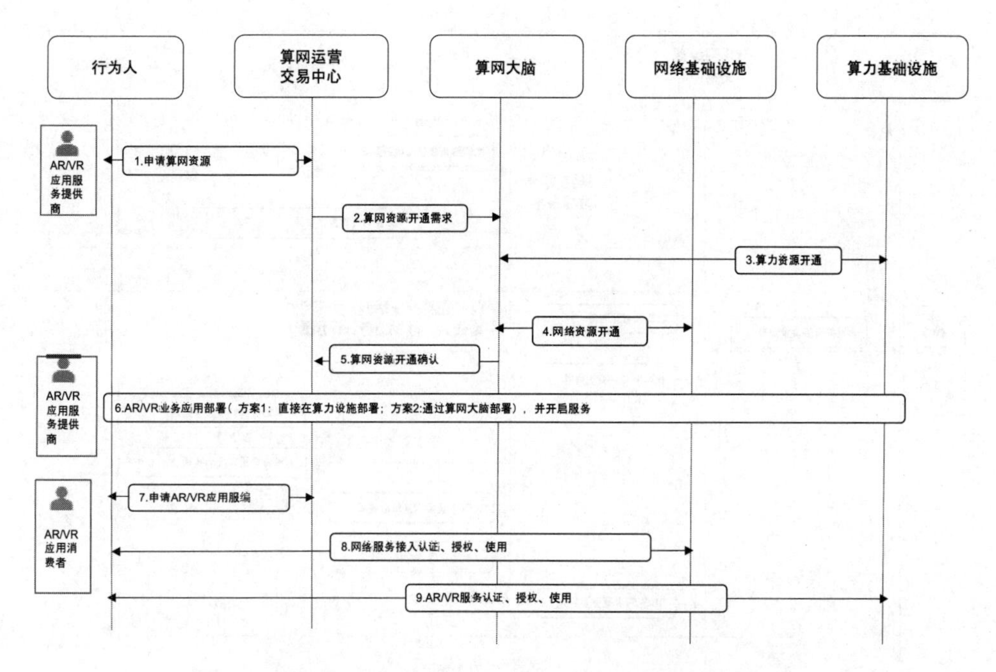

图 3-32　算力网络 AR/VR 应用部署示例流程

3.10.6　应用服务自智保证

如图 3-33 描述了算力网络中算网大脑自智保证应用服务的流程，可用以算网资源的自动扩容。

应用服务自智保障流程如下：

步骤 1~2：算网大脑会实时地感知算力基础设施和网络基础的运行状态。

步骤 3：算网大脑通过关联算网业务和基础设施状态数据，如果发现业务消耗算网资源已经接近业务的预定资源，比如 AR/VR 服务消费者增长超出预期的情况，会向算网运营交易中心触发算网资源告警。

步骤 4~5：AR/VR 应用服务提供商通过算网运营交易中心触发算网资源变更需求；如果 AR/VR 应用服务提供商设定算网资源自主扩容，可以不用人工干预，由算网大脑自主完成资源修改。

步骤 6~10：算网大脑完成网络资源和算力资源调度修改。

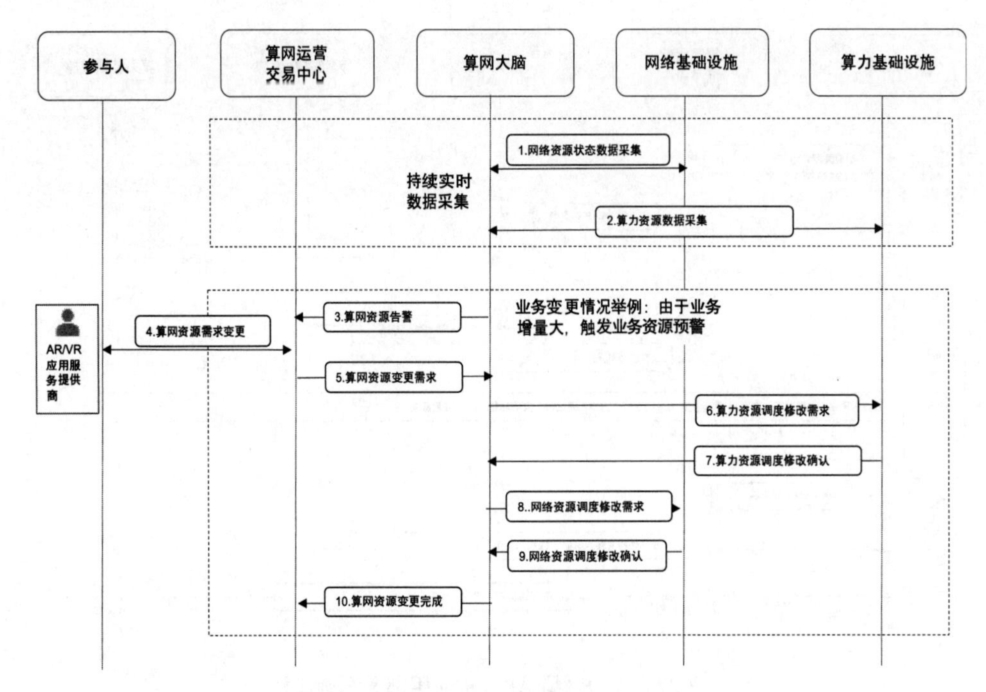

图 3-33 算力网络应用服务自智保障

第4章 算力网络运营交易关键技术

4.1 多量纲的模型体系催生多形态的算力网络商品

4.1.1 三要素体系定义

图 4-1 描述了基于“连接 + 算力 + 能力”三要素的新型算网运营服务体系，具有以下特征：

- 线上化、自助化、数字化的算网体验创新平台。
- 基于量纲因子的算力要素，进行算力变现和算力商品化，实现“要素+能力”的商业模式。
- 以订阅的模式，实现客户触达、用户体验、商品订购、算力开通和使用计费功能，从而形成算网交易—订购—开通—计量闭环流程。
- 构建算网一体能力服务中心货架，实现商业模式的多元化。

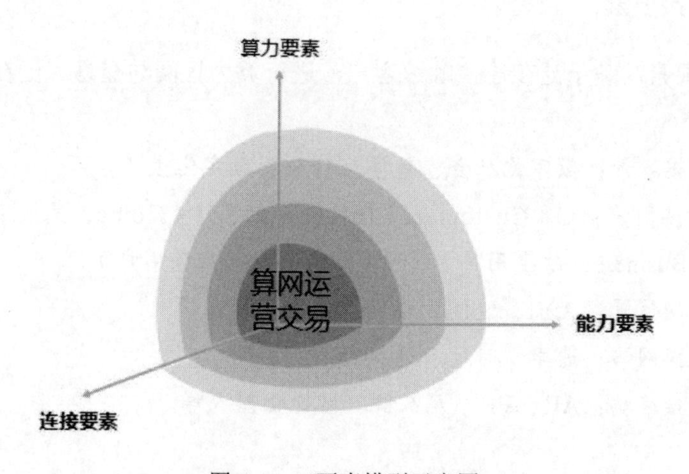

图 4-1　三要素模型示意图

1. 能力要素

能力要素：构建算网一体能力服务中心货架，实现商业模式的多元化，以及算力并网等服务。能力服务场景包括：

- 算力交易：算力批发、算力兑换、算力计价、算力通证（区块链）。
- 算力订购：订购、变更、退订。
- 算力开通：启用、变配、释放。
- 算力并网：算力申报、算力评估、算力纳管。
- 算力报告：算力记录、算力轨迹。
- 算力结算：地域结算、算网结算等。

2. 算力要素

算力要素：以算力变现为目标，设计出基于多量纲因子的算力要素，同时算力要素也是实现算力商品化的基础。算力量纲因子包括：

- 算力资源：算力类别、算力时长、算力池。
- 算力类型：基础算力、智能算力、超算算力。
- 算力精度：X Flops（半精度、单精度、双精度）。
- 算力位置：IP地址。
- 算力状态：满载率<50%。
- 算力质量：延时50ms。

3. 连接要素

连接要素：基于泛在连接触达客户，进行算力订阅与交易。泛在连接要素包括：

- 连接场景：数字化社会、数字化行业、数字化生活。
- 连接用户：C（Customer，个人用户）、H（Home，家庭用户）、B（Business，政企用户）、N（New，新兴业务用户）。
- 连接位置：云侧、边侧、端侧。
- 连接网络：速率、时延、连接数。
- 连接终端：AR、VR、无人机、智能机器人等。

4.1.2　多量纲模型体系

基于“连接 + 算力 + 能力”三要素的新型算网运营服务体系，针对不同的应用场景，例如输入客户意图、订购算网商品、撮合多方交易等，采集多量纲和变现因子，构建多量纲的模型体系，如图 4-2 所示。

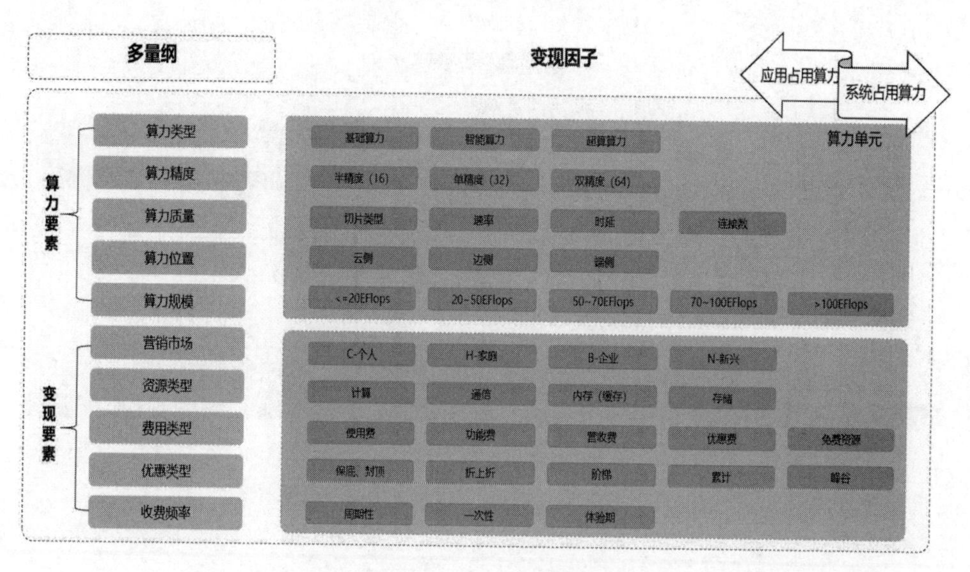

图 4-2　多量纲模型示意图

4.1.3　多形态算力网络商品

图 4-3 描述了基于三要素新型算网运营交易服务体系和多量纲体系，实现算力的商品化和变现。基于算网商品形态的要素特征，抽象固化形成具有结构化、模板化和场景化特征的资源型、应用型和任务型算网商品形态，实现算网商品结构化快速加载配置发布功能。

（1）资源型算网商品：实现典型场景算力资源的组合销售，通过智能算法将基础网络和算力资源进行适配构建算网商品，实现算力并网和多量纲计费能力。

（2）应用型算网商品：通过“连接 + 能力”实现场景解决方案一体化营销，如高清视频回传，客户可以选择不同档次的解决方案，智能计算出每个档次解决方案打包对应的算力资源信息，让客户快速而准确地获得满足需求的算力应用商品。

（3）任务型算网商品：任务型算网商品将算网能力进行封装，通过任务场景快速、精准获取客户需求，精准匹配合适的算网服务商品，采用完成一次任务的方式为客户提供算网服务，例如为客户完成一批视频文档的转码操作等。

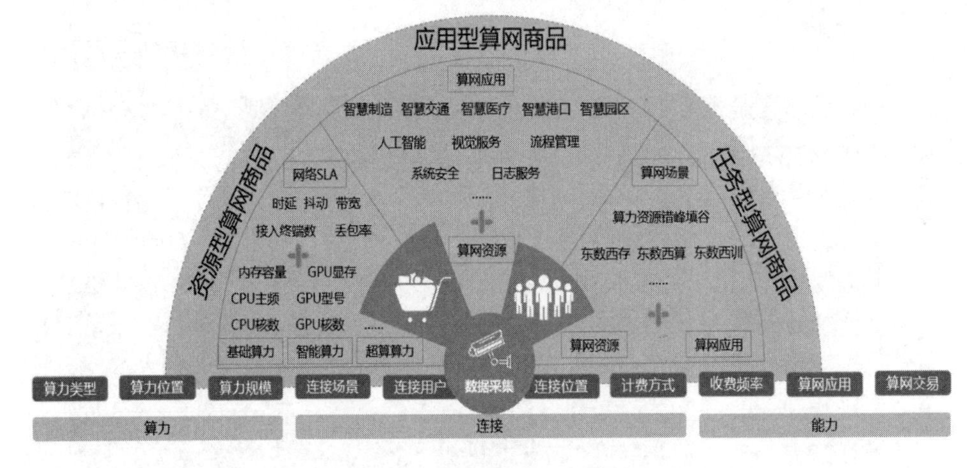

图 4-3　构建多形态算网商品

4.2　多样化的商业模式促成双驱动的算力网络受理

4.2.1　商业模式定义

结合运营商的经营方式，以及对算网销售的期许，算网运营交易中心需要支撑多样化的商业模式，才能吸引更多的客户，通过促进各方客户群体之间的互动来实现多方交易，创造更多的价值。

1. 直营模式

运营商作为供应商，自建算力、网络，形成算网融合、算网统一运营能力，自主经营，对外提供一体化服务，即运营商处于 B2B/C 商业模式中的第 1 个 B 的位置。

直营模式下算力的主要来源是：专业公司、省级公司的中小型算力；运营商公有云、IT 云、CT 云；运营商 MEC 等边缘算力。

2. 代销模式

运营商作为代理商，与第三方算力提供商合作，将网络能力与第三方算力整合，对外提供融合的算力服务，即运营商处于 B2B/C 中第 2 个 B 的位置。代销模式的算力来源在直营模式的基础上新增了国资 / 政企的智能算力中心和云服务商的云端算力和边缘算力。

3. 多边平台模式

运营商将两个或者更多个独立但又相互依存的客户群体连接在一起。利用网络对算力需求和供给的连接能力，搭建算网运营交易中心，通过促进各方客户群体之间的互动来实现多方交易，并创造价值。多边平台模式的算力来源在前两者的基础上纳入社会闲散算力。图 4-4 展示了三种商业模式与算网运营交易的三个发展阶段的映射关系，可以更好地理解多样化的商业模式在算网运营交易中心如何落地。

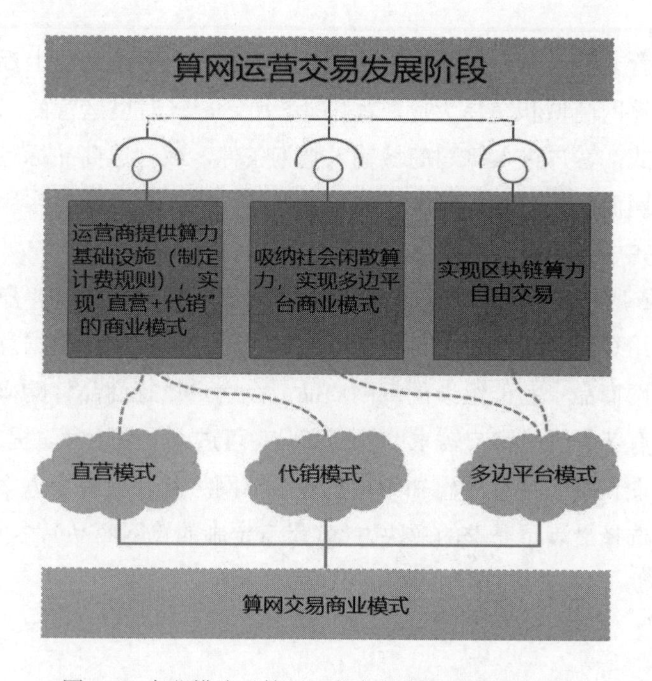

图 4-4　商业模式于算网运营交易发展阶段映射关系

4.2.2 双驱动算力网络受理

在多样化的商业模式催化下，突破传统电信商品售卖形式，在原有以运营商商品为驱动的受理预先规划配置的标准商品的基础上，增加根据客户意图销售智能组装的算网商品，以及量身定制的算网商品，多方位、多层次地为客户提供算力网络服务。

其中双驱动是指以运营商商品为驱动和以客户意图为驱动。作为算网受理对象的算网商品，从其受理的形态上可划分为三种类型：

- 规划配置：根据算网市场销售情况，预先规划并配置算网商品。此类算网商品形态与运营商BSS系统中售卖的商品相同。
- 智能组装：翻译客户填写的意图信息，转化为算网商品参数，对投放到交易市场中的算网商品进行智能匹配和组装，灵活封装出满足客户意图的算网商品。
- 量身定制：当投放在交易市场中的算网商品无法满足客户的需求时，客户可发布算网需求，发起算网商品定制任务，由运营商撮合客户和供应商完成交易，使客户最终可以订购到满足其需求的定制化的算网商品。

算网运营交易中心为支持双驱动的受理形态，在系统功能上提供两种交易“场所”：算网商城和交易大厅。如图4-5所示，针对以运营商商品为驱动的算网受理模式，客户进入算网商城输入查询条件，或勾选商品标签寻找匹配需求的标准算网商品（预先规划配置的算网商品），并且可辅以客服支持，最终客户可自助完成订购商品的操作。

如图4-6所示，针对以客户意图为驱动的算网受理模式，客户可仍然在算网商城中使用算网意图模板输入需求，系统进行意图识别，根据意图感知结果智能匹配算网商品（智能组装的算网商品），客户执行商品订购操作。若在算网商城中没有获得满足客户需求的算网商品，可进入交易大厅，提交需求任务，系统进行意图识别，将意图感知结果发送给算网大脑获取解决方案，客户在返回的方案中选择最满足需求的解决方案（量身定制的算网商品），执行订购操作。

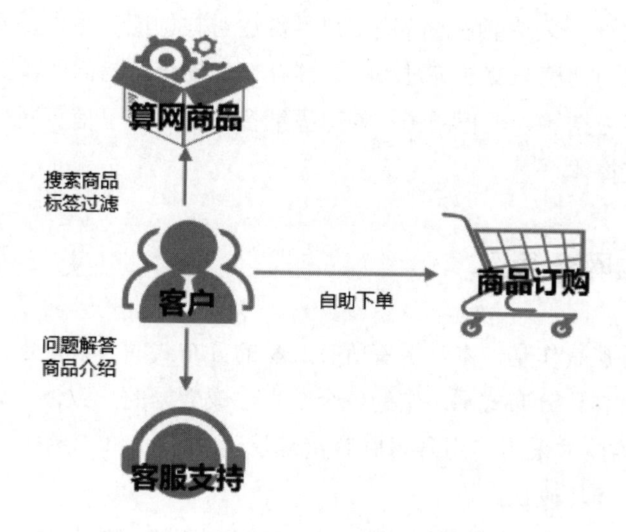

图 4-5　以运营商商品为驱动的算网受理

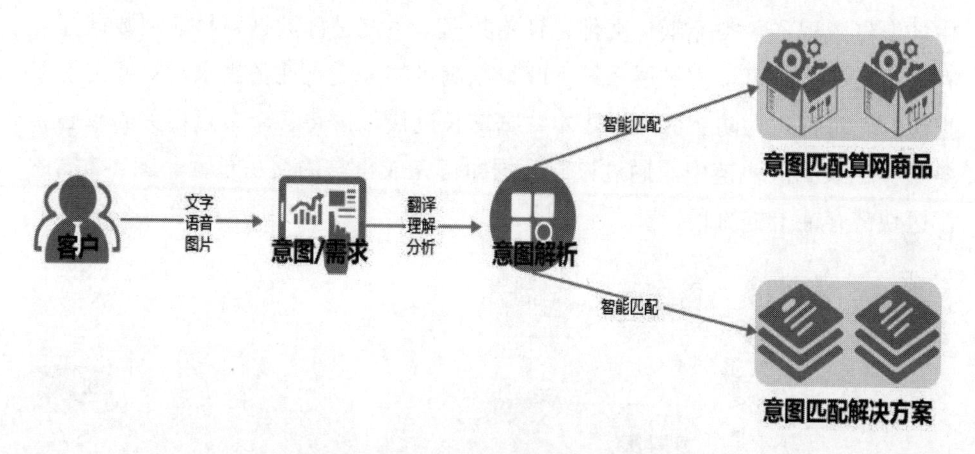

图 4-6　以客户意图为驱动的算网受理

4.3　区块链的技术底座实现可信任的算力网络交易

算网运营交易中心通过区块链技术实现算力网络的可信交易以及交易记录的安全、可追溯存储。利用区块链的防篡改、可追溯的能力，提供了对交易数据的保护，使交易可确权、可存证、可溯源；通过智能合约的设计，系统可实现灵活的算力资产交易策略，解决用户身份注册与认证、算力资源评估认证、算力感知、算力调度与交易等过程中可能存在的安全可信问题，最终实现算网交易撮合、多方结算、全程溯源，构建吸纳多方算力的可信算网交易，打造新型业务服务支撑体系。

4.3.1　算力网络存证

区块链可被看作是一本记录着所有交易的分布式的公开账本，且每个节点对等。共识机制让分布式网络中的各个节点达成数据的一致性。算网运营交易中心的区块链技术采用实用拜占庭容错算法（PBFT）和 RAFT 共识，确保运行高效，无须等待确认。

采用区块链分布式账本及共识机制，安全可靠地存储用户信息、用户资质、算力信息、交易电子合同、交易账本、用户协议等信息或文件，支持算网交易中的海量数据（各类无纸化文件、订单数据、系统过程数据、移动端数据等）存证上链，同时可按需扩展系统吞吐量以满足相关交易业务需求，重要交易数据可存、可证。为防止区块链账本数据增长过快，仅将各个节点相关的核心业务数据记录到区块链中，通过核心数据即可完成正常的交易过程。图 4-7 描述了区块链存证上链流程。

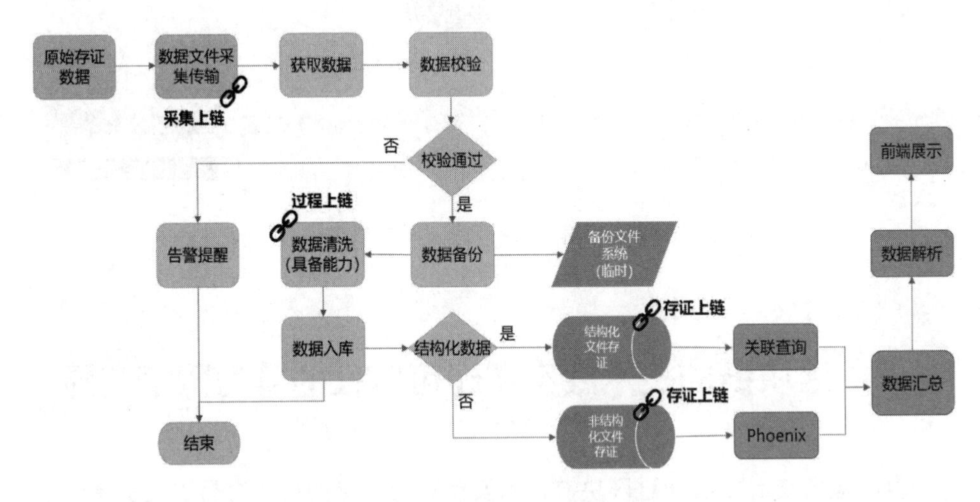

图 4-7　区块链存证上链流程

4.3.2　算力网络通证

区块链上的通证因自带保密机制，所以天然安全可信。算网通证采用在区块链上发行通证能力，将用户资产生成可流通的加密数字权益证明，代表用户在算网运营交易中心的一种权利和一种固有的内在价值，由保密机制予以保障，且可流通。算网通证是具有流动性、可编程性、不可篡改性等特征的数字资产（算网交易中指的是区块链上的算力资源和余额）。基于算网通证，对参与交易方进行身份认证与资源认证的管理，在多方平台下增强为算力资产交易中核心凭证资产化管理，包括身份 DID、资产通证、余额、账单及其他用户上链账户信息（如图 4-8 所示）。

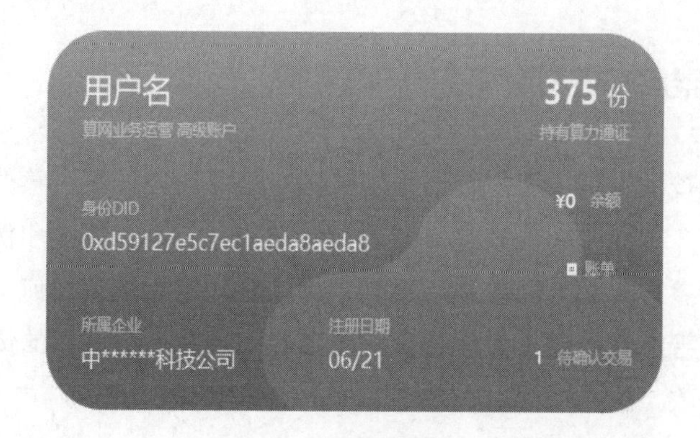

图 4-8　算网通证具象化

算网通证具备以下三大特性：

- 流动性：指该资产可交易。
- 可编程性：指可将某些业务逻辑引入智能合约，从而允许自动事件发生。
- 不可篡改性：指资产的交易信息及所有权信息不可篡改以防止欺诈或伪造交易。

在获得算网交易参与人许可的前提下，将其各种权益证明都通证化，放到区块链上流转，放到市场上交易，让市场自动发现其价格，会大大增大现有市场价格的灵敏度。通证运行在区块链上，随时可验证、可追溯、可交换，其安全性、可信性、可靠性是以前任何方式都达不到的。图 4-9 描述了算网交易中使用的资产通证。

图 4-9　资产通证

4.3.3　智能合约

在区块链技术领域，智能合约指基于预定事件触发，不可篡改、自动执行的计算机程序。智能合约也具有分布式记录和验证、不可篡改和伪造等特性。签署合约的各参与方就合约内容达成共识后，合约可不依赖任何中心机构自动执行。同时，智能合约的可编程特性，使各参与方在达成共识的情况下可增加任意复杂的条款。图 4-10 描述了智能合约的流程。

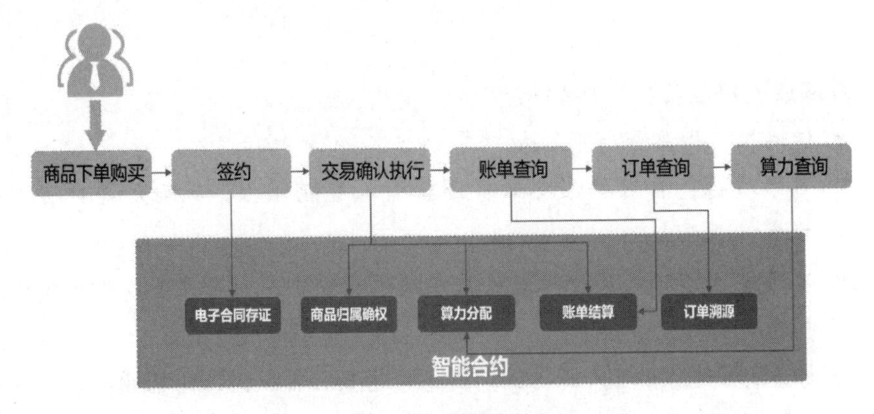

图 4-10　智能合约

区块链的智能合约依据服务电子合同内容能够维护交易过程。交易执行时，智能合约根据合同中的商品资费等内容进行商品归属确权、算力分配及账单结算。交易结束后，可通过智能合约进行订单溯源和账单及算力的查询。

采用区块链智能合约技术，将算力交易和结算的逻辑规则部署在区块链的智能合约层，维护交易电子合同的执行，实现高效的算力服务交易和结算。

4.3.4　交易溯源

利用区块链技术将溯源关键数据写入数据区块，依托密码学算法生成的私钥防止篡改，加盖时间戳并将区块按照时间顺序连接成链，使链上所有信息都可以做到实时追溯，确保交易数据安全不可篡改且具有可追溯性，防止交易抵赖。

算网交易溯源对交易过程（如交易合约的执行过程）、交易资源、交易记录进行管理，确保交易过程的安全性，及时掌握资源的占用情况及输出交易记录。交易溯源是一个能够连接算力供应商发布算力、生成算网商品、检验、监管、算力消费等各个环节的追溯能力，能够对算网交易进行正向、逆向、不定向的追踪管理，实现交易来源可查询、去向可追踪，保障交易的安全可信。图 4-11 描述了算网交易溯源流程。

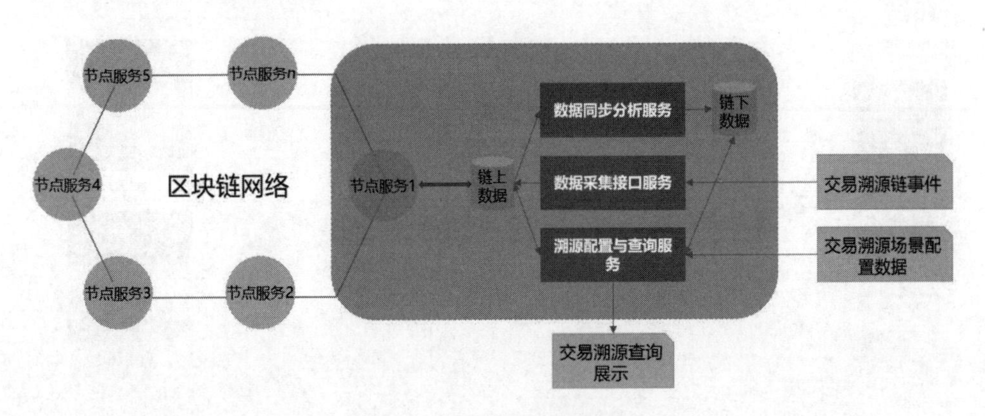

图 4-11　算网交易溯源流程

区块链技术对算网商品、交易信息进行生命周期管理，保证溯源数据的完整性、真实性和连续性，建立真实可信的数据源。将交易关键环节的数据记录在区块链上，以确保信息的唯一性。打破算网交易中多组织、多业务主体之间的信息孤岛，为算网交易建立多方共识下的用户信任机制。

4.4　沉浸式的用户体验发掘算力网络的新价值

体验经济时代的到来，促使企业从生活与情境出发，塑造感官体验及思维认同，以此抓住顾客的注意力，改变消费行为，并为商品找到新的生存价值与空间。

引入数字孪生，以及 AR/VR/MR 等技术手段，营造仿真环境，为用户提供使用算网商品的感知体验，促进算网商品的推广。同时也是对采用意图感知和智能匹配方式的补充，让客户更为感性地了解算网商品的功能，预见定制不同算力规格的效果，最终选定所需算网商品。如图 4-12 所示为真实算网商品的仿真体验案例：视频回放算网商品体验场景。客户选择不同算力指标，感知视频的清晰度和播放流畅度的差异，从而选择符合客户期许的算网商品。

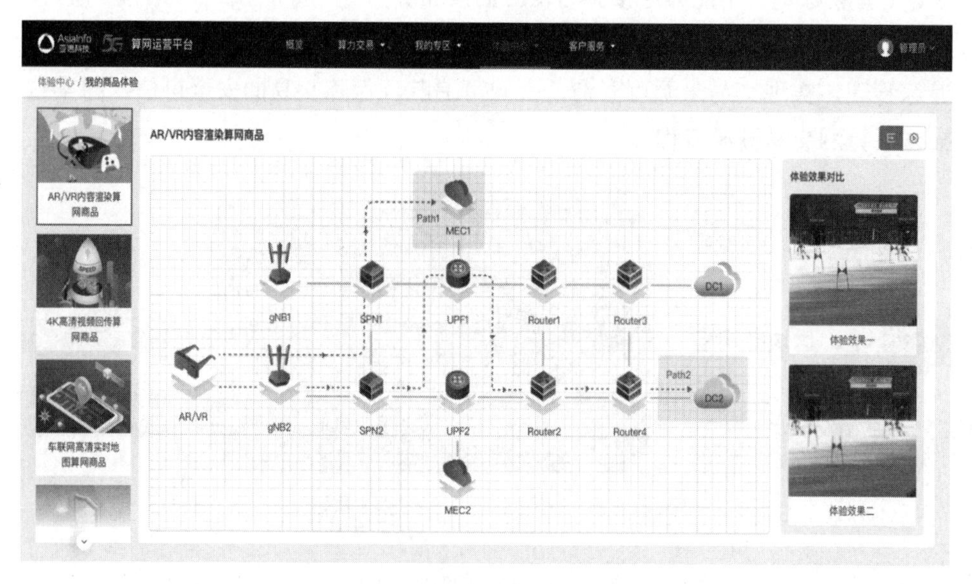

图 4-12　真实算网商品的仿真体验

第5章 算力网络一体编排关键技术

算网大脑面向新型算网融合业务需求，提供智能化的算力网络编排调度决策能力。同时，算网大脑支持自有、合作、第三方算力资源和自有网络资源的全局视图，实现算力网络全域算力资源和网络资源的联合最优化。

算网一体编排是算网大脑最主要的特征，相对于传统云网编排技术中云编排与网络编排分离执行的模式，具有显著的资源编排优势。本章描述算力网络一体编排是如何实现的。

5.1 算力网络节点评估

5.1.1 算力网络节点定义

在算力网络基础设施层中，算网节点是指可提供算力资源或网络资源或二者皆可的功能实体，并且具有独立的管理调度能力，实现其内部资源的调度控制。

基于目前算力基础设施的现状，算网节点按照类型可以分为网络节点和算力节点两大类。网络节点通过调度网络资源提供网络连接能力，比如带宽、时延等；算力节点通过调度算力资源提供算力相关能力，比如计算、存储等。

1. 网络节点

网络节点按照其服务功能可以进一步划分为网络接入点、网络网关点和网络传输节点。

网络接入点是指能提供用户接入网络服务的网络节点，按照用户接入形式，可划分无线网络接入点和有线网络接入点。无线网络接入是以 5G 通信为代表的移动通信，其相对应的网络节点类型是无线基站，可以控制 5G 空口频谱资源调度；有线接入是以 PON（Passive Optical Network）接入为代表的光纤宽带接入，其对应的网络节点 OLT（Optical Line Terminal）可以控制光纤中光波资源调度。本书以 5G 无线接入为例做了重点描述。

网络网关节点是实现对接入网络服务的用户鉴权、业务控制的功能实体，与网络接入点一起完成网络接入的功能。在移动通信中，网络网关点是核心网关，比如 5G 系统中的 5GC 设备。在有线接入的网络中，网络网关点是 BRAS（Broadband Remote Access Server）设备。本书以 5G 核心网为例做了重点描述。

网络传输节点是实现用户数据从一地理位置到另一地理位置的传送，网络传输节点种类繁多，用途也多种多样。如果按照网络协议层划分，网络传输节点可以划分为 IP 路由器、以太交换机、光波交换机等；如果按照承载的介质划分，可以分为电传输、光传输、微波传输、卫星传输等。本书以 IP 路由器为例做了重点描述。

传统的网络设备架构都是软硬一体的物理实体节点，即在专用硬件上开发部署专有软件功能。目前网络部署中，网络设备也是以物理实体节点为主，比如无线基站、传输设备等。同时，随着网络虚拟化的进展，一些网络节点已经逐渐虚拟化，可以部署到通用的硬件平台上，从而实现网络软件和网络设备硬件分离，如 5GC 网络中的用户面网元 UPF（User Plane Function）。虽然虚拟网元很难从物理设备中清晰地表明边界，但是从网元管理功能的角度来看，虚拟化网元仍可以看作单独的网络节点，本书中算力网络的节点模型中也是如此处理的。

2. 算力节点

算力节点是提供算力资源的算网节点，这里算力资源泛指计算资源、内存、数据存储等。算力资源包含单个主机或多个主机的集群，比如基于 OpenStack 技术或者 Kubernetes/Docker 技术实现的机群。每个算力节点有独立的标识，用于算力资源的管理调度。虽然从理论上，算力节点作为一个逻辑概念，可以借助数据中心之间预留网络连接能力，实现跨数据中心的资源池抽象，但是从算力资源和网络资源的统一联合优化的目标来看，由于算力网络可以支持更灵活的数据中心间的网络资源调度，单一算力节点的资源池应隶属同一个数据中心。

如果单一数据中心的算力资源数量庞大，可以按照算力资源的类别、调度能力，可以划分为多个算力节点，每个算力节点独立管理，对外提供算力服务；对于 MEC 算力基础设施，其部署一般在网络边缘位置，并且由于其算力资源有限，建议将每个 MEC 作为一个单独的算力节点使用，从算力资源管理调度看会更为高效。

由于 3GPP、ITTE、ITU 等网络技术标准化组织比较成熟，因此算力网络中所涉及的网络节点定义有着较为清晰的功能定义。但是算力节点目前还没有统一的定义，基本上都由各算力设施的服务商根据自身情况建设，缺乏与外在系统的统一集成能力。

简单来说，为了实现算力节点资源的统一管理调度，算力节点需要打上特定的算力能力标签及容量特性范围。通过算力能力标签表示了此算力资源的能力，如计算资源类型（CPU、GPU、DPU）、架构类型（x86、ARM）、区域位置、资源容量等基本信息。容量特性范围算力资源可以提供的最小值、最大值及最小步进单元分别为 1 vDisk 最小 0MB、最大 1TB、可度量步进单元为 1MB。通过算力节点能力的标签化，将算力资源转化成业务的支撑能力。

5.1.2　算力网络节点性能指标

算网节点的性能指标（Performance Indicator）是用来表征算网节点的某一类属性性能，性能指标是一个可直接测量或者基于统计数据计算得来的值，能展示算网节点的某一项服务能力。进一步说，性能指标描述了一个算网节点在某一个纬度的能力，一个算网节点拥有多个性能指标，这些性能指标组成的集合可以综合反映这个算网节点的能力。不同类型的算网节点，拥有的性能指标集合是可以不相同的。

算力网络中，端到端的业务性能指标受由承载其算网业务的算网节点的性能影响，可以通过理论分析得出结果。比如，需要考察一个算网业务的时延性能，可以根据次算网业务通过的所有算网节点，包括网络接入节点、网络传输节点、网络网关节点和算力节点中的一个或者几个，以及这些算网节点的单节点时延性能，利用路径评估算法模型计算得出。

下面介绍 5G 无线接入点、5G 核心网、IP 传输节点、算力节点等典型算网节点类型的性能指标组合，这里所列的性能指标只是一部分，可以根据需求扩充组合范围。另外，其他类型的算网节点可参考列出相应的指标集合。

1. 5G 无线接入点

3GPP TS28.552 提出了针对 5G RAN 相关的网络性能指标的基本的测量计数，5G RAN 的性能指标可以根据这些基本测量计数值的计算公式得到。值得说明的是，目前 5G 基站可以一体化部署，也可以采用如图 5-1 所示的分离结构部署。这两种方式部署的 5G 基站在做计数统计时，测量的实体会有不同。在分离的部署模式下，5G 基站性能指标需要考虑内部所有的 gNB-DU、gNB-CU-CP 和 gNB-CU-UP 单元性能，以及由于分离而引入的 F1 和 E1 接口的链路性能。

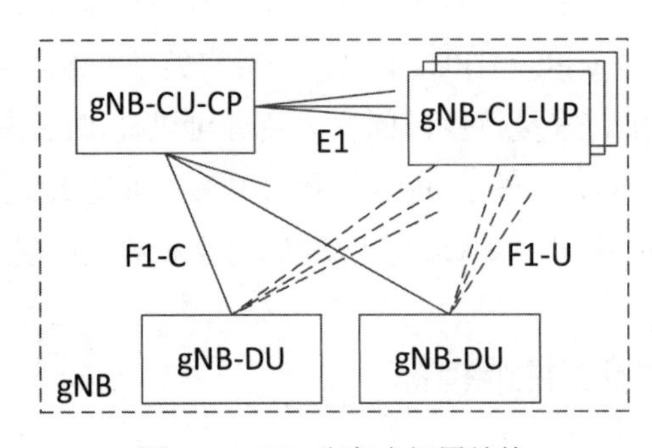

图 5-1　gNB 分离式部署结构

下面介绍几个在算力网络应用中比较重要的 5G 无线节点性能指标。

（1）NR PDCP 层用户面延迟。

NR PDCP 层用户面低时延是 5G 无线接入点的一个重要性能指标，特别是针对 URLLC 业务，是决定性的指标。在 5G 无线接入点中，NR PDCP 上行时延和下行时延性能是不相同的，因此有必要独立测量 NR PDCP 层的上行时延和下行时延。NR PDCP 下行时延是指用户的下行 IP 数据包从 5G 核心网到达 5G RAN 与离开 5G RAN 之间的时间，NR PDCP 下行时延数据，可以通过统计某个测量周期的所有下行 IP 报文时延样本的平均值或者范围分布。NR PDCP 上行时延是指用户的上行数据 IP 报文通过无线空口到达 5G RAN 与离开 5G RAN 之间的时间，NR PDCP 上行时延性能可以统计某个时段的所有上行 IP 报文时延样本平均值或者范围分布情况。

（2）NR PDCP 层丢包率。

NR PDCP 层丢包率是用户业务数据包在通过 5G RAN 时发生的丢包情况统计，数据丢包会对用户业务性能有直接且显著的负面影响。NR PDCP 丢包率用来评估用户数据面连接质量，分为 NR PDCP 上行丢包率和 NR PDCP 下行丢包率。NR PDCP 上行丢包是测量用户数据从用户终端到 5G RAN 基站方向的丢包情况，NR PDCP 下行丢包是指数据从 5G RAN 到用户终端方向的丢包情况。NR PDCP 上行丢包率和 NR PDCP 下行丢包率统计是不同网络路径性能，需要分别测量统计。

（3）NR PDCP 层用户速率。

NR PDCP 层用户速率是指 5G 基站承载的用户业务速率，NR PDCP 层用户速率性通过测量采样周期内用户发送的数据计算得到。NR PDCP 层用户速率反映 5G 基站的数据处理能力，是基本性能指标。尤其是在 5G 切片场景下，NR PDCP 层用户速率可以反映每个切片的速率性能，从而完成对切片业务的监控。

（4）NR 移动切换成功率。

移动性是移动通信网络的重要特征，移动切换成功率是移动性的一个典型性能指标。用户移动切换失败会引起用户服务中断，移动切换的性能会直接影响用户体验。移动切换成功率通过统计周期范围内成功的移动切换事件数和失败的移动切换事件数计算得到。NR 移动切换发生场景比较复杂，可能是基站内或者基站间移动切换，也可能是基于 NG 或者 Xn 接口切换，还可能是频谱间或者频谱内的移动切换。

（5）NR RRC 建立成功率。

NR RRC 建立是 5G 网络向终端提供服务的必要步骤。NR RRC 建立成功率是用来反映 5G 无线基站对用户提供接入网络服务能力的重要指标。NR RRC 建立成功率可以通过统计周期内用户的尝试建立 RRC 连接数、成功建立 RRC 连接数和失败建立 RRC 连接等计数，计算 NR RRC 建立成功率。

（6）PDU 会话建立成功率。

PDU 会话是 5G 网络为用户提供服务而建立的数据层逻辑通道。PDU 会话建立成功率是表征 5G 基站侧提供服务能力的可用性性能。PDU 会话建立成功率可以通过统计用户的请求 PDU 会话数、成功建立 PDU 会话数和建立失败 PDU 会话数，经过计算得到。

（7）能源环境性能指标。

标识了 5G 无线接入点的能源消耗性能，包括 5G 基站和天线的电力消耗。可以通过使用 5G 无线接入点网络数据量以及所关联的消耗能源，通过公式得到单 bit 数据的能源消耗，即 5G 无线接入点的能源环境性能指标。5G 无线接入点的能源消耗受温度、电压、电流、湿度等环境参数影响，可以统一数据建模分析。

2. 5G 核心网

5G 核心网是 5G 网络系统中核心网元的统称，主要包括控制面网元 AMF、SMF、UDM 等和用户面网元 UPF。每个类型网元都有自身的性能指标用以监控自身的性能状况。相比控制面网元性能，用户面网元性能对用户业务产生直接影响。下面列出了网元 UPF 几个重要的性能指标示例。

（1）N3 接口接收和发送数据丢包率。

N3 接口是 UPF 面向用户侧与 5G 基站的数据接口，用来接收和发送 GTP-U 数据包的数据。N3 接口数据丢包会直接影响用户业务的服务性能，丢包超过一定阈值，会直接造成用户业务服务失败。N3 接口的接收丢包率可以统计通过 N3 接口收到的 GTP-U 数据包总数和 N3 接口接收方向的 GTP-U 数据丢包数，结合二者比值计算得到；N3 接口的发送丢包率可以通过统计 N3 接口发送的 GTP-U 数据包总数和 N3 接口发送的 GTP-U 数据丢包数，结合二者的比值得到。

（2）N4 接口会话建立成功率。

N4 接口是网元 UPF 和网元 SMF 之间控制接口，用来控制用户建立 PDU 会话，会直接影响用户服务体验。N4 接口会话建立成功率可以通过统计周期内需求 N4 会话建立总数、成功的 N4 会话建立数量得到。

（3）GTP-U 报文时延。

GTP-U 报文时延是用来表征用户面 GTP-U 报文在网元 UPF 内的传输时延。下行 GTP-U 报文时延是网元 UPF 发向用户终端方向的时延，上行 GTP 报时延是网元 UPF 发向算力节点方向的时延。下行 GTP-U 报文时延和上行 GTP-U 报文时延遵循不同的转发策略，性能表现不同，需要单独统计。GTP-U 报文时延测量在采样周期内用统计 GTP-U 报文的时延平均值、最大值、最小值，或者用时延范围分布情况描述。

3. IP 传输节点

IP 传输节点是用来传输 IP 报文的网络设备，如路由器、交换机等。下面列出了一些常用的 IP 传输节点的性能指标。需要注意的是，此处讨论的性能指标为 IP 传输单节点性能，IP 传输节点间的网络链路及端到端性能指标定义，请参考 5.2.1 节。

（1）丢包率。

IP 传输节点的丢包率是描述 IP 传输节点的 IP 数据报文的转发能力。IP 传输节点在某一个端口收到 IP 报文，然后按照转发规则，从 IP 传输节点的另一个端口正确发送出去。在这个过程中发生的报文丢失，定义为 IP 传输节点丢包率。IP 传输节点丢包率通过在采样周期内统计 IP 传输节点收到的 IP 报文总数、发送的 IP 报文总数和丢掉的 IP 报文总数，并根据计算公式得到 IP 传输节点的丢包率。

（2）时延。

IP 传输节点的时延性能指标是指 IP 数据报文在 IP 传输节点的停留时间，即 IP 传输节点从某一个端口收到 IP 报文直到从另一个端口正确发送出去的间隔时间。这段时间也被称为 IP 传输节点的转发时延，可以表征 IP 传输节点的 IP 报文处理能力，能够直接影响所承载的业务性能。IP 传输节点时延通过在采样周期内，统计 IP 报文在 IP 传输节点 IP 报文的停留时间内的平均值、最大值、最小值或者时延值范围值分布来描述。

4. 算力节点

算力节点性能表征算力节点的服务能力，下面列了几个比较关键的性能指标。

（1）每秒浮点运算次数（FLOPS）。

FLOPS 是用于表征算力节点计算能力的性能指标。算力节点的 FLOPS 性能受算力节点内的 CPU、GPU、DPU 类型及拥有数量影响。算力节点 FLOPS 性能可以通过处理器类型以及数量计算简化模型得到，也可以通过专门的测量工具测试得到。

（2）吞吐量。

算力节点吞吐量是表征算力节点作为一个整体算力资源池对外提供数据计

算能力的性能。算力节点吞吐量受节点内各种硬件和软件的限制，是一个算力节点系统能力的体现。算力节点的吞吐量可以通过算力节点的网关，统计各种能力获得，比如接口吞吐量、数据库吞吐量等。

（3）响应时延。

算力节点响应时延是表征算力节点作为一个整体算力资源池对外提供数据计算能力的性能。算力节点响应时延受节点内资源调度策略的影响，可以通过算力节点网关的统计数据，统计各种业务服务响应时间。

（4）电源能效比（PUE）。

PUE（Power Usage Effectiveness）是算力节点消耗的总能源与业务负载所需资源（计算、存储）消耗的能源之比，它体现了算力节点的计算能效，是重要的环保能力指数。算力节点的总能耗包括算力资源设备能耗和制冷配电等系统的能耗。PUE 值一般大于 1，PUE 值越接近 1 表明非算力资源设备耗能越少，能效水平越好。

5.1.3 算力网络节点资源指标

算力网络节点资源指标（Resource Indicator）是指算网节点具有的资源属性，是算网节点支持业务服务的能力体现。算网节点的资源指标按照算网节点类型分为不同的资源指标组合。典型的算网节点资源，比如无线网络中空口 PRB（Physical Resource Block）、传输网络中带宽资源、算力节点中的 vCPU 数量等。算网节点的资源对外提供的调度管理也具有不同的特性。根据算网节点调度能力开放性，有一些算网节点资源是可以针对具体业务做配置预留，从而实现资源确定性调度。有一些算网节点资源并不对外开放调度能力，是所有业务共享的模式，只能通过后面监控获得总体资源指标情况。

下面针对 5G 无线接入点、5G 核心网、IP 传输设备和算力节点分别介绍一些对应典型的资源指标，事实上可以有更多的资源指标根据需求定义。其他算网设施节点也可以参考做相对应的定义。

1. 5G 无线接入点

5G 无线接入点的资源指标从统计角度上讲可以划分为不同级别的粒度，比如基站小区级，或者业务切片级，抑或者业务质量 5QI 级。但是这里为了简化描述，没有区分不同的统计粒度，如果有需求可以根据相关统计粒度级别需求，将所列的资源指标进一步处理。

（1）PRB 资源利用率。

5G 基站 PRB 资源是 5G 无线接入点的最重要资源指标，PRB 资源利用率用来标识统计周期内的 5G 无线接入点的业务负载情况。PRB 资源利用率采用 PRB 资源的使用率平均值和范围值分布情况来统计。PRB 资源利用率高低是可以反映 5G 无线接入点在统计周期内是否经历了高负载情况，从而为网络调度决策提供参考数据。

PRB 利用率用以区分下行 PRB 资源利用率和上行 PRB 资源利用率，二者统计相互独立，分别反映了 5G 无线接入点下行空口链路和上行空口链路状态。PRB 资源利用率通过监控 5G 无线接入点上配置 PRB 总数以及 PRB 使用数，经过计算得到。

（2）RRC 连接数。

RRC（Radio Resource Control）连接数是指 5G 无线接入点的用户连接数量。RRC 连接资源利用率反映了 5G 无线接入点中 RRC 连接资源的负载情况，用户 RRC 连接数越多说明 5G 无线接入点的负载越重。RRC 连接数通过测量周期内采样点 RRC 连接数的平均值和最大值获得。另外，通常 5G 无线接入点最大支持的 RRC 连接数可以作为常量使用，从而获得 RRC 连接数资源的利用率。

（3）DRB 建立数。

DRB（Data Radio Bearer）是 5G 无线接入点为用户在空口提供的虚拟数据隧道，每个用户可以拥有多个 DRB 隧道。DRB 隧道数量反映了 5G 无线接入点的用户负载情况，DRB 数量越多说明 5G 无线接入的负载越重。在统计周期内，通过测量可以得到建立的 DRB 数量的平均值和峰值。结合 5G 无线接入点的最大支持 DRB 数量，可以获得 DRB 数量资源利用率。

（4）处理器利用率。

处理器利用率是指 5G 无线接入点拥有的处理器资源使用情况，能够反映 5G 无线接入点的负载情况，这里的处理器泛指 5G 接入点的通用 CPU 处理器或者专用 ASIC 处理器。按照基站的部署情况，通用 CPU 处理器可以分为虚拟 CPU 和实体 CPU。如果 5G 接入点开放处理器性能监控能力，处理器利用率可以通过测量周期内数据采样直接得到。

（5）内存利用率。

内存利用率是指 5G 无线接入点拥有的内存资源使用情况，能够反映 5G 无线接入点的负载情况。5G 无线接入点所用的内存是虚拟存储还是实体存储，取决于 5G 无线接入点的部署情况。如果 5G 接入点开放内存性能监控能力，内存利用率通过测量周期内数据采样直接得到。

（6）硬盘利用率。

硬盘利用率是指 5G 无线接入点拥有的硬盘资源使用情况，能够反映 5G 无线接入点系统的负载情况。5G 无线接入点所用的硬盘是虚拟存储还是实体存储，取决于 5G 无线接入的部署情况。如果 5G 接入点开放硬盘性能监控能力，硬盘利用率通过测量周期内数据采样直接得到。

2. 5G 核心网

5G核心网资源指标可以分为控制面网元资源指标和用户面网元资源指标，这里主要讨论了数据面网元资源指标。值得说明的是，绝大多数 5GC 核心网已经是完全虚拟化的部署方式，它们的底层硬件资源比如 CPU、内存和硬盘对于控制面网元和数据面网元是通用的，因此 UPF 虚拟 CPU 利用率、UPF 虚拟内存利用率和 UPF 虚拟硬盘利用率对于 5GC 控制网元也是适用的。

（1）UPF 虚拟 CPU 利用率。

UPF 虚拟 CPU 利用率是指 UPF 网元拥有的虚拟 CPU 资源使用情况，能够反映 UPF 网元的业务负载情况。虚拟 CPU 利用率通过测量周期内数据采样直接得到。

（2）UPF 虚拟内存利用率。

UPF 虚拟内存利用率是指 UPF 网元拥有的虚拟内存资源使用情况，能够反映 UPF 网元的业务负载情况。虚拟内存利用率通过测量周期内数据采样直接得到。

（3）UPF 虚拟硬盘利用率。

UPF 虚拟硬盘利用率是指 UPF 网元拥有的虚拟硬盘资源使用情况，能够反映 UPF 网元的负载情况。虚拟硬盘利用率通过测量周期内数据采样直接得到。

（4）N6 接口链路利用率。

N6 接口是 UPF 网元面向算力节点承载业务数据报文的通信接口，N6 接口上行链路承载从用户应用到算力节点的数据，N6 接口下行链路承载从算力节点到用户应用的数据。N6 接口上行链路和下行链路利用率能够反映 UPF 网元的业务承载能力，N6 接口链路利用率越高表明 UPF 承载业务能力越弱。N6 接口上行链路利用率和下行链路利用率，通过测量采样周期内的 N6 接口上行和下行数据总量，结合 N6 接口总带宽可以计算得到。

（5）UPF QoS 流数。

UPF QoS 流是 UPF 网元和用户终端之间建立的数据承载逻辑通道，QoS 流的数量反映了 UPF 网元所服务终端业务流的数量，也直接反映了 UPF 网元的负载情况。UPF QoS 流利用率通过统计周期内采样点的平均 QoS 流数和最大 QoS 流数，结合 UPF 网元支持的最大 QoS 流数常量计算获得。

3. IP 传输节点

下面介绍了几类典型的 IP 传输节点的资源指标。

（1）端口带宽利用率。

端口带宽利用率是反映 IP 传输节点某一端口带宽资源的消耗情况的指标，端口带宽利用率越高，说明此端口的负载越重。端口带宽利用率通过测量周期内端口接收和发送数据总量，结合端口配置带宽计算得到。

（2）系统数据（比特）吞吐量。

设备数据（比特）吞吐量是反映 IP 传输节点系统总体转发数据的数据量。设备数据（比特）吞吐量越高，说明此 IP 传输节点的负载越重，IP 传输节点的系统转发容量消耗越多。设备数据（比特）吞吐量通过测量周期内设备所有端口接收和发送数据量的总和得到，另外，结合 IP 传输节点系统转发总容量，可以计算得到总体容量消耗情况。

（3）系统数据（报文）吞吐量。

系统数据（报文）吞吐量是反映 IP 传输节点系统总体转发文的数据量，以及系统数据（报文）容量的消耗状态。系统数据报文容量利用率越高，说明此 IP 传输设备的负载越重。系统数据（报文）吞入量通过测量周期内 IP 传输节点所有端口接收和发送报文数量的总和计算得到，结合 IP 传输节点支持的系统总报文数转发容量，可以计算得到 IP 传输节点的系统容量的利用率。

（4）CPU 利用率。

CPU 利用率是指 IP 传输节点拥有的 CPU 资源指标，能够反映 IP 传输节点的业务负载情况。CPU 利用率通过测量周期内采样算力节点 CPU 资源监控数据得到。

（5）内存利用率。

内存利用率是指 IP 传输节点拥有的内存资源指标，能够反映 IP 传输节点的业务负载情况。内存利用率通过测量周期内采样算力节点内存资源监控数据得到。

（6）存储利用率。

存储利用率是指 IP 传输节点拥有的存储资源指标，能够反映 IP 传输节点的业务负载情况。存储利用率通过测量周期内采样算力节点存储资源数据得到。

4. 算力节点

算力节点是单主机或拥有多台主机资源的机群，能够提供 CPU、GPU、DPU、内存、存储中一类或者几类资源。下面列出了算力节点典型的资源指标。

（1）CPU 资源池利用率。

CPU 资源池是算力节点拥有的通用计算处理器能力，反映了算力节点的通用计算能力，CPU 资源池利用率反映算力节点通用计算的负载。CPU 利用率通过在测量周期内，统计算力节点内所有单主机的测量采样点 CPU 利用率的平均值计算得到。

（2）内存资源池利用率。

内存资源池是算力节点所拥有的内存能力，能力表征了算力节点的即时数据缓存能力，内存资源池利用率反映了算力节点数据缓存的负载。内存资源利用率通过在测量周期内，测量算力节点内所有单主机的内存使用量，结合算力节点内总内存值计算得到。

（3）存储资源池利用率。

存储资源是算力节点所拥有的数据存储能力，存储资源池利用率反映算力节点的数据存储负载。存储资源池利用率通过在测量周期内，统计算力节点内所有单主机的存储使用量，结合算力节点内总存储值计算得到。

（4）GPU 资源池利用率。

GPU 是为了处理图像应用相关运算的专用处理器，GPU 资源池能力表征了算力节点的专有图像处理能力。GPU 资源利用率反映了算力节点图像计算的负载。GPU 资源利用率通过测量周期内统计算力节点内所有单主机的 GPU 利用率的平均值计算得到。

（5）DPU 资源池利用率。

DPU（Data Processing Unit）为了处理数据相关的运算的专用处理器 DPU 能力表征了算力节点的数据处理能力。DPU 利用率反映了算力节点专用数据任务的负载。DPU 利用率通过测量周期内，算力节点内所有单主机的测量采样点 DPU 利用率的平均值计算得到。

（6）网络带宽利用率。

算力节点带宽资源是算力节点对外提供服务的网络 I/O 能力，算力节点带宽利用反映了算力节点的网络负载情况。网络带宽利用率通过测量周期内，算力节点网关设备出口数据量，结合算力节点的设计出口带宽，可以计算得到。

5.1.4　性能与资源关系模型

在算力网络中，算网基础设施的性能指标直接影响算网业务 SLA，因此在算网业务资源编排过程中，有必要根据算网业务 SLA 的需求，对算力基础设施做性能评估，根据性能评估结果，选择合适的算网节点和算网链路资源。

一般情况下，算网基础设施的性能指标受算网基础设施本身资源指标影响。比如在 IP 网络中，IP 网络时延会随着路径的负载而变大；在云中心，服务的响应时间也会随着分配的算力资源消耗而变长。

如图 5-2 描述了算网性能指标与算网资源指标的关系模型。KPI 指标状态随着资源消耗状态被大致划分为三个基本阶段：优性能、好性能和差性能。

- 优性能阶段：算网资源消耗少，算网处于负载较低的水平，算网性能KPI处于高性能值，且波动小。
- 好性能阶段：当算网资源消耗到降级点（Resource Degradation），算网性能开始降低，进入好性能阶段。算网性能还保持高位平稳变化，但性能值范围的波动变得较大。
- 差性能阶段：当算网资源消耗继续增加到奔溃点（Resource CliffJumping），算网性能开始断崖式下降。在这个阶段算网性能会快速劣化。当算网资源消耗至算网资源不可接受点（Resource Unacceptable），已经不能满足的业务需求。这个不可接受点的位置取决于具体业务KPI阈值设定。

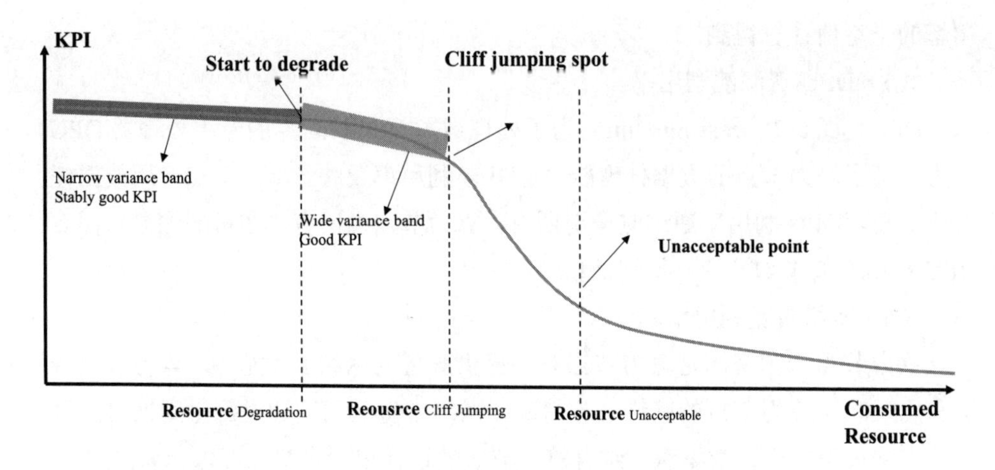

图 5-2　性能与资源关系

以上的描述是简化的描述，下面做详细阐述性能与资源的模型定义，并结合实践给出几个参考示例。

1. 模型定义

在算力网络中，算网节点的性能是影响算网业务 SLA 的基本单元，通过对算网节点的性能评估以及网络路径的评估，可以预测算网业务的端到端性能，最终完成对算网业务 SLA 的影响评估。因此，综合考虑影响算网节点性能的多维度资源，可以在算力网络中构建基于多维度资源的算网节点性能的能力评估模型。

前面已经介绍，算力网络中节点可以简化划分为两大类：网络节点和算力节点。无论算力节点还是网络节点，它们的单一 KPI 指标受资源指标的影响，这既包括其自身的资源指标，也包括与其有关联的算网节点的资源指标。另外，每个算网节点不是单 KPI 的评价维度，而是拥有多个 KPI 指标，而不同类型的算网节点具有不同类型的 KPI 指标组合。这些 KPI 指标组合是评估算网节点的总体考虑因素。

如图 5-3 描述了单一 KPI 与多维度资源关系模型。安全区（Comfortable Zone）称为资源安全边界，是由此 KPI 在多维资源的崩溃点确定的。在不同的资源维度上，KPI 指标的崩溃点所形成的绿区域即为此节点在此 KPI 下的资源安全边界。通常情况下，资源安全边界小于节点配置资源总量，需要基于历史数据统计得到。

通过对算网节点实时状态监控，获取算力节点的多维度资源状态数据，可以绘制出算网节点运行状态形成感知区域（Measured Zone）。在算网资源决策的过程，只要保证算网节点的感知区域在安全区域资源范围内，即意味着算网节点性能是有保证的，节点的性能仍在可用范围内。

但是无论感知区域在哪个资源维度突破了安全区资源范围内，说明资源已经到达了算网节点的资源预警边界，说明此算网节点的性能处于不稳定状态，需要实施资源预警，需要调整编排调度策略，或者触发算网容量扩展。

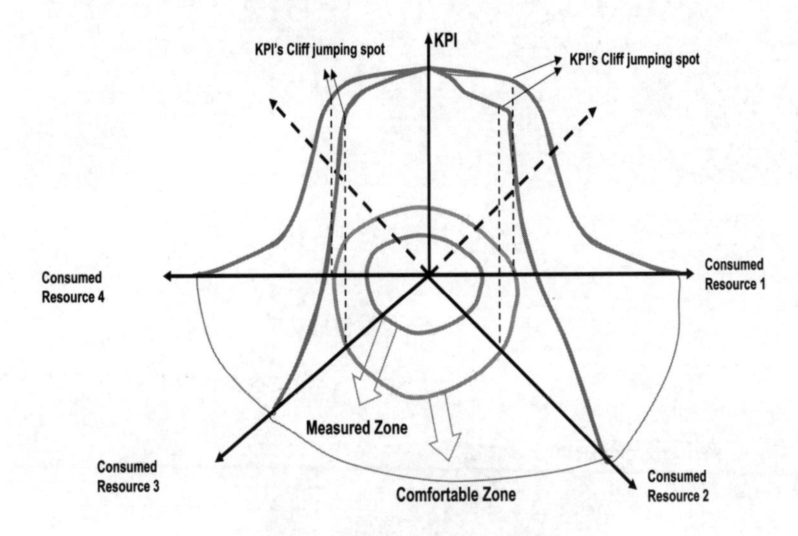

图 5-3　算网节点能力评估模型

如图 5-4 所示，根据算网节点的能力评估模型，可以完成对算力网络中的每个算网节点性能指标组合的安全资源边界确定，从而可以得到算力网络中所有算网节点的能力信息表。

此能力信息表结合算网一体编排流程中算网基础设施的实时资源消耗数据和算网业务的性能需求，可以完成对算网节点的能力评估。算网节点的能力评估结果是算网大脑中资源编排决策中的主要因子。

2. 示例说明

如图 5-5 描绘了 IP 传输节点的设备收发包成功率性能的模型对应的安全资源边界示意图。

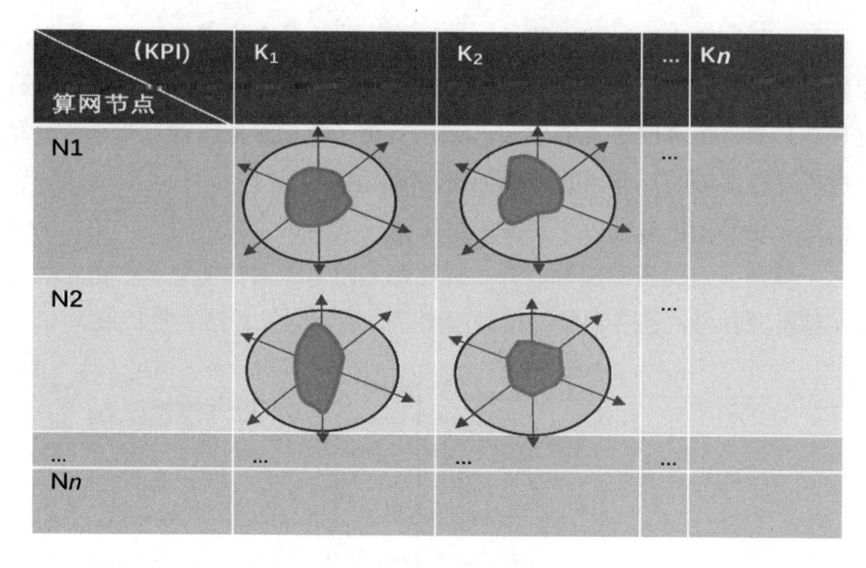

图 5-4 算网节点评估表

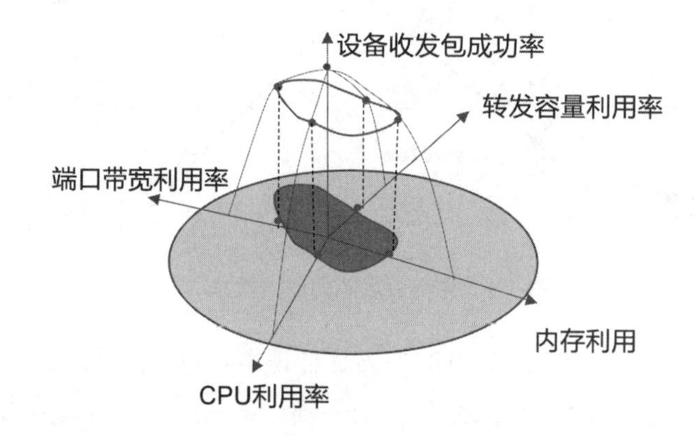

图 5-5 IP 传输设备收发报成功率性能模型

IP 传输节点的收发报成功率性能受 IP 传输节点内存利用率、CPU 利用率、端口带宽利用率以及转发容量利用率影响，具体影响参数及算法模型可以采用历史数据人训练得到。

如图 5-6 描绘了算力节点的计算响应时延性能的模型对应的安全资源边界示意图。

算力节点响应时延性能受算力节点内存利用率、CPU 利用率、GPU 利用率、DPU 利用率、存储利用率以及出口带宽利用率等多维度资源属性影响，具体影响因子及算法模型可以采用历史数据训练得到。

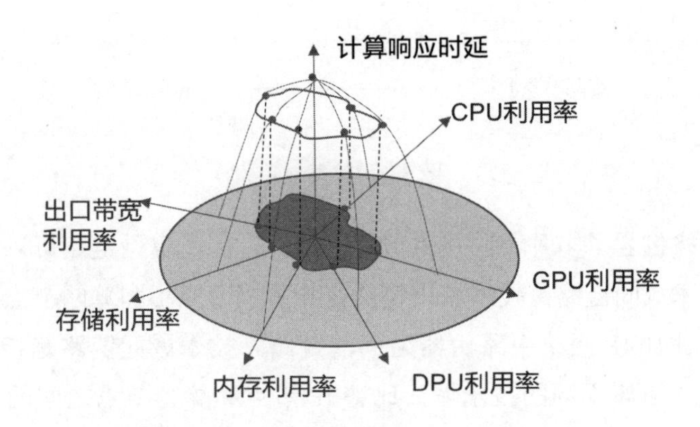

图 5-6　算力节点计算时延性能资源示意图

5.2　算力网络融合资源视图

算力网络资源视图融合了网络资源和算力资源，是算力网络完成网络资源和算力资源一体编排的基础信息。算力网络资源视图具有如下两个特点：

- 汇聚了不同的网络技术域的资源视图，形成了端到端跨越的完整的网络资源视图。
- 关联了网络资源视图和算力资源视图，形成了算力信息和网络信息融合的算力网络的资源视图。

下面将从算力网络链路、算力节点感知和算力网络拓扑进行介绍。

5.2.1　算力网络链路

1. 算网链路管理

算网网络拓扑由算力网络节点和算力网络链路组成。算力网络节点已经在前面章节做了介绍，这里主要讨论算力网络链路。如图 5-7 所示，算力网络链路是连接相邻的两个算网节点的点到点的逻辑链路。算力链路的类型不是固定的，是由其两端算网节点能调度的控制传输资源类型决定的，可能是 IP 链路、Ethernet 链路、光波通道等。

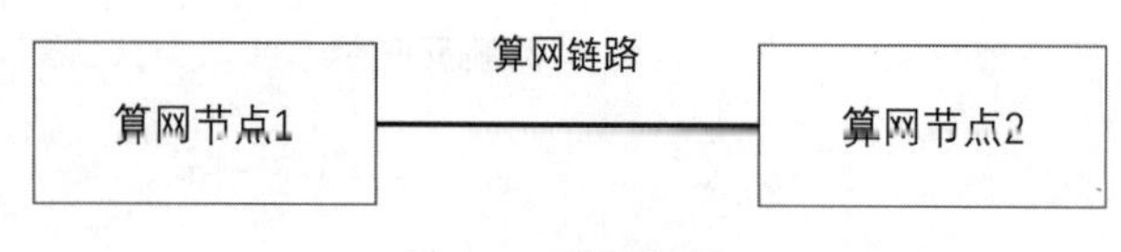

图 5-7 算网链路

算力网络包含了多种不同技术域算网节点，因此算网链路可以划分技术域内链路和技术域间链路。技术域内链路是指算网节点 1 和算网节点 2 所属同一个技术域，比如 IP 网络中路由器之间的链路。技术域间链路是指算网节点 1 和算网节点 2 所属不同的技术域，比如 IP 节点和算力节点之间的链路，或者 5G 无线接入节点和 IP 传输节点之间的链路。目前在电信运营内，一般按照技术域分类的管理方式，因此对于技术域内链路，其管理一般在单一技术平台，可以形成较为完整的技术域内资源视图。然而对于技术域间链路，需做跨两个技术域的链路信息关联，并保持同步更新，才能形成完整的技术域间的资源视图。

算网链路可以通过人工关联算网节点实现管理，但是费时费力，而且如果人工更新不及时，会直接影响算网编排调度的准确性，因此算网链路最好是通过自动化的方式管理，算网链路可以实现链路自动发现和状态自动更新。下面介绍两种比较常用的网络链路自动发现协议。

（1）LLDP（Link Layer Discovery Protocol，链路层发现协议）：基于以 Ethernet 技术为主的链路是目前主流的网络传输技术，LLDP 能实现网络节点间的 Ethernet 链路的自动发现。LLDP 是定义在 IEEE 802.1ab 标准中，是 OSI（Open System Interconnection）参考模型中链路层网络协议。LLDP 提供了一种标准的链路层发现方式。LLDP 协议使得基于 Ethernet 技术传输的算网节点可以将其主要的能力、管理地址、设备标识、接口标识等信息发送给相邻的算网节点设备。当算网节点接收到其他算网节点的这些信息时，它就将这些信息以 MIB（Management Information Base）的形式存储起来，这些 MIB 信息可用于发现算网节点的链路管理。

（2）IGP（Interior Gateway Protocol）：IGP 是 IP 网络中网络节点间交换路由信息的协议，不是一个单一网络协议，包括 RIP（Routing Information Protocol）、OSPF（Open Shortest Path First）等多个协议。IGP 是 IP 网络域内路由控制分发协议，IGP 协议的运行需要 IP 传输节点与相邻的传输节点交换链路信息，包括设备 ID、接口信息、状态等信息，IP 传输节点可以将相邻的

IP 传输节点的 IP 链路信息收集起来，形成自己的链路信息。例如 OSPF 协议 OSPF 协议依靠问候（Hello）、数据库描述（Database Description）、链路状态请求（Link State Request）、链路状态更新（Link State Update）和链路状态确认（Link State Acknowledgment）等消息信令实现 IP 链路的管理。

2. 算网链路性能

算网链路性能是指从一个算网节点到另一个算网节点的单向传输算网数据的能力，包括吞吐率、丢包、时延、抖动等特性。算网链路性能和算网节点性能一起组成了端到端的算网路径性能。算网链路性能会影响算网一体编排决策，是算力网络编排中必须考虑的指标因素。下面介绍两种基于 IP 技术测量链路性能的协议。

（1）ICMP（Internet Control Message Protocol）。

ICMP 是由 IETF 定义的运行在 IP 层的控制监控报文协议，最早用于在 IP 设备之间传递控制信息，包括报告错误、交换受限控制和状态信息等。随着 IP 技术逐渐成为主流传输技术，ICMP 也已经在无线基站、核心网广泛使用。在算力网络中，可以使用基于 ICMP 协议的 Ping 命令来检测算网链路的性能。Ping 命令通过在算网节点端口间发送 ICMP 会话请求和应答报文，计算得到算网链路的 RTT（Round Trip Time）时延、丢包、抖动等性能指标。RTT 性能是算网联路双向性能统计结果。在实践中，假设链路的双方向性能是一致的，通过将双向链路性能转化为单向链路性能，可以近似得到算网链路的单向性能。ICMP 协议实现简单，支持广泛，但是其性能指标精度较低。

（2）TWAMP（Two Way Active Measurement Protocol）。

TWAMP 是由 IETF 标准组织针对 IP 技术专门定义性能测量的协议，是基于 One-Way Active Management Protocol（OWAMP）拓展而来的，具有更强的测量能力，是目前 IP 网络中最流行的技术。TWAMP 协议采用的是 Client/Server 式的部署结构，通过建立测量会话和测量数据流完成测量。图 5-8 描述了 TWAMP 协议在算力网络中用于算网链路性能的测量。算网链路两端，TWAMP 协议控制客户端和会话发送端在算网节点 1 上，算网节点 2 作为服务端和会话回复端，TWAMP 测量结果由算网节点 1 统计生成。TWAMP 性能结果包含双向和单向算网链路性能。当测量单向链路性能时，TWAMP 协议要求算网节点 1 和算网节点 2 保持时间同步。如果算网节点 1 和算网节点 2 不能保证时间同步，可以通过双向链路性能得到单向链路近似值，但其精度和实用性都比 Ping 命令更高。

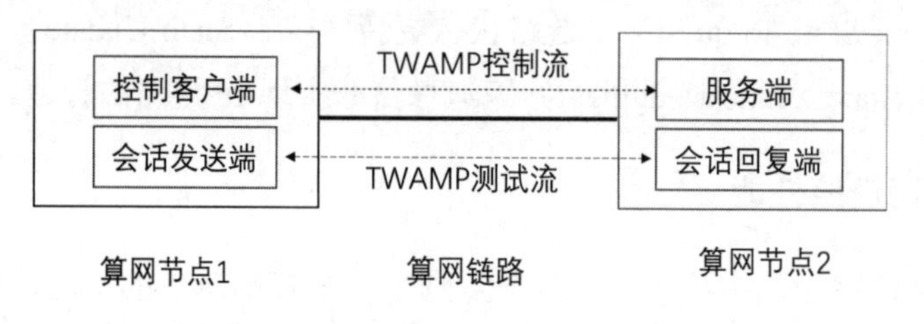

图 5-8　基于 TWAMP 协议的算网链路测量

5.2.2　算力节点感知

在算力网络中，算力节点是算网业务的终点，承担应用计算的任务。算力节点感知是为了实现算力节点与网络节点的连接，通过网络的连接能力，将算力节点与用户应用连接起来。

1. 算力节点连接

MEC 类型算力节点于网络技术域内的连接逻辑比较简单，一般都是直接与 5GC UPF 直接连接，或者通过交换机设备一起连接。数据中心类型算力节点虽然内部网络逻辑比较复杂，但对于经过抽象化的算力节点来说，其与网络技术域的连接都是通过算力节点内的网络网关设备完成的。如图 5-9 和图 5-10 所示，无论是传统的三层网络架构的数据中心，还是目前流行的 Spine-Leaf 结构数据中心，网络路由器都是数据中心的边缘设备与 IP 网络 PE 路由器相连接的。网关路由器设备本质上都是 IP 传输设备，因此算力节点与网络节点之间的链路，可以看作 IP 传输链路。

注：目前算力节点内部网络资源由算力节点控制器负责，不在算网一体编排资源视图范围内。

2. 算力节点注册

算力节点承担了应用计算任务，与客户服务之间关联，算力节点的能力没有固定的定义，为实现算力资源纳入算网融合资源视图中，有必要设计算力节点的注册流程。通过算力节点注册，将抽象的算力节点用唯一的算力节点 ID

标识，同时通过算力节点注册将算力节点所属资源做灵活定义。另外，算力节点注册可以方便地将第三方算力资源纳入算网资源的资源视图。

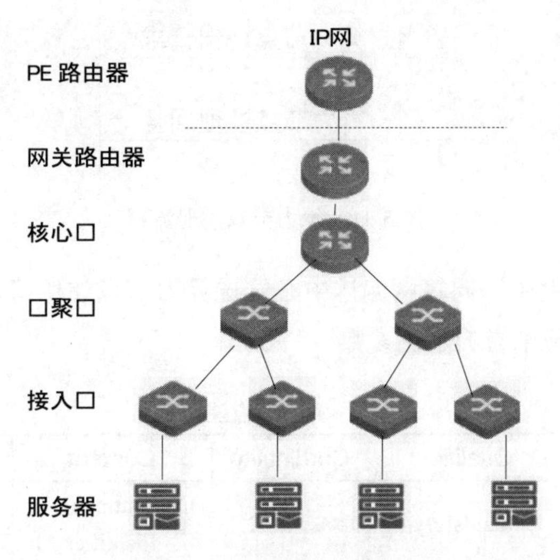

图 5-9　三层网络结构数据中心

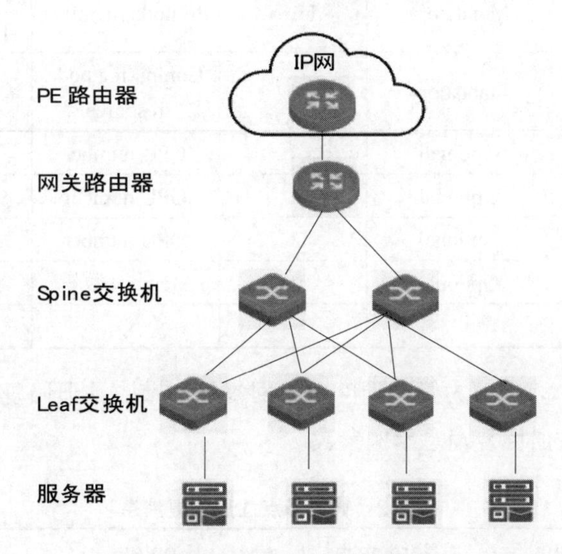

图 5-10　Spine-Leaf 结构数据中心

在资源视图注册，算力节点由算力管理调度中心完成算力节点抽象，向算网编排中心的触发算力节点资源注册，算网编排中心完成算力资源与网络资源的融合。如图 5-11 描述了算力管理调度中心与算网编排中之间算力节点注册的流程。

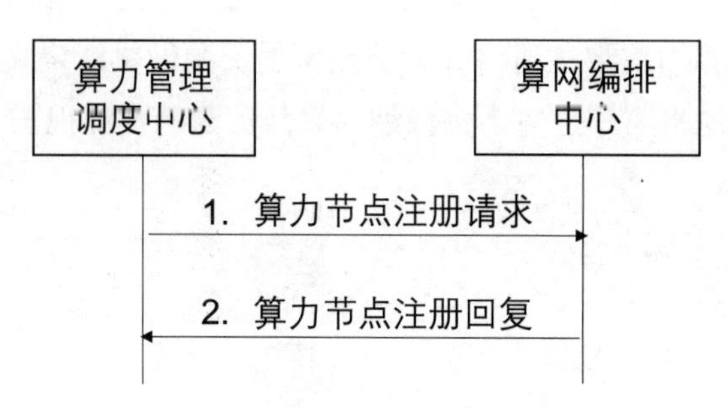

图 5-11　算力节点注册流程

算力管理调度中心向算网编排中心发送算力节点注册请求消息。表 5-1 列出了算力节点注册消息的示例参数。

表 5-1　算力节点注册消息

Parameter	Qualifier	Cardinality	Content	描述
cNodeID	Mandatory	1	Computing node Identifier	算力节点标识号
pENodeID	Mandatory	1…*N*	PE node Identifier	算力节点连接的边缘 PE 网络设备标识
cResource	Mandatory	1	Computing node resource	算力节点的资源信息
>CPU	Optional	1	CPU number	CPU 总量
>GPU	Optional	1	GPU number	GPU 总量
>DPU	Optional	1	DPU number	DPU 总量
>Memory	Optional	1	Memory 数量	Memory 总量
…	…	…	…	…

算网编排中心向算力管理调度中心回复算力节点注册回复消息。表 5-2 列出了算力节点注册回复消息示例参数。

表 5-2　算力节点注册回复消息

Parameter	Qualifier	Cardinality	Content	描述
cNodeID	Mandatory	1	Computing Node Identifier	算力节点标识号
result	Mandatory	1	Enum {Failed，Successful}	注册结果
cause	Conditional Mandatory	1	String	原因。如果失败，必须提供
…	…	…	…	…

另外，算力节点还需由算力管理调度中心与算网运营交易中心交互完成算力并网，才能实现算力节点资源的售卖。这里不做讨论。

5.2.3 算力网络拓扑

1. 基础拓扑

算网基础拓扑是以网络节点信息和网络链路信息为基础，融合连接的算力节点信息形成算力网络拓扑。图 5-12 描述一个典型的端到端的算力网络拓扑，以及算网物理拓扑到算网逻辑拓扑的映射关系。在算网逻辑拓扑中，A 代表接入点、R 代表承载网节点、G 代表网关节点、N 代表算力节点。

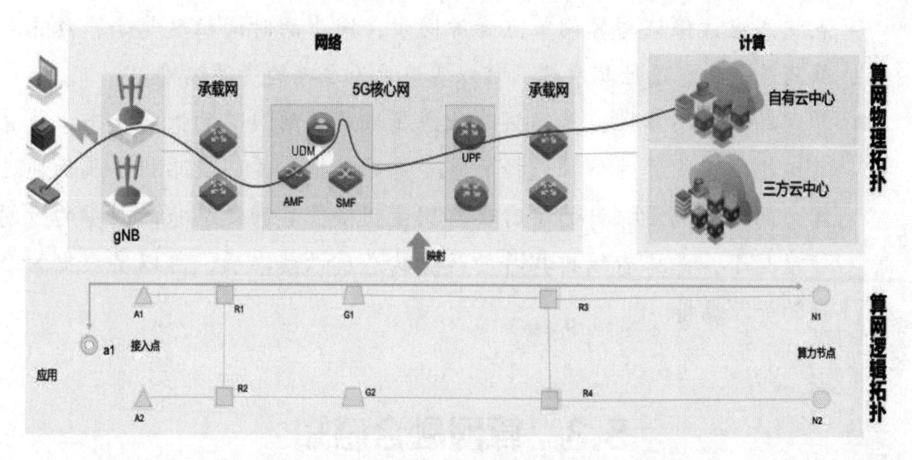

图 5-12　算力网络拓扑

在算力网络实际部署中，考虑算力网络基础设施的能力开放情况，算网基础拓扑涉及的技术域可能会有不同。例如，如果 5G 网络系统相关的无线接入、承载和核心网暂时不具备开放调度能力，算力网络的拓扑会简化为仅包含 IP 网络和算力设施节点的算网拓扑，这种情况可以看作图 5-12 的一个子集，但其内在编排调度逻辑是一样的。

2. 编排拓扑

算网编排拓扑是在算网基础拓扑上，考虑算网资源的可用性，形成的动态实时编排拓扑，是用于算网资源编排的实时资源视图。以下是影响编排拓扑的主要因素：

- 算力节点注册状态：算力节点注册成功后，算力节点才能为算网业务提供素算力资源服务。如果算力节点注册失败或者没有注册，此算力节点则不能为算网业务提供算力资源。当算网资源编排时，算网大脑不能考虑这个算力节点资源，需要在基础拓扑中把这个算力节点去除掉。
- 网络节点故障：网络节点发生故障，算网编排时算网大脑需要把这个网络节点从基础算网拓扑中去除掉，形成编排拓扑。
- 算网节点状态属性：算网节点状态是算网资源编排决策中算网节点选择的重要基础数据，是编排拓扑的基础属性。算网大脑通过感知算网节点的资源和性能数据，形成编排拓扑的算网节点状态属性。算网节点状态应该保证与算网节点资源同步，同步的时间粒度越小，意味着算网节点状态属性越准确，可以实现更为准确的资源编排。
- 算网链路状态属性：算网链路状态属性是算网链路的性能状态，是算网编排决策中算网路径选择的重要基础数据。算网链路状态属性通过算力网络中测量探针的实时链路测量获得。算网链路状态同步的时间粒度越小，意味着编排拓扑的链路状态属性越准确，可以实现更为准确的资源编排。

5.3　算网融合感知

算网技术实现，需要实时性的数据作为基础支撑。运营商需要实现自有算力资源（云和边）的数据采集，为算网业务实现提供保障。泛在协同阶段，结合 AI 算法生成节点评估基础数据表、链路基础数据表，为算网业务开通提供数据保障；融合统一阶段，算网智能引擎需要数据共享平台提供的数据进行模型的训练和推理；一体内生阶段，数字孪生技术实现孪生体，同样需要有效的数据感知保障能力。

随着运营商网络架构的演进发展，网络的数据趋向于通过集中式的数据采集，在统一的数据储算平台上对数据进行处理后，实现对业务的支撑。算力网络对于数据的新鲜度具有很高的要求，集中式的数据集成与储算平台能够帮助实现运营商数据价值赋能，但也增加了数据流转的环节，如何通过有效的技术手段和软件平台架构，降低或者避免数据的流转时延，同时又能实现数据的集中化赋能，是算力网络中数据层面需要解决的问题。下面从数据统一采集、数据集中存储、数据的时间粒度、跨域数据关联以及数据开放使用几个角度说明算力网络中的数据处理技术。图 5-13 描述了算网感知的基本功能架构。

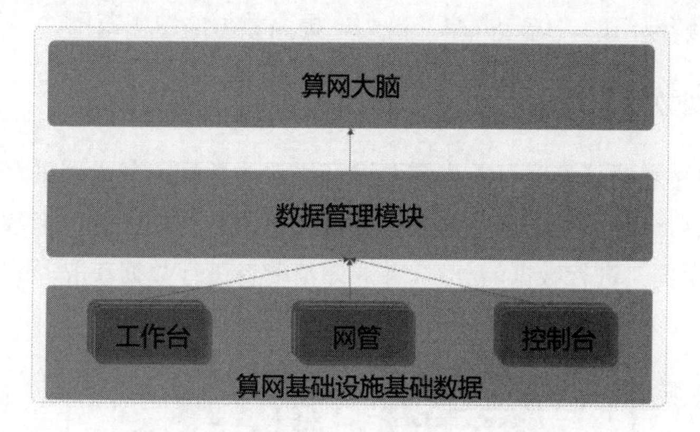

图 5-13　算网感知的基本功能架构

5.3.1　数据统一采集

数据采集是数据感知模块的核心基础，同时也是支撑算网大脑运行的重要组成部分，为算网大脑提供统一的数据感知通道。通过数据统一采集提供的数据协议适配能力，满足不同接口和协议类型的数据对接，支持通过 OMC、网元直采以及其他网管系统或平台对接，接入运营商网络中不同设备和网管系统的数据。为算网大脑提供准确的数据，从而保证完成对网络设备的资源、故障监控、性能指标数据的感知分析需求。

通过统一采集框架能够实现采集适配的标准化、规范化、控件化、可替换。基于采集管控实现设备影响，实现数据的可靠采集、按需采集，确保数据模型符合要求，采集数据质量可知、可控、可输出，实现网络数据采集的“全覆盖、不重复、无遗漏”，为算网数据感知提供可靠保障。

1. 数据采集范围

数据采集一般涉及设备的资源数据、性能数据、配置数据、告警数据、

MR 数据、信令数据、日志数据等。同时支持实时数据、非实时数据；接口类型支持文件接口 FTP/SFTP、数据库 DB 接口（Oracle、SQL Server、Sybase）、指令接口、SYSLOG 接口、SOCKET 接口、SNMP 接口、CORBA 接口等主流设备接口类型，同时支持接口类型的扩展。通过提供通用、标准的跨系统数据接入能力，将各系统数据进行统一采集、统一处理、统一分发，实现跨系统、跨部门的“统一共享”能力，提高数据的覆盖范围。

2. 算网数据采集

进行网络数据采集时，首先需要进行协议的适配，并设置采集源信息、采集策略，然后进行原始数据的获取、数据解析、数据归一化，把数据上报到采集框架中，由框架进行数据的分发，并通知消费者进行数据获取，如图 5-14 所示。

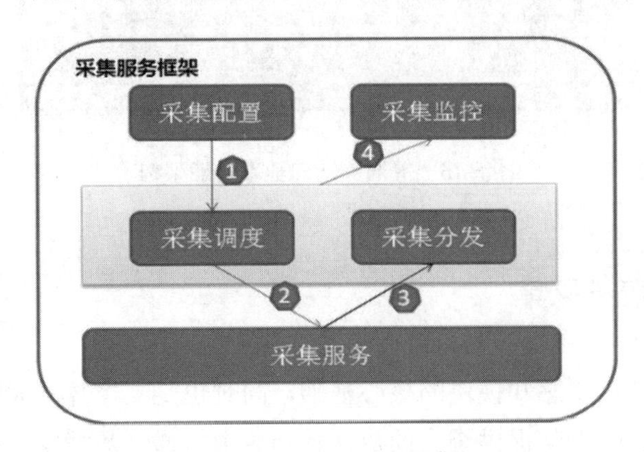

图 5-14　网络数据采集

（1）协议适配。

实现与数据源的接口协议适配，从设备侧或其他对接系统获取原始数据，支持从各种接口的设备获取数据，接口类型一般包括文件、数据库、MML、SNMP、CORBA、SYSLOG、SOCKET、RESTFUL 等接口，能够进行协议的扩展，数据类型一般会覆盖运营商网络中的主要数据类型。

（2）数据解析。

数据解析是对采集到的不规则的原始数据进行词法分析和格式整理，去掉无用数据，提取所有字段数据，字段名称遵循运营商数据治理中的相关接口规范，生成格式化数据。对于配置、性能数据一般提取测量参数算法中 COUNTER 数据；对于告警数据日志数据等一般提取数据集定义的信息。

（3）数据归一化。

数据归一化一般是把不同厂家的数据格式化后，经过简单的算法（包括简单的加减乘除等）映射为和厂家无关的数据，经过数据归一化，屏蔽了厂家差异。

（4）数据补采。

根据数据采集任务，判断数据文件中数据条数的完整性，在数据记录不完整或统计对象缺失的情况下需要设定补采策略，自动重新生成采集任务，重新对数据进行补采。一般包括机器配置自动补采和手工补采两种。

（5）数据重组。

数据重组是指根据统一的数据文件组织规则要求，把采集生成的数据文件进行重新组织，生成统一的粒度和格式的数据文件。

（6）数据分发。

当完成数据采集或加工，数据文件流转到指定服务器后，采集分发组件能够对各消费者分别发送数据准备好的通知，由消费者自行获取数据文件。数据分发是保证文件类数据实时性的一种手段。

5.3.2　数据统一存储

算网中的数据感知，对数据规模、数据处理方式、数据共享方式以及存储周期等有不同的要求。数据存储一般是按照分层分级的方式进行组织，结合大数据的混搭存储技术架构，保证数据存储的合理性和数据管理的有效性，节省系统资源，同时可以保证数据的实时性。

1. 大数据存储技术组件

下面对数据存储中用到的几种技术进行说明。

- HDFS（Hadoop Distributed File System）：分布式文件系统，是一个高度容错性的系统，适合部署在廉价的机器上。一般用于保存原始数据和详单数据，主要作为Hive及HBase的底层存储。HDFS可以存储结构化、非结构化数据；提供PB级别的数据存储；适合一次写入、多次读取的场景；HDFS能够提供高容错的能力，支持高吞吐量。
- 数据处理引擎SPARK：SPARK是针对大规模数据处理的快速通用的计算引擎，一般用于完成海量数据转换和汇总，对于网络数据，实现归一化数据处理，包括数据格式转换、清洗、关联整合、编码统一等动作。SPARK提供了大量的库，包括Spark Core、Spark SQL、Spark Streaming、MLlib、GraphX，开发者可以在同一个应用程序中无缝组合使用这些库。

- MPP（Massively Parallel Processing）数据库：MPP架构是将任务并行地分散到多个服务器和节点上，在每个节点上计算完成后，将各自部分的结果汇总在一起得到最终的结果。采用MPP架构的数据库称为MPP数据库。MPP数据库一般用做大数据计算或分析平台。
- 关系数据库：负责应用呈现数据的集中存储，一般用于存放对运营商各类专题应用或业务系统建立支撑应用呈现的数据表。
- HBase：存储各类标签数据和详单/明细数据，与Elastic Search数据查询引擎共同支撑标签和详单的查询，应用Redis数据库集中存储小批量快速查询的标签数据，集中支撑上层的快速查询能力。
- 流数据处理：针对消息类、事件类的数据，为保证数据的实时性，需要使用流处理技术，如Kadka、Flink完成数据的实时处理，一部分存于HBase中或内存数据库中进行查询使用，一部分直接支撑上层的实时应用。Flink是面向分布式数据流处理和批量数据处理的开源计算平台，支持高吞吐、低延迟、高性能的流处理，支持数据的迭代计算。Kafka是一种高吞吐量的分布式发布订阅消息系统，易于扩展，为发布和订阅提供高吞吐量，可以进行持久化操作，适用于批量消费；Kafka中的一条数据可以提供给多个接收者使用。
- 内存数据库：内存数据库，可用于存放实时性能告警、实时事件或其他准实时指标数据，对外提供实时查询接口。Redis是常用的内存数据库，数据存储在内存中，通过in-momery的方式提供高速访问，按照key-value方式进行数据存储，能提供丰富的数据结构，Redis支持分布式系统，提供海量数据存储，支持数据持久化、数据同步和主从复制的模式。

2. 数据存储能力

运营商算力网络要求实现算网相关数据存储；需要实现网络域无线网、传输网、核心网、测试数据、信令监测等数据以及IT网的设备运行配置数据存储，基于运营商网络业务特点，存在海量数据存储（MR 数据、性能数据等）、实时计算（告警）、详单查询，存在实时与非实时的场景。构建强大的数据存储能力，支撑多样化的业务需求，充分满足未来业务发展需求。

3. 湖仓一体

运营商算力网络对数据的需求，具有实时性要求高、数据种类多样化的特点，另外针对每日几十 PB 的海量数据实时更新、存储、实时查询需求，单一的数据仓库或数据湖已经无法满足这样的数据业务需求，湖仓一体架构应运而生，它融合了数据仓库和数据湖两者的差异和优势，解决算网中的海量数据实时更新与查询问题。

湖仓一体架构将数仓构建在数据湖上，使得存储变得更有弹性，同时能够有效地提升数据质量，减小数据冗余，也能将未经规整的数据湖层数据转换成数仓层结构化的数据。主要具备以下优势：

- 重复性存储：数据湖和多个数据仓库的数据存储模式带来数据的冗余、处理效率低、数据不一致等问题，湖仓一体对数据统一管理，去除数据重复性，实现数据唯一。
- 资源节约：传统数仓基于存算一体化的架构，数据的分层治理思想存在多层冗余存储，浪费了大量的计算和存储资源，湖仓一体技术真正实现存算分离、计算和存储资源按需使用，节约硬件资源。
- 兼顾数据分析与深度挖掘需求：一般报表类数据分析使用整合汇总的数据，深度数据科学分析经常需要使用未经加工的原始数据，湖仓一体的架构能在一个平台上满足两类不同的数据分析需求。
- 数据高效存储与访问：增量快照技术的特点实现了结构化数据、半结构化数据、非结构化数据快速入湖与更新，极大缩短了数据准备与数据应用之间的时间。

4. 数据生命周期管理

数据存储管理（如图 5-15 所示）支持数据的全生命周期管理，通过数据存储优化提升数据存储和使用效率。实现基于数据冷热度和时间特性，自动调整数据存储策略，满足冷、热、快、慢数据的计算和存储要求。

生命周期管理提供数据的周期设置、到期计算、到期报告和到期处理的机制，配置数据存储、老化等存储控制策略。具备存储规则配置、数据存储清理以及提供数据存储分析的能力。可规范各类应用系统的数据生命周期管理；支持存储规则的配置，控制在线数据规模，提高生产数据访问效率，提高系统运行的整体效率。

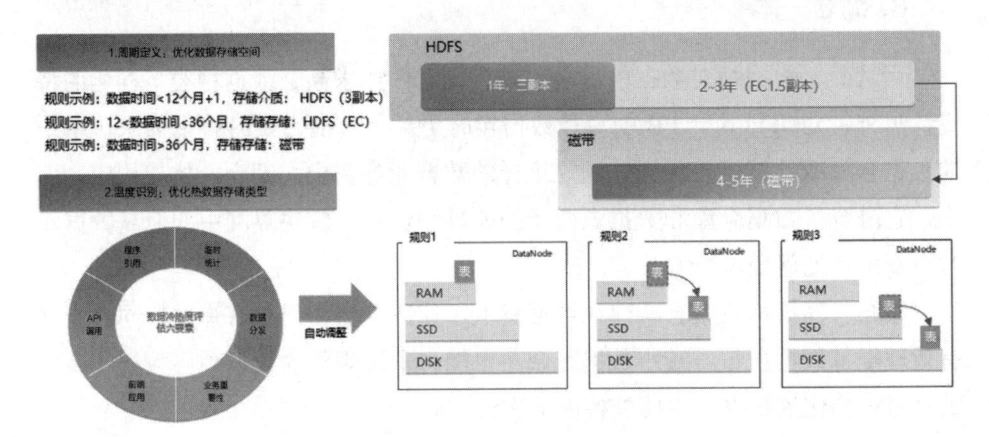

图 5-15　数据存储管理

5.3.3　数据时间粒度

算力网络，需要在构筑云、边、端立体泛在的算力体系下，通过算网大脑的构建，加强算网协同，实现对 CHBN 业务的快速构建与一体化服务支撑，需要由不同粒度的数据来支撑算网大脑的运转。算网数据感知（如图 5-16 所示）通过数据的集中化，需要支撑算网编排、算网管理调度、算网智能引擎、算网数字孪生等模块的数据需求，算网中的数据一般可分为资源配置数据、设备性能数据、运维事件数据和算网业务数据。针对每一类数据的业务支撑需求，需要通过不同的数据粒度来满足。

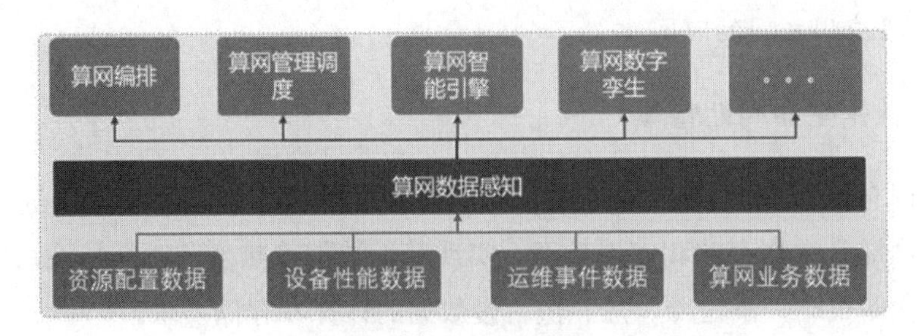

图 5-16　算网数据感知

下面对几种数据类型进行简单说明（参见表 5-3）：

- 设备性能数据：算力网络中设备包括网络中物理实体设备和云化虚拟设备，设备性能数据是支撑算力网络运行最重要的一类数据。对于算力网络编排调度、数字孪生等场景需要实时感知到网络性能的变化情况，一般需要分钟级别近实时的设备性能数据支撑，目前通过网管设备直采获取的性能数据一般是15分钟的粒度，可以结合设备告警数据来实时感知网络性能；算网智能引擎中的AI功能一般需要结合历史数据进行数据挖掘以及预测分析，这类需求一般可以基于原始数据和汇总数据来满足，对数据实时性要求相对要求较低。
- 资源配置数据：算网中的资源配置数据可以提供实时查询网络拓扑以及资源核查能力，算网重要资源配置发生变化时，算网大脑需要即时感知，这类数据一般不具有周期性。通常这类数据可以天粒度的形式定期更新，但对于重要资源的变化，需要增量实时更新。
- 运维事件数据：一般是设备的故障告警数据设备的维护升级等信息，需要即时获取。对于这类数据可以通过实时消息的方式，即时感知。
- 算网业务数据：运营商业务数据包括移网、家庭宽带、政企、新业务等所涉及的业务数据，既有通信网的服务业务也有IT的云网业务，需要根据业务的需求对数据感知分析。对于算力资源敏感的业务，业务数据指标的获取需要达到实时性或准实时性的要求，比如现场直播业务，需要对业务体验情况实时感知；对于一些分析历史业务数据需求或对算力资源不敏感的业务，可以按小时级的数据粒度获取数据。

表 5-3 算网的数据粒度分类

数据种类	实时性需求	数据粒度
设备性能数据	准实时或非实时	15 分钟、小时级以上
资源配置数据	即时同步	秒级
运维事件数据	即时同步	秒级
算网业务数据	实时 / 准实时或非实时	秒级、15 分钟、小时级以上

5.3.4 跨域数据关联

多维数据关联建模是在算网业务数据处理中常用到的方法，通过多维数据的关联对网内跨域异构数据进行拉通。

下面以网络域业务数据处理为例，介绍通信网络中经常用到的业务数据跨域关联方法。图 5-17 展示的是 4G LTE 非实时及实时性能分析端到端的数据接入、建模、汇总计算及数据呈现的整个过程。通过数据业务建模对数据采用多维度（时间、区域、设备、小区、场景、用户等）汇总，基于通用化、标签化的数据建模设计。

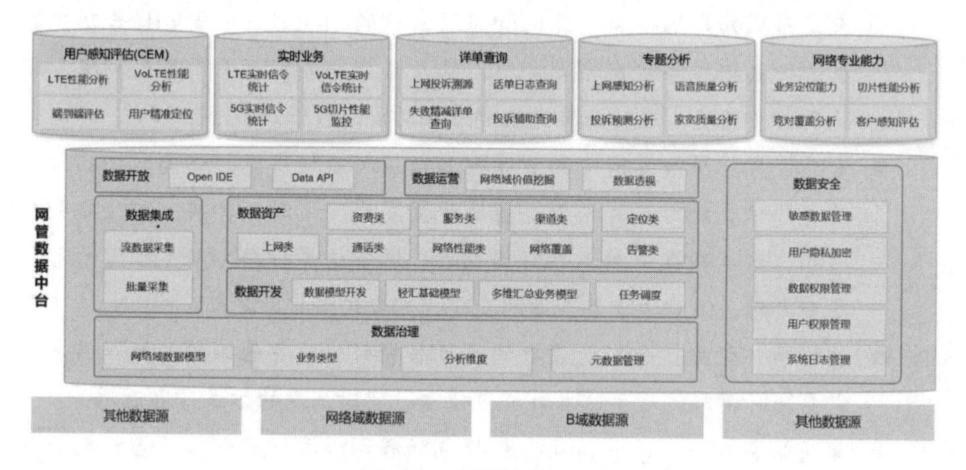

图 5-17　数据关联过程

整个建模过程遵循 STG 层→ ODS 层→ DWD 层→ DWI 层→ DM 层→ ST 层数据建模流程和分层架构来进行。各层说明如下：

- STG层为数据采集区，主要存储从各源系统、平台、网元设备等采集的原始数据。
- ODS层为基础数据层，为数据贴源层，存放完整的基于源数据文件的归一化数据文件。
- DW层是数仓模型层，集中化数据处理或数据共享平台中的数据模型构建一般存放在这一层。具体又分为DWD层（明细数据层）和DWI层（融合汇总层）。DWD一般是基于时间维度进行汇总后形成基础模型表，基础模型表也可以进行多接口关联、多详单关联计算形成DWI层数据。
- DM表是在数仓模型表基础上进一步进行各种维度的深度汇总，存储报表、指标、专题分析等各类业务应用数据，形成业务数据集市，通过数据共享支持上层应用。

LTE 端到端应用中，使用到的数据模型是用户感知模型，数据分析过程使用客户上网感知模型中地理维度（省份、地市、场景等）、网元维度、小区维度数据表与用户维度数据表。

5.3.5　数据开放使用

数据集中化主要是为了将企业内部所有数据统一处理形成标准化数据，挖掘出对企业最有价值的信息，构建企业数据资产库，对内对外提供一致的、高可用的大数据服务；同时根据前端业务需求，提供灵活多样的数据共享方式。同时在运营商网络中，数据感知系统也必须通过安全、合规、便利的数据共享方式为算网大脑提供数据支撑，数据共享方式一般包括实时数据共享、数据服务（API）共享、批量文件共享、多网管共享等。

1. 实时数据共享

为了满足算力资源实时感知、低时延需求，实时性数据共享在算网感知中是最重要的一种数据共享方式。一般通过如实时订阅（如 KAFKA）或文件推送通知的方式来满足实时数据共享的需求。网络中的故障告警数据、工单数据、性能数据等实时类数据，一般会采用流数据上传方式实现分钟级数据共享和推送。

（1）Kadka 实时数据共享。

通过 Kadka 的数据共享方式能够实现秒级数据共享和订阅推送，数据共享的推送结果可以通过灵活配置实现，可配置内容如下：

- 按照设定字段进行组装。
- 聚合结果数据输出：命中的结果分别输出，未命中的结果分别输出。
- 聚合结果并行输出：支持结果集并行输出。
- 支持多数据集并行输出。
- 支持调度事件输出的生命周期管理，按随机时间段、周期性双维度设定条件。
- 支持多事件规则的并行处理和分发。

（2）文件服务器输出。

数据感知系统完成数据的接入和处理之后，把结果数据集写入文件系统或中转服务器上，然后通知数据使用方，数据已经准备完毕，数据使用方根据通知信息，获取所需要的数据。

此种方式适合有一定的实时性需求，具备周期性或非周期性输出的文件类数据使用，该数据不需要写入 Kadka，通过通知接口的方式，满足数据的实时传输需求。

2. 批量文件共享

批量文件共享一般用于实现对资源、基础报表统计等非实时类数据共享，技术上使用 FTP/SFTP 等方式实现文件共享。目前的数据共享要求支持对文件的批量共享；支持 HDFS 文件的原生共享；支持主流 RDBMS、NoSQL 等数据库交换共享；支持标准的 JDBC 接口调用等。

算力网络中数据集中化文件共享，要求支持通过封装的组件库，实现可视化的界面化操作，屏蔽底层的技术差异，实现数据、文件交互的快速开发。

3. 数据服务共享

数据服务共享支持通过 Restful API 的方式共享数据，这类数据共享方式比较灵活，适合小批量的数据共享。例如，通过 get/post 等标准格式发送数据请求，即可获得 Json 返回数据结果；能够支持用户自发的数据请求；数据开发人员也可以根据数据特征自定义生成数据共享 API；能够比较方便对接统一 API 网关。

数据服务封装共享方式应该适应不同大小的数据量，以及不同的相应时间要求。按照数据交互的方式分为在线请求－同步响应方式、在线请求－异步响应方式、发布－订阅方式、文件定制传输，分别应对不同的数据量和响应性能指标。

（1）在线请求－同步响应。

服务请求方向服务提供方发送数据请求，并进入阻塞状态，等待服务提供方的响应数据返回。服务提供方在接收到数据请求后，进行一系列的业务处理获取响应数据，并将响应数据回复给服务请求方。服务请求方在接收到响应数据后，中止阻塞状态继续运行。

（2）在线请求－异步响应。

服务请求方调用服务提供方的“准备数据方法”，发送数据请求。服务提供方在接收到数据请求后，返回请求成功标志、数据准备的预估处理时间、建议定期查询数据准备情况的时间间隔和数据的获取方式等消息。服务请求方在获得上述消息后可继续运行，不需要长时间处于阻塞状态。

服务提供方在返回上述消息后进行一系列的业务处理以准备数据。

服务请求方在数据准备的预估处理时间到达后，按照建议的定期查询数据准备情况的时间间隔向服务提供方的查询数据准备情况方法发送查询数据准备情况的要求。如果数据未准备完毕，服务提供方返回数据未准备完毕的消息，服务请求方则在建议的时间间隔后继续查询；如果数据准备完毕，服务提供方返回包含何时何地如何获取数据的消息。

服务请求方即可以按照给定的时间到给定的地点（如 FTP 或 HTTP 地址）在给定的有效期内自行决定何时使用给定的方式（如 FTP 或 HTTP 协议）取得数据。

（3）在线订阅响应。

订阅发布模式定义了一种一对多的依赖关系，让多个订阅者对象同时监听某一个主题对象。这个主题对象在自身状态变化时，会通知所有订阅者对象，使它们能够自动更新自己的状态。

将一个系统分割成一系列相互协作的类有一个副作用，那就是需要维护相应对象间的一致性，这样会给维护、扩展和重用都带来不便。当一个对象的改变需要同时改变其他对象，而且不知道具体有多少对象需要改变时，就可以使用订阅发布模式了。

一个抽象模型有两个方面，其中一方面依赖于另一方面，这时订阅发布模式可以将这两者封装在独立的对象中，使它们各自独立地改变和复用。订阅发布模式所做的工作其实就是在解耦合。让耦合的双方都依赖于抽象，而不是依赖于具体，从而使得各自的变化都不会影响另一边的变化。

（4）文件定制传输。

数据服务采用异步模式时，支持后台 FTP 协议，并具备文件传输定制功能，使用方可对传输频率、传输格式等进行个性化定制。

4. 多租户共享模式

为避免海量数据传输造成的成本开销，提高数据使用效率，降低数据质量保障的难度，集中化数据处理或共享平台一般也提供一种多租户数据共享的应用模式。这类数据共享，一般是基于系统的数据开发能力提供 PaaS 服务，支撑上层分析应用开发和网络运维人员入驻平台自主开发，开发后的数据供各租户使用；同时租户的专题模型，也可以通过沉淀提供通用的数据服务能力。

5.4　算力网络一体化编排流程

算网一体编排的目标是在算网全局资源图谱下，实现目标算力资源和网络资源的联合优化。如图 5-18 所示，算网一体编排的流程可以分为以下步骤：

步骤 0：确定算网性能与资源的关系模型以及算网资源的融合视图，前面章节已经有详细介绍；还需确定算网业务 SLA（Service Level Agreement）需求。

步骤 1：将算网业务 SLA 需求解析，分解为算网资源和性能需求。

步骤 2：基于算网资源和性能需求，使用步骤 0 的关系模型和资源融合视图，确定算网中能承载业务的有效算网节点。

步骤 3：评估算网中有效算网节点与业务接入点之间的算网路径，使用步骤 0 的关系模型和资源融合视图，选择能满足业务 SLA 需求的有效算网路径。

步骤 4：在有效算网路径中，结合多因子策略，确定最优的算网编排评估。

本节重点讨论步骤 1~4 所涉及的技术方案。

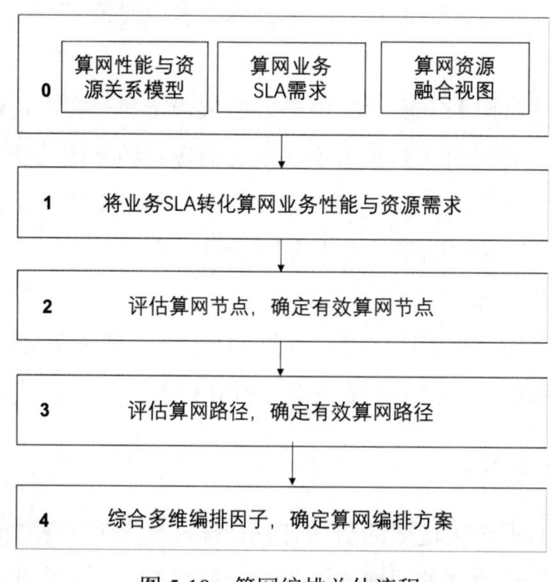

图 5-18　算网编排总体流程

5.4.1 业务SLA

业务 SLA 是算网客户和算网运营商达成的关于算网提供的服务质量的保证，是算网大脑进行算网资源编排的重要依据。在算网体系中，一般由算网客户在算网运营交易中心填写业务 SLA 需求，然后由算网运营交易中心发送给算网大脑。

1. 业务 SLA 解析

算网业务需求可能包含一个或多个不同 SLA 类别的服务需求，可以将业务需求中不同 SLA 需求的服务需求划分为不同的编排任务。算网大脑可以针对不同的服务需求完成算网资源编排，可以实现更为高效的资源调度。比如针对云 VR/AR 应用业务需求，可以将 AR/VR 应用总体服务分解为两大类服务需求：

- 低时延服务：AR/VR视觉渲染等。
- 非低时延服务：AR/VR内容制作、内容同步等。

这两类服务对时延的不同需求，会导致不同的资源编排策略。例如，将低时延服务分配在离客户接入侧较近的 MEC 算力节点；将非低时延服务可以部署在离客户接入侧较远但资源更为充沛的云算力节点。

为了满足业务需求，业务 SLA 需求需要转化为标准的算力、存储、网络等技术需求指标。如果客户能明确知道自己业务的算网 SLA 需求，客户可以按照算力 SLA 和网络 SLA 模板填写。如果客户不知道自己的算网需求，只能提供场景应用需求。

在第二种情况下，可以使用 SLA 模板将场景应用映射为算力 SLA 和网络 SLA 需求。在算网运行初期，场景应用需求 SLA 模板设计基于专家知识设计参数。随着算网应用场景的丰富，可以基于应用历史性能数据，动态调整映射模板的参数设计。另外，算网业务 SLA 需求除了受模板影响，同时也受用户规模影响，因此在业务 SLA 需求确定过程中需要考虑预期用户规模。

2. 业务 SLA 映射

算网业务需求 SLA 需要映射到算网的性能需求和资源需求。不同业务 SLA 指标需求，对算力节点和网络节点有着不同的需求。如表 5-4 所示，比如对于端到端的算网路径性能，如带宽、时延、抖动、丢包率等，算网中的算力节点和网络节点的性能都会对这些 SLA 产生影响。然而对于如计算、内存、存储等 SLA 需求，目前只由算力节点提供，网络节点暂不能提供。未来，随着算力网络的进一步演进，网络节点内的算力进一步开放，网络节点可作为算力的提供方。

表 5-4 业务 SLA 需求与算网节点关联关系

业务 SLA	算力节点	网络节点
计算	是	否
内存	是	否
存储	是	否
带宽	是	是
时延	是	是
丢包率	是	是
抖动	是	是

需要将业务需求进一步映射到算网节点需求，作为算网节点评估的基础数据。下面就表 5-4 中所示的业务 SLA 举例说明如何做 SLA 映射。

- 对于计算SLA需求，需要结合应用特点映射成算力节点的CPU资源、GPU资源、CPU资源及内存资源等需求。
- 对于内存SLA需求，需要映射为算力节点的内存资源需求。
- 对于存储SLA需求，需要映射为算力节点的存储资源需求。
- 对于端到端带宽SLA需求，需要映射为算力节点和网络节点的带宽资源需求。
- 对于端到端丢包率SLA，需要映射为算力节点和网络节点的性能需求，算网节点丢包率不能超过端到端丢包率。
- 对于端到端时延SLA需求，需要映射为算力节点和网络节点的性能需求，算网节点时延不能超过端到端丢包率。
- 对于端到端抖动SLA需求，需要映射为算力节点和网络节点的性能需求，算网节点抖动率不能高于端到端抖动。

对于端到端的 SLA 需求，这里采用一个较为宽松的性能映射方法，是为了从较大的维度上将不满足业务 SLA 需求的算网节点去除掉。如果算网节点不满足映射的 SLA 需求，从理论上也就不满足业务 SLA 需求，从而辅助算网节点的编排决策。

5.4.2　节点编排决策

算网节点评估是算网编排流程中对算网资源的初步筛选。算网节点评估的范围可以包含整个算网基础设施中的算网节点，也可以划定某一类算网节点的范围。算网节点评估范围越大，算网编排流程中算网路径评估收敛得越快。

1. 节点评估范围

这里列了几类划分节点评估范围的方法。在实际中，可根据算网节点规模的大小，选择合适的方法。

- 单算力节点评估方法：这种方法是只评估算网中算力节点，可以是全部的算力节点，或者是选定的某一类算力节点，这一类方法适合算力网络比较复杂的场景，比如算网拓扑比较大，抑或网络拓扑无法全面感知。
- “算力节点+IP网络节点”：这种方法会评估“算力节点+IP网络节点”组成的简单算网基础设施，这一类方法比较适合算力网络中云间算力协同场景。
- 全域算网节点评估：这种方法会评估算力网络中所有算网节点。如在典型的“5G+IP+算力网络”中，包括5G基站节点、IP传输节点、5GC网络节点、MEC算力节点和云算力节点，这一种方法比较适合5G入云的云边协同场景。

2. 资源评估

算网节点的消耗资源会随着所承载算网业务的增加而增加，因此算网节点资源评估是算网节点编排的重要依据。

一方面，算网节点的资源评估需要考虑算网节点的即时资源使用状况和预期资源使用状况。即时资源使用状况通过实时数据感知获得，反映了算网节点当前的资源使用状态。预期资源使用情况依据一个统计周期内（如图 5-19 所示）的历史数据趋势对未来一段时间的资源使用情况的预测值。

另一方面，算网节点资源评估还需要考虑新业务的资源需求情况，新业务的资源需求是根据业务 SLA 映射的算网节点的资源需求。根据算网节点类型的不同，可以得到不同的算网节点所需求的资源，比如算力节点的处理器资源需求、IP 传输节点、5GC 核心网的带宽资源需求、基站的空口 PRB 资源需求。

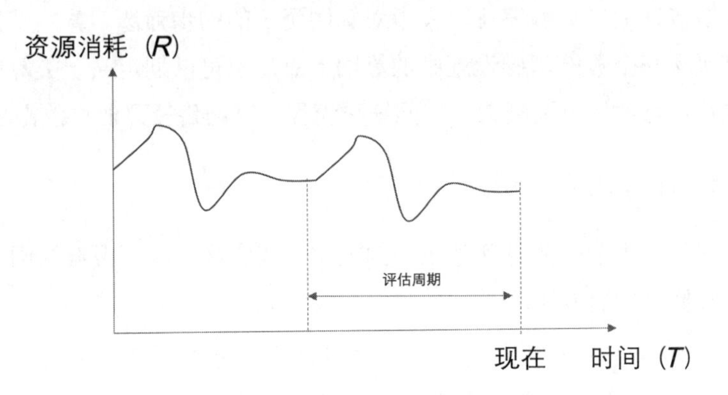

图 5-19 资源消耗评估周期

综合考虑已有业务和新业务的资源需求，才能完整地描绘出新业务部署后的算力节点资源状况。如果算网节点的预期所剩资源不能满足新业务需求，则认为此算网节点不能满足此业务需求。

3. 性能评估

在前面章节里，对算网节点性能与资源的关系模型已经做了详细的描述，这里使用算网节点性能与资源的关系模型，基于业务需求的预估资源，对算网节点进行性能评估，从而判定算网节点在性能维度是否适合部署新业务。

算网节点的性能评估方法是比较业务预估资源需求和算网节点资源边界。评估方法需要同时考虑算网节点的安会边界和 KPI 需求边界。节点安全边界是节点稳定运行的范围，如果节点资源消耗超出节点安全边界，节点处于不稳定的状态，会出现性能指标崩塌。算网节点的 KPI 需求边界是由算网节点的性能需求确定的算网节点资源边界，如果节点资源消耗超出节点 KPI 需求边界，节点就不能满足节点上的 KPI 需求。一般情况下，节点 KPI 需求边界应该小于节点安全边界。如果节点 KPI 需求边界大于节点安全边界，则只需考虑节点安全边界。

如图 5-20、图 5-21、图 5-22 和图 5-23 分别针对节点性能评估中可能出现的 4 种情况，按照节点资源预估、节点安全边界和节点 KPI 需求边界三者的关系维度进行了描述。

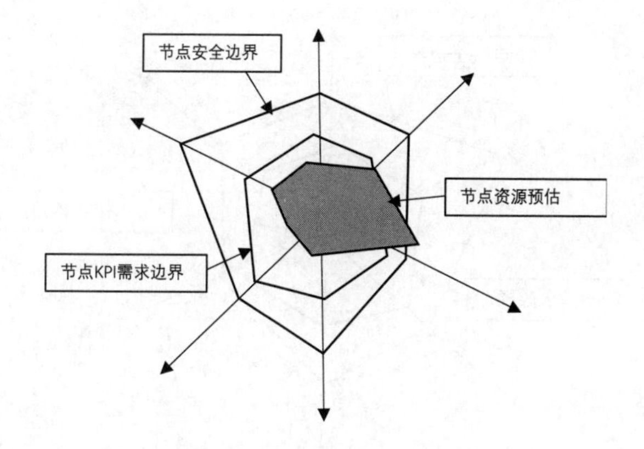

图 5-20　资源预估大于节点安全边界

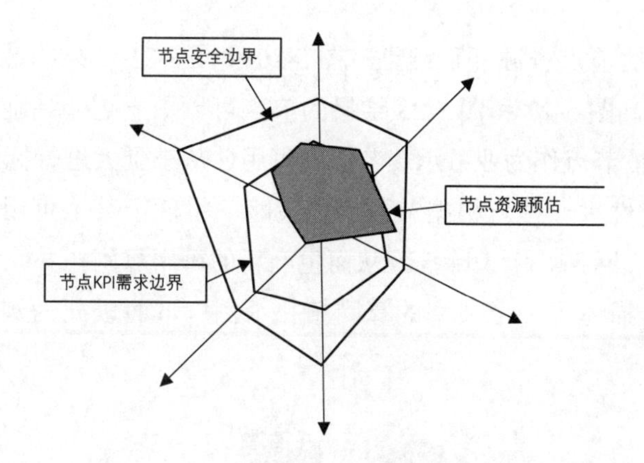

图 5-21　资源预告大于节点 KPI 需求边界

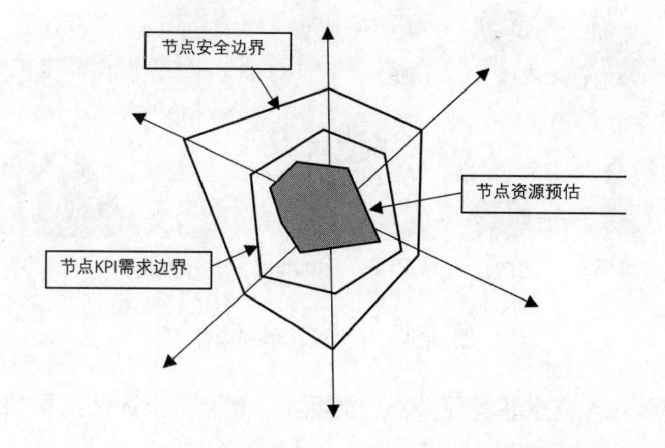

图 5-22　资源预估在节点 KPI 需求边界之内，资源余量小

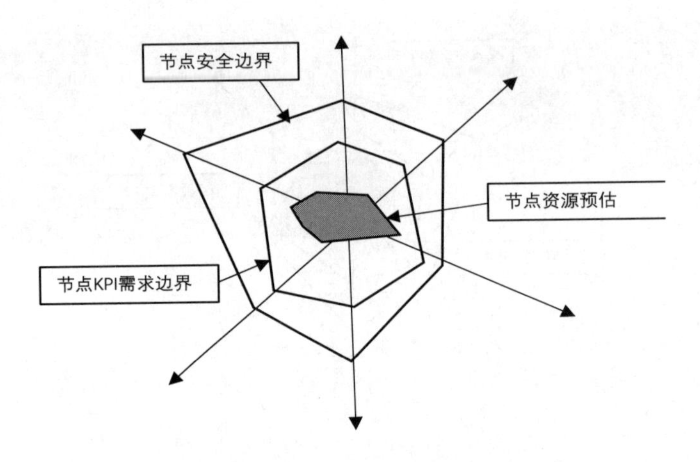

图 5-23　资源预估在节点 KPI 需求边界之内，资源余量大

根据图中的节点资源评估结果，图 5-20 和图 5-21 结果的节点不能用于承载这个新业务，图 5-22 和图 5-23 结果的节点可以用于这个新业务。还可以进一考虑，将评估节点作为业务承载节点的可用性从小到大进行标识，图 5-22 比图 5-23 的可用性大一些。根据节点评估策略，将低于某个可用性评估值的算网节点从已有算网拓扑中去除掉，从而生产新的可用算网拓扑。

如图 5-24 描述了一个典型的算网拓扑示例。下面以此为例说明算网节点评估的方法。

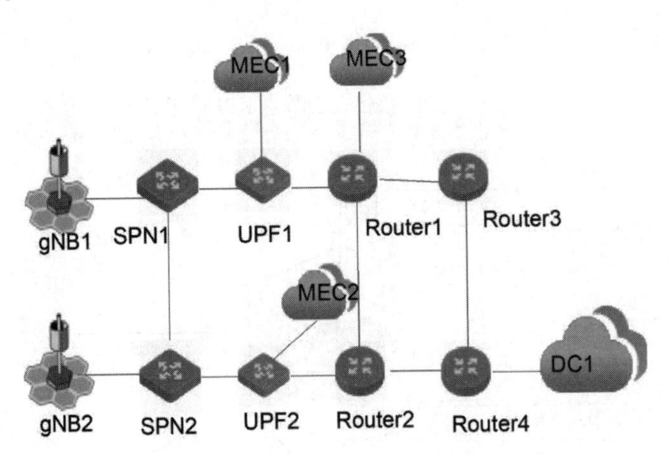

图 5-24　算网编排示例拓扑

根据业务 SLA 需求和算网节点资源状况，算网节点评估结果如表 5-5 所示。

表 5-5 节点评估结果

节点	gNB1	gNB2	SPN1	SPN1	UPF1	UPF2	MEC1
评估结果	OK	OK	OK	OK	OK	OK	NOK
节点	MEC2	MEC3	Router1	Router2	Router3	Router4	DC1
评估结果	OK	OK	OK	OK	NOK	OK	OK

根据评估结果，可以得到评估后的算网可用节点，MEC1 和 Router3 由于不满足性能评估要求，需要在可用资源中被删除掉，从而形成如图 5-25 所示的新的算网拓扑视图。

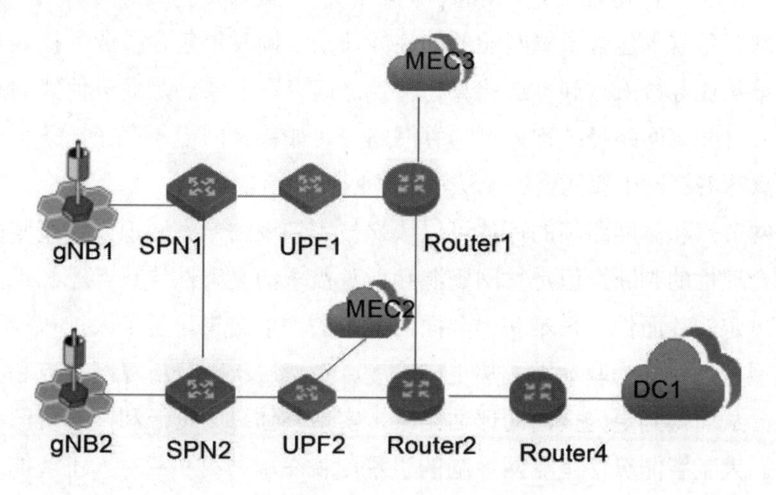

图 5-25 节点评估后拓扑视图

5.4.3 路径编排决策

1. 算网路径评估

算网路径是指从业务接入点到算力节点的逐跳算网节点的组合以及相邻算网节点之间的链路。算网路径性能是指从业务接入点到算力节点的端到端性能，因此算网节点和算网链路都会对算网路径性能产生影响。从算网路径评估的角度上来看，可以针对时延、丢包率和带宽性能指标做如下近似评估：

- 端到端时延：通过累加路径上节点的转发时延和路径上链路时延计算得到近似值。

$$路径时延 = \sum（节点转发时延 + 链路传输时延）$$

- 端到端丢包率：发包成功通过节点发包成功率和链路发包成功率累乘计算得到近似值，然后再计算丢包率。

$$路径丢包率 =1- \prod（节点发包成功率 * 链路发包成功率）$$

- 端到端带宽：路径的带宽性能由算网路径上算网节点带宽，以及链路带宽的最小值确定。

$$路径带宽 =\mathrm{Min}\{节点带宽，链路带宽\}$$

算网业务需求包含了算网业务的性能需求，同时也包含了业务接入点的信息。如果从业务接入点到可选的算力节点之间存在多条满足业务性能需求的算网路径，这些算网路径统称为可选算网路径。如果算网中不存在一条可选算网路径，意味着算网中算网资源无法满足算网业务需求。

算网节点和算网路径的评估可以依靠技术领域的专家知识设定规则做出具有一定合理性的判断，但是算网资源和业务需求的复杂性导致专家知识判定方式具有一定的片面性，很难获得全面而准确的评估结果。基于人工智能算法的评估模型，以数据为驱动力，从更广维度、更深层次去分析算网节点和算网路径性能，从而得到更为全面的评估结果，实现整体算力资源和网络资源编排的智能化。人工智能算法是算网大脑的引擎，将在本书第 9 章对人工智能的评估方法进行描述。

2. 编排多因子决策

以图 5-25 所示的算网拓扑资源为例。假设算网大脑经过路径评估，为满足算网业务需求，有如下两条可选算网路径：

Path1：{gNB2 ⟷ SPN2 ⟷ SPN1 ⟷ UPF1 ⟷ Router1 ⟷ MEC3}

Path2：{gNB2 ⟷ SPN2 ⟷ SPN1 ⟷ UPF1 ⟷ Router1 ⟷ Router2 ⟷ Router4 ⟷ DC1}

算网大脑要根据算网业务需求的偏向性因素，如成本优选、性能优先、区域优先等，从可选算网路径中确定最优的算网路径。在编排方案决策比较中，借助数字孪生能力进行算网方案的孪生仿真，提供算网编排方案的直观评估能力。在可选的算网方案中，算网大脑基于算网业务孪生模型，结合业务资源和性能属性数据进行仿真预测，评估算网业务方案的优劣，最终确定最优的算网编排方案。

这里仅以成本优先的模式举例描述编排决策过程。假设算网大脑通过对两条算网路径进行资源成本核算，得到如表 5-6 所示的结果。表 5-6 中的网络成本和算力成本为示意值，具体计算模型需要根据实际情况设定。比如网络资源成本需要考虑网络设备、距离、施工等一系列网络建设成本；算力资源成本需要考虑算力建设成本，如果涉及三方算力，还需要考虑算力的采购成本。

表 5-6　算网路径的成本因子

可选路径	算网路径	网络资源成本	算力资源成本
Path1	gNB2 ⟷ SPN2 ⟷ SPN1 ⟷ UPF1 ⟷ Router1 ⟷ MEC3	20	40
Path2	gNB2 ⟷ SPN2 ⟷ SPN1 ⟷ UPF1 ⟷ Router1 ⟷ Router2 ⟷ Router4 ⟷ DC1	25	10

综合比较 Path1 和 Path2 的网络成本和算力成本之和，可以得到 Path2 是较优的算网资源编排方案。

因此针对此业务，算网大脑会在 DC1 算力资源池调度算力资源，按照 Path2 路径调度网络资源。

5.4.4　算网编排方案

算网编排方案是算网大脑针对业务 SLA 需求，在算网基础设施上做的算力资源和网络资源分配方案。在算网编排方案中，既包含算力资源相关的位置、类型、数量等信息，也包含从应用接入点到算力节点的端到端网络路径相关的网络节点、链路、带宽资源等信息。

算网编排方案是算网业务需求和算网资源的联合优化方案，一方面需要满足业务的需求，另一方面在已有的算网资源中分配最优的资源，使得所分配算网资源成本最低。下面列出了几种典型的算网编排方案场景的介绍。

如图 5-26 描述了对于相同的业务 a1 需求，由于业务接入点不同，使得算网编排的路径方案不同。这可能是由于接入点因素制约了网关的选择，以及相关的链路选择。

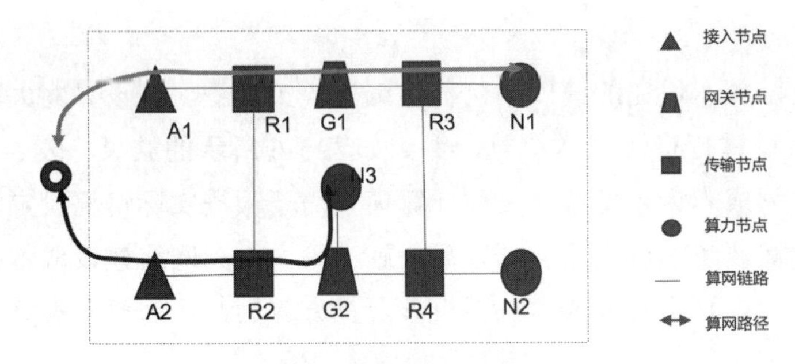

图 5-26 算网编排方案情况 1

如图 5-27 描述了对于不同的业务 a1 和 a2 需求，虽然它们的接入点相同，但是算网编排的路径方案不同。这可能是由于某一业务需求只能在特定算网节点上满足，从而不同业务承载到不同的算网路径上。

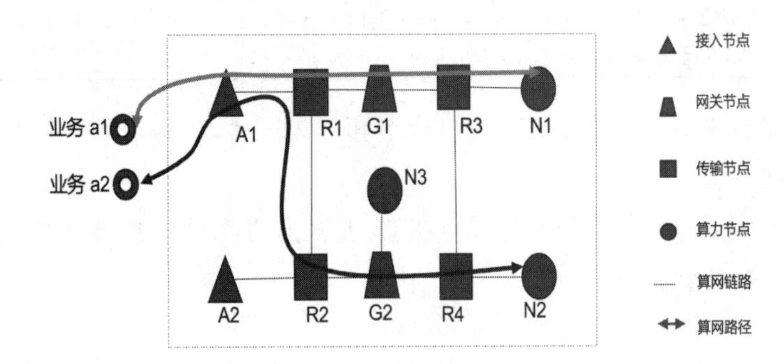

图 5-27 算网编排方案情况 2

如图 5-28 描述了对于相同的业务需求和相同接入点的情况下，由于算网资源的消耗状态不同，造成的算网编排的路径方案不同。这可能是由于算网某一节点或者算网某一路径的资源状态在编排决策中，最优的编排方案不相同。

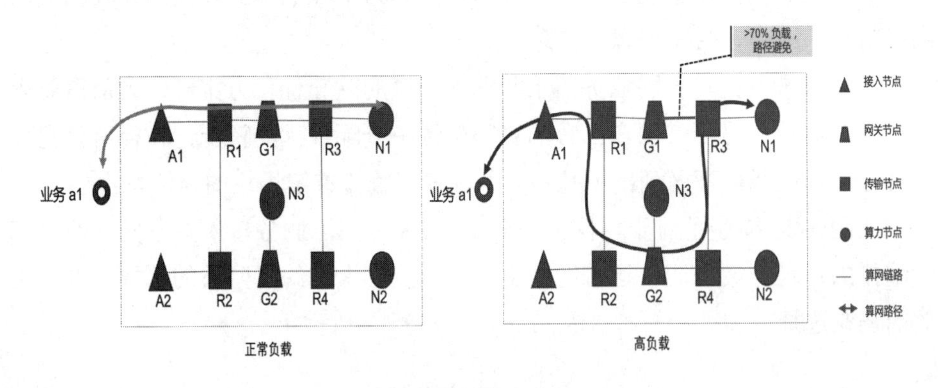

图 5-28 算网编排方案情况 3

如图 5-29 描述了对于相同的业务需求和接入点的情况下，编排方案中提供多条不同的算网路径，这可能由于考虑服务的冗余性或者分布服务的要求，做出的最优编排方案。

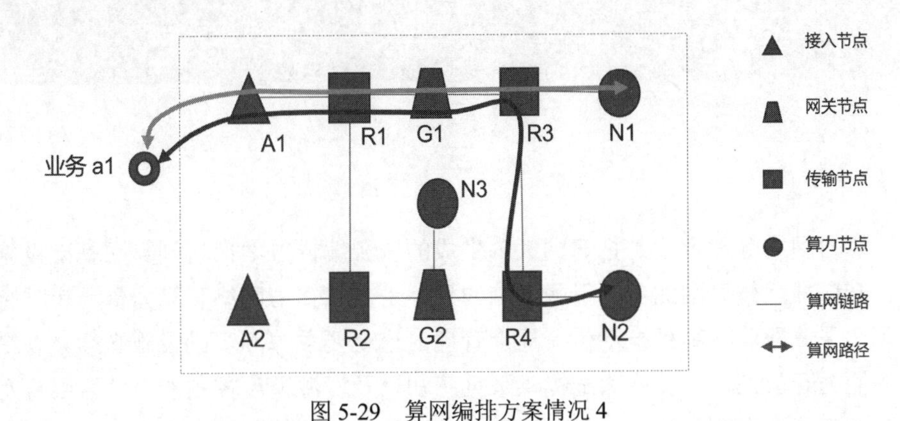

图 5-29　算网编排方案情况 4

第 6 章　算力网络管理调度关键技术

算力网络管理调度是把算网大脑生成的资源编排方案部署到算网基础设施上，开通并承载算网业务。算网大脑的目标是支持算力网络和算力资源实时感知和实现算网业务高效自动生命周期管理。这就要求算网基础设施必须具有很强的能力开放性，为算网大脑提供数据感知以及资源调度控制能力，否则算网大脑的功能会受到制约。例如，如果基础设施不开放管理调度能力，就需要人为干预去完成调度策略配置，会加长整个算网业务开通的流程。

本章重点介绍了目前具有较好开放能力的算网基础设施技术，并讨论了它们如何与算网管理调度中心一起完成算力网络的资源管理调度。

6.1　SRv6 网络管理调度

SRv6（基于 IPv6 转发平面的段路由）全称为 Segment Routing IPv6，是当下最热门的 Segment Routing 和 IPv6 两种网络技术的结合体，兼有前者的灵活选路能力和后者的灵活扩展能力。SRv6 特有的设备级可编程能力，使其成为 IPv6 网络时代最有前景的组网技术。简单来讲即“SR（Segment Routing）+IPv6”，其结合了 SR 源路由优势和 IPv6 简洁易扩展的特质，具有独特的优势，成为新一代的 IP 承载核心协议。

SRv6 是网络管理调度中心的 SDN 控制器模块的重要技术能力，负责算网路径的可编程及自动下发。

6.1.1　技术架构

SRv6 使用 IPv6 数据平面，基于 IPv6 路由扩展报头进行扩展，这部分扩展没有破坏标准的IPv6报头，而且，只有SRv6节点需要针对扩展报头进行额外的处理，对于其他普通IPv6节点没有任何影响，这让SRv6可与现有IPv6网络无缝兼容，更让转发层面达到纯IPv6的极简转发。

SRv6采用IPv6标准规范（RFC2460）中定义的路由扩展报头，新定义了一种IPv6的扩展报头——SRH，该扩展报头指定一个IPv6的显式路径，存储的是IPv6的Segment List信息，其作用与SR-MPLS里的Segment List类似，头节点在IPv6报文中增加一个SRH扩展报头，中间SRv6节点就可以按照SRH里包含的路径信息进行处理和转发，而非SRv6节点只需要按照标准的目的IPv6进行传统转发即可。图6-1描述了IPv6 SRH的报文格式。

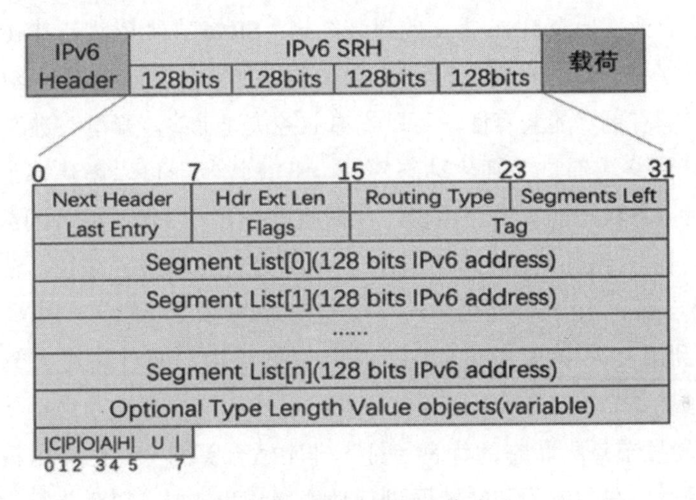

图6-1 IPv6 SRH报文格式

SRv6技术特点及价值可以归纳为以下三点：

（1）极智：SRv6具有强大的可编程能力。SRv6具有网络路径、业务、转发行为三层可编程空间，使得其能支撑大量不同业务的不同诉求，契合了业务驱动网络的算网革新大潮流。

SRv6完全基于SDN架构，可以跨越App和网络之间的鸿沟，将App的应用程序信息带入到网络中，可以基于全局信息进行网络调度和优化。

（2）极简：SRv6不再使用LDP/RSVP-TE协议，也不需要MPLS标签，简化了协议，管理简单（如图6-2所示）。EVPN和SRv6结合，可以使得IP承载网简化归一。SRv6打破了MPLS跨域边界，部署简单，提升了跨域体验。

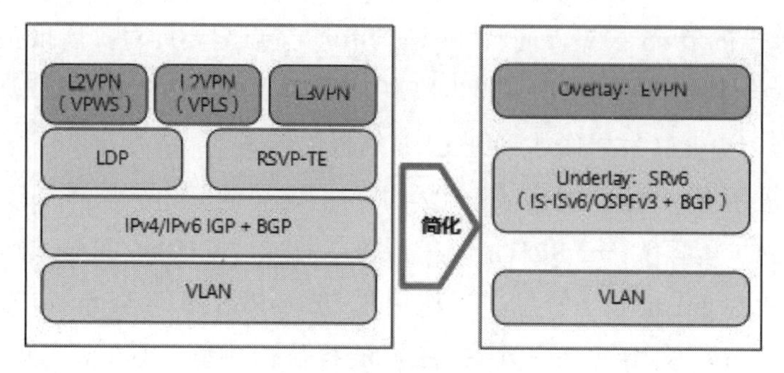

图 6-2　简化网络协议

（3）极纯：SRv6 基于 Native IPv6 进行转发，SRv6 是通过扩展报文头来实现的，没有改变原有 IPv6 报文的封装结构，SRv6 报文依然是 IPv6 报文，普通的IPv6 设备也可以识别SRv6报文。SRv6 设备能够和普通IPv6 设备共同部署，对现有网络具有更好的兼容性，可以支撑业务快速上线，平滑演进。

IP 承载网络域通过精细化动态感知，SDN 控制器可以创建基于多云池内算力资源及服务状态的算力路由表，并据此进行算力资源和服务的编排调度。也就是说，在 IP 拓扑路由的基础上，新增算力资源和服务路径，使选路策略约束机制由当前的 IP 拓扑路由单约束演变为“IP+ 算力”的双约束。

SRv6 利用 IPv6 拓展报头 SRH，压入显式路由，通过路径中节点不断更新目的地址完成转发。SRv6 具有良好的扩展性和可编程性，最重要的一点，SRv6 中间转发节点无状态的优良特征，非常适合算网一体的路由策略和路由转发，但是需要在控制面和转发面进行功能增强和扩展，以满足算力网络场景下的全新需求。

6.1.2　调度机制

依据 SRv6 特有的设备级可编程能力，可以实现算力网络的路径调度。一起来看看 SRv6 的可编程能力是如何实现的。

如果把SRv6网络想象成一台分布式“计算机”，Segment列表好比程序指令，兼有寻址能力和行为能力。可以将用户意图翻译成 Segment 列表，并附在数据报文中，输入 SRv6 网络“计算机”，然后依次在不同的节点上执行 Segment 指令，比如切换到下一个 Segment、压入或弹出 Segment 列表、关联 L2/L3 VPN 等，从而实现基本选路、VPN、OAM、Service Chaining、APN6（App-aware IPv6

Networking）等不同层面的功能。在 SDN 组网中，由控制器负责编排和下发 Segment 列表，实现智能选路的目的。

1. SRv6 编程框架

（1）SRv6 SID。

SRv6 中通过 SID（Segment ID）标识每个 Segment，SID 是一种特殊的 IPv6 地址，既有普通 IPv6 地址的路由能力，又有 SRv6 特有的行为能力。

每个 SRv6 节点都会维护一张 SID 表（实际上是路由表的一部分），由许多 128bit 的 SID 组成，SID 标准格式为 Locator+Function（Args），如图 6-3 所示。

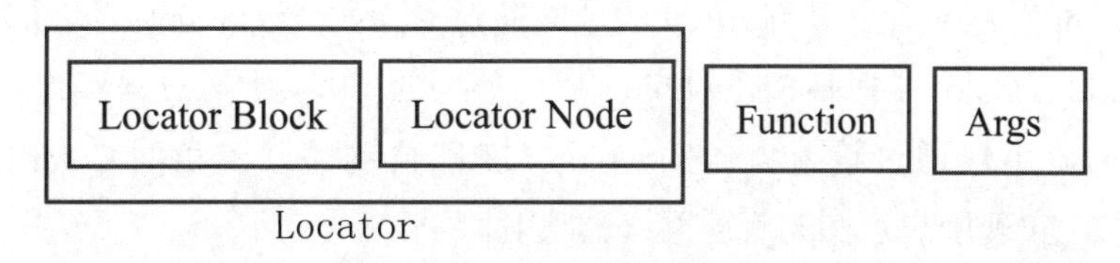

图 6-3　SID 标准格式

Locator：标识 SRv6 节点的定位器，每个节点起码有一个全局唯一的 Locator 值，作为本地 SID 的共享前缀，其他节点通过 Locator 路由访问本节点 SID。

Function（Args）：标识 SRv6 节点内不同的行为，比如 END、END.X 等，少数行为还需要传递 Args 参数。

SRv6 节点收到 IPv6 报文之后，会根据 IPv6 DA（Destination Address）查找全局路由表，如果匹配到某个 SID，则交由 SID 定义的行为或 Behavior 处理，否则执行常规的路由转发动作。

（2）SRv6 Policy。

SRv6 Policy 是一种将用户意图（SLA、服务链）翻译成网络策略的机制，内核为 Segment 列表。网络节点和终端设备都可以按需发起或者由控制器下发 SRv6 Policy，中间节点无须维护任何状态，因此 SRv6 Policy 适用于任意规模的网络互联和终端通信场景。

SRv6 Policy 由多个 Candidate Path（简称 CP）构成，其中有一个为 Active CP，决定整个 SRv6 Policy 的行为和状态，基本格式如图 6-4 所示。

```
1      <headend, color, endpoint>
2      Candidate-path CP1 <protocol-origin,
   originator, discriminator>
3      B-SID
4      Preference 200
5      Weight W1, SID-List1 <SID11...SID1i>
6      Weight W2, SID-List2 <SID21...SID2j>
```

图 6-4　SRv6 Policy 的 Java 格式

SRv6 Policy 由 <Headend，Color，Endpoint> 三元组唯一标识，Headend 和 Endpoint 对应头尾节点的 IPv6 地址，通过 Color 参数区分两者之间的不同 SRv6 Policy。Color 是概括 SRv6 Policy 服务能力的标签，比如 SLA 级别（金、银、铜牌等），用户通过设置自己的 Color，就能自动关联到相同 Color 的 SRv6 Policy 上，实现用户意图到底层网络的映射。

Candidate Path 由 <protocol-origin，originator，discriminator> 三元组唯一标识，protocol-origin 为 CP 的发起协议，比如 BGP SR Policy 或手工配置等；originator 为发起者的标识，格式为 ASN：node-address；discriminator 用于区分“protocol-origin +originator”下发的不同 CP。CP 携带 Preference、B-SID、Segment-List 等属性，含义如下：

- Preference，标识CP的优先级，用于抉择同一SRv6 Policy下的不同CP，优先级最高的成为Active CP。
- B-SID，标识CP或SRv6 Policy（Active CP）行为的SID，其他节点通过B-SID引用SRv6 Policy的功能。
- Segment-List，标识CP的Segment列表，由Weight和多个顺序排列的Segment子属性组成，一个CP可以有多个Segment-List，根据Weight分担流量。

在 SRv6 Policy 之前，主要用 TE Tunnel 实现流量工程，那么为何 SRv6 中会主推 SRv6 Policy 呢？原因如下：

- 组网能力，TE Tunnel本质上是一种重量级的传统接口，会消耗设备的接口资源，无法支持太大规模的组网；SRv6 Policy本质上是一种轻量级的对象，数据结构非常简单，不占用设备的接口资源，能够支持超大规模的组网。
- 引流能力，TE Tunnel采用粗放的DSCP引流方式，难以直观准确地反映用户意图；SRv6 Policy采用精细的Color引流方式，能够如实反映和满足用户诉求。

- 开放能力，TE Tunnel只能为节点自己所用，而SRv6 Policy通过对外暴露B-SID，可以在隐藏内部实现的前提下，为其他节点或机构提供选路、服务链等能力。
- 业务能力，TE Tunnel本身没有直接的业务描述能力，需要组合应用多个TE Tunnel和其他的技术才能满足业务需求；SRv6 Policy是完全自洽和业务特征相关的，本身集成了多路径、SLA标签、行为处理等能力，单个SRv6 Policy就可以满足业务的网络需求。

由此可见，在 SRv6 Policy 各方面都完胜 TE Tunnel，就是一种为 Segment Routing 量身定制的网络技术，可以说 SRv6 的强大能力大部分是通过 SRv6 Policy 输出的。

（3）SRH。

SRH（Source Routing Head）为SID列表的载体，基于IPv6路由扩展报头（协议号 43），新增路由类型 4，是 SRv6 体系中最为重要的数据封装标准，具体格式如图 6-5 所示。

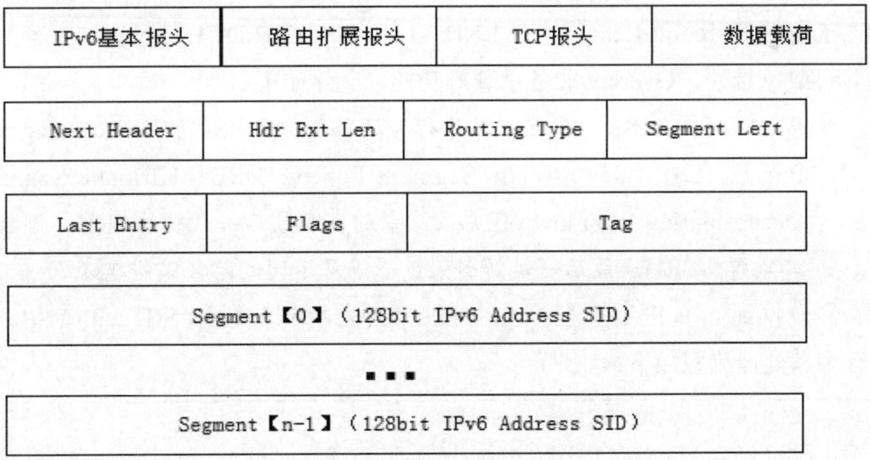

IPv6基本报头	路由扩展报头	TCP报头	数据载荷

Next Header	Hdr Ext Len	Routing Type	Segment Left

Last Entry	Flags	Tag

Segment【0】（128bit IPv6 Address SID）

■■■

Segment【n-1】（128bit IPv6 Address SID）

图 6-5　路由扩展报头格式

Segment[n-1]…Segment[0]组成了完整的Segment列表或路径，SL（Segment Left）指示当前活跃的 Segment。头节点 SL=n-1，IPv6 DA=Segment［n-1］，中间节点收到IPv6报文，如果IPv6 DA为节点本地SID，则进入SRH处理流程。

暂不考虑具体 SID，SRH 基本行为如下：

```
S01.  IF SL==0{
S02.     继续处理 SRH 指示的下一个扩展头 }
S03.  ELSE{
S04.     IF 本地配置要求 TLV 处理 {
S05.        处理 TLV}
S06.     SL=SL-1，Segment[SL] 复制到 IPv6 DA
S07.     IPv6 路由转发 }
```

标准 SRH 封装中，每个 SID 占用 16bytes，对于长 Segment 列表的应用，需要考虑封装开销对 MTU 和传输效率的影响。业界也在研究可行的 SRH 压缩方法，比如 G-SRH（Generalized SRH）、uSID（Micro SID）等。SRH 还能携带可选的 TLV 参数，以扩展支持 NSH/Service Chaining、OAM、VTN（Virtual Transport Network）、APN6 等高级特性。

（4）SRv6 Behavior。

SRv6 网络编程标准中，SRv6 节点（Endpoint）通过本地定义的行为（Behavior）处理 SRv6 报文。SRv6 定义了多种 Endpoint Behavior，每个节点需要实例化 Endpoint Behavior 和分配 SID，并通过路由协议公布，以便外部了解节点所能提供的 Behavior。

常用的 Endpoint Behavior 有 END、END.X、END.DT4、END.DT6 等，实现 Underlay 选路、Overlay 业务承载等功能，具体如下：

- END用于标识SRv6节点，具体行为还跟附加的USP（Ultimate Segment Pop）、PSP（Penultimate Segment Pop）、USD（Ultimate Segment Decapsulation）等Flavor有关系，分别代表最后一跳弹出SRH、倒数第二跳弹出SRH、最后一跳解封装，以满足不同的路径编排需求。

假设收到一个 IPv6 类型报文，IPv6 DA 为本节点 END SID with PSP，处理行为和处理流程如下：

```
S01. IF SL==0{ # 无 SRH 等同于 SL 为 0
S02. 向 IPv6 SA(Source Address) 发送 ICMP Parameter Problem，结束 }
S03. SL=SL-1，Segment[SL] 复制到 IPv6 DA
S04. IF SL==0{
S05. 将前一个报文头中的 NH 更新为 SRH 中的 NH，弹出 SRH 扩展报头 }
S06. IPv6 路由转发
```

- END.X用于标识SRv6邻居，具体行为也跟Flavor有关。

假设收到一个IPv6类型报文，IPv6 DA为本节点END.X SID with PSP，处理行为和处理流程与END相似，区别在于S06步骤：

```
S01. IF SL==0{ #无SRH等同于SL为0
S02. 向IPv6 SA(Source Address)发送ICMP Parameter Problem，结束}
S03. SL=SL-1，Segment[SL]复制到IPv6 DA
S04. IF SL==0{
S05. 将前一个报文头中的NH更新为SRH中的NH，弹出SRH扩展报头}
S06. 转发给END.X指定的邻居
```

- END.DT4用于标识SRv6节点的所有IPv4 VPN路由表，具体行为如下。

假设收到一个IPv6类型报文，IPv6 DA为本节点END.DT4 SID，处理行为和处理流程如下：

```
S01. IF SL!=0{
S02. 向IPv6 SA发送ICMP Parameter Problem，结束}
S03. 剥离外层IPv6报头以及所有扩展报头
S04. 根据END.DT4 SID关联的路由表转发内层IPv4报文
```

- END.DT6用于标识SRv6节点所有的IPv6 VPN路由表，具体行为如下。

假设收到一个IPv6报文，IPv6 DA为本节点END.DT6 SID，处理流程与END.DT4相似，区别在于S04：

S04. 根据END.DT6 SID关联的路由表转发内层IPv6报文。

（5）SRv6 Policy B-SID实例。

END.B6.Encaps是END.B6封装，属于一种SRv6 Policy B-SID实例，实现机制为原始SRv6报文添加外层封装。

假设收到一个IPv6类型报文，IPv6 DA为本节点END.B6.Encaps SID，处理行为和处理流程如下：

```
S01. IF SL==0{
S02. 向IPv6 SA发送消息ICMP Parameter Problem，结束}
S03. SL=原SL-1
S04. 添加外层IPv6报文头+SRH B，B对应SRv6 Policy的Segment List
S05. 外层IPv6 SA设置为A，外层IPv6 DA设置为B的第一个Segment，
S06. IPv6路由转发
END.B6.Insert为END.B6插入，属于另一种SRv6 Policy B-SID实例，实现机制为原始SRv6报文插入SRH。
```

假设收到一个IPv6类型报文，IPv6 DA为本节点END.B6.Insert SID，处

理行为和处理流程如下：

```
S01. IF SL==0{
S02. 向 IPv6 SA 发送消息 ICMP Parameter Problem，结束 }
S03. 插入 SRH B，B 对应 SRv6 Policy 的 Segment List
S04. IPv6 DA 更新为 B 的首个 Segment
S05. IPv6 路由转发
```

每个 Behavior 都有对应的 16bit Code Point，比如 End with PSP 为 0x0002、End.DT4 为 0x0013 等，路由协议会同时携带 SID 和 Endpoint Behavior Code Point 信息，这样就能判断出 SID 的具体含义。

前面提及 END.B6.Encaps、END.B6.Insert 都属于 SRv6 Policy B-SID 实例，其他节点通过 B-SID 引用，具体行为由 SRv6 Policy 实现，两者关系如图 6-6 所示。

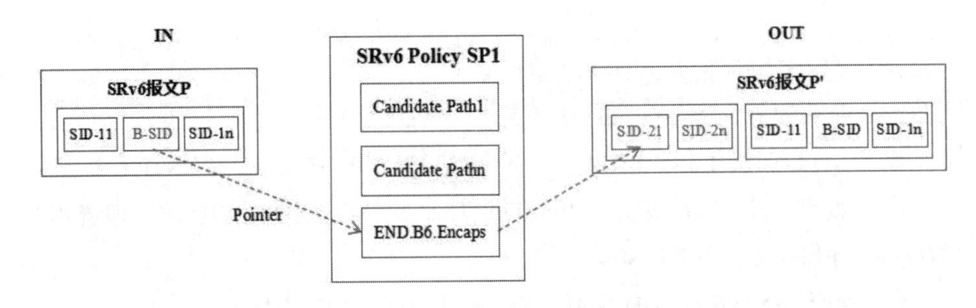

图 6-6　出入 SRv6 报文的关系

同时 Headend 也可以直接调用 SRv6 Policy 封装报文，主要 Behavior 有 H.Encaps、H.Insert 等，可用于 L2/L3 VPN、FRR（Fast Reroute）、端到端 IPv6 通信等场景，具体如下：

H.Encaps 用于为 VPN 或者原始 IP 报文添加“外层 IPv6+SRH 隧道”封装。假设某 VPN IPv6 报文 P 下一跳为 END.DT6 VPN SID X，SRv6 Policy 为 (S3,S2,S1)，处理流程如下：

```
S01. 为 IPv6 类型报文 P 添加一个外层 IPv6 报文头 +SRH(X,S3,S2,S1;SL=3)
S02. 外层 IPv6 SA=T，IPv6 DA=S1，Next-Header=IPv6
S03. IPv6 路由转发
```

H.Insert 用于为 IPv6 报文添加 SRH 扩展头。假设报文 P 的 IPv6 DA 为 B2，SRv6 Policy 为（S3，S2，S1），处理流程如下：

```
S01. 为IPv6类型报文P插入SRH(B2,S3,S2,S1;SL=3)
S02. IPv6 DA设置为S1
S03. IPv6路由转发
```

2. SRv6 组网架构

前面介绍了 SRv6 的基本概念，知道了 SRv6 Policy 是满足用户意图的关键途径。接下来将面临一个现实问题，如何将用户意图自动转换成 SRv6 Policy，并下发给 SRv6 节点，这需要一个完整的技术架构和配套的网络协议集，典型的 SRv6 组网结构如图 6-7 所示。

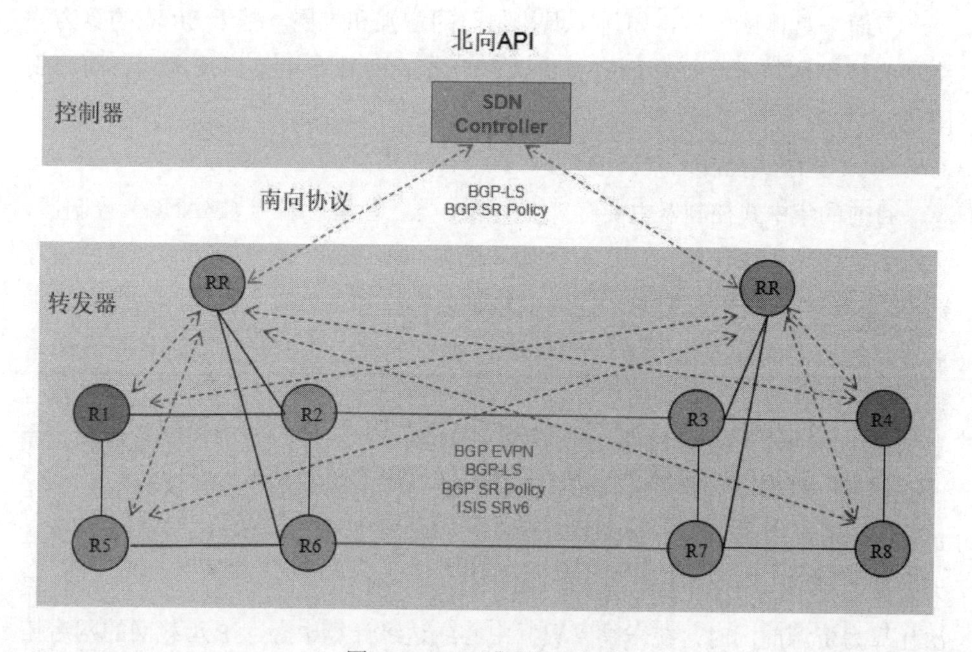

图 6-7　SRv6 典型组网架构

基于标准的控制器、转发器两层 SDN 技术架构，两者之间通过南向协议交互，具体如下：

- 控制器，相当于中央处理器，掌握全网拓扑、实时流量、SRv6 SID等信息，负责将用户意图翻译成SRv6 Policy，并通过南向协议下发给转发器。
- 转发器，负责路由计算和SRv6 Policy封装转发，一方面要运行ISIS计算Underlay路由及SID，运行BGP EVPN计算Overlay路由及SID，并将

Overlay路由迭代到合适的SRv6 Policy上，另一方面还要向控制器汇报Underlay网络和SRv6 Policy状态。

- 南向协议，控制器和转发器之间运行多种南向协议，最重要的是BGP-LS和BGP SR Policy，前者负责将转发器的链路状态转换成BGP-LS消息，以及SRv6 Policy的状态上报给控制器，后者将控制器编排好的SRv6 Policy下发给转发器。

6.1.3 能力开放

下面来具体谈一谈，如何实现控制面的增强和扩展。基于 SRv6 的算力网络增强控制面技术。控制面有集中式和分布式两种通用架构技术。下面分别阐述。

（1）集中式控制面架构增强。

目前的集中式控制器主要有 3 类：第 1 类是管理与编排（MANO）控制器，负责纳管移动边缘计算（MEC）内的计算和存储资源、侧重占用率之类的宏观数据，其颗粒度无法满足算力网络的精细化编排和调度需求。因此，可以基于上述算力资源的标准化度量，对 MANO 纳管的算力资源颗粒度进行扩展和增强。第 2 类是数据中心和边缘计算中心控制器，负责纳管云内网络拓扑资源。其颗粒度可达服务器对应的端口号，但无法纳管层次化的算力资源和服务。同样，它也可以进行扩展和增强，以涵盖对算力资源的精细化纳管。第 3 类是 IP 承载网控制器，负责纳管承载网络域的拓扑资源。另一种可选方案则是新增算力资源编排器，可与上述 3 类控制器并列；但也可以居于更上一层，在纳管层次化算力资源的同时，统一纳管数据中心或边缘计算中心、IP 承载网的网络拓扑资源，可以实现单点算网全局资源视图。

（2）分布式控制面架构增强。

跨云池的算力资源和服务分布式路由协议，目前主要是基于边界网关协议（BGP）的增强和扩展。BGP 在现网通告的对象主要是节点端口、链路等拓扑资源的状态。这些资源的变化周期通常为小时、天，甚至月的数量级，网络拓扑的高并发变更会造成路由震荡等严重后果。在算力资源和服务状态被通告的情景下，其资源标识种类通告频率远大于网络拓扑资源及其通告频率。例如，在一些通用计算功能实例中，一次服务执行的生命周期最短可达毫秒级。大规模的通告量和高通告频率，对算力路由表的稳定将造成严重的后果。为了适应新型算网一体路由架构，需要设计一种全新的算力路由协议。该协议内生支持算力资源和服务的跨域通告，并将与BGP解耦，从而规避算力资源的动态对现网路由收敛的负面影响。网络和算力资源的融合路由策略通过算法优化解决。还可以借鉴一种基于网络L4的新算力路由协议架构，其主要特征是算力资源和服务在云内直接发布，并由服务商边缘路由器（PE）为其创建算力路由表，两种协议模式为：第一种，发布订阅机制，类似于telemetry的订阅机制，云池内算力网关作为发布主体，发布云内层次化算力资源，并对云池内算力资源状态信息进行结构化设计；支持增量发布，支持高频率动态更新；发布对象为网络边缘节点以及用户的接入网关。第二种，定向通告机制，云内算力网关向网络边缘节点以及用户接入网关主动发起面向连接的状态通告，网络边缘节点以及用户接入网关仅接收通告并据此创建和更新路由表；支持基于隧道的高频率更新通告。

算力网络架构下，应用的算力SLA的感知主要有两种方案：

- 第一种是控制面方案，即所谓的带外方案，通过类似接入控制信令扩展向网络入口网关通告特定算力应用的SLA，网络入口网关据此创建算力应用颗粒度的会话。控制面方案的优势是安全、可信，与设备硬件无关。
- 第二种是转发面方案，即所谓的带内方案，通过在IPv6或SRv6的扩展报头中增强封装应用标识及其SLA，网络节点解封装即可执行对应的路由策略。转发面应用感知方案的优势是网络每个节点均可做精细化策略和资源匹配，但这也引入了额外的安全问题，以及大量的冗余硬件设备处理负荷。

未来的算力网络往往需要给大客户提供针对性的服务，而大客户不见得能非常准确地把需求用运营商所熟知的话语表达出来，因此要引用意图引擎来理解客户的需求，并且把它翻译成运营商比较熟悉的语言，通过它来模拟网络的设计和规范，把客户的需求分解为网源之间的连接和突破。执行引擎通过标准的接口把这些网元串起来，自动化地形成端到端的信道给客户提供数据传送；分析引擎可以实时收集在使用中的流量、流向和达到的性能，最终通过智能引擎来优化数学模型，实现网络的自动优化。

采用SRv6的协调调度，既优化了网络，也优化了算力，使得不同的互联网数据中心业务量处于比较均衡的状态，如有些业务可以通过网络实现协同，有些可以在云端实现协同，有些可以在网络层面实现协同，还可以通过跨云网的协同进一步优化资源。多云还可以增加安全性，满足不同监管的需要。因此通过 SRv6 协同调度的属性，可以使资源得到优化和高效利用。

6.2 SD-OTN 网络管理调度

光传送网（Optical Transport Network，OTN）是运营商的基础网络，由于 OTN 专线具备高带宽、低时延、高安全、高私密性的优势，已经成为党政等客户自组网及业务承载的首要选择。

随着 SDN（Software Defined Network）技术的成熟及大规模商用，传统 OTN 专线业务在业务开通时效性、跨域跨厂商端到端场景支持以及客户定制化功能实现上的劣势日益凸显，究其根本，在于 OTN 网络及其管控系统独立成域，互成壁垒，缺少跨域跨厂商的统一协同。

SD-OTN（Software Defined Optical Transport Network）协同器系统通过对 ACTN（Abstraction and Control of Traffic Engineered Networks）和 T-API（Transport API）接口协议的适配，建立统一的资源模型和业务模型，并提供标准的北向接口，实现多厂商控制系统统一编排，支持跨域跨厂商业务端到端自动开通，完成 OTN 网络能力开放。

6.2.1 技术架构

1. 控制器北向接口标准

目前 OTN 控制器北向接口标准主要包括 ACTN 和 T-API，这两种标准相关情况如下。

- ACTN由IETF主导，其架构满足SDN基本分层模型，从南至北分为转发层、中间控制层、应用层。对于ACTN控制器，底层设备为OTN物理网络拓扑，使用控制器完成控制配置。控制平面以层次控制方式实现全网拓扑维护、点信息收集、配置流表信息、全网路由等操作，同时提供面向应用的北向开放接口，通过该接口下发至控制单元，自动完成路由转发部署。应用层主要为基于SDN技术的应用部署，通过网管系统等定制化管理应用，减少控制和转发层面交互逻辑，通过软件API编程方式实现业务快速部署。

- T-API 由 ONF 主导，T-API 接口模型中，将单个物理网络节点抽象为ETH 层、ODU 层、OCH 层 3 层节点。每层节点上，NEP（Node Edge Point）对应物理端口，以SIP描述业务起点及终点，设备厂商控制器具备抽象链路信息和SIP信息能力。不同层之间通过层间链路连接，层内节点通过层内链路连接，与其他网络域通过域间链路连接。每个抽象层内节点上有若干NEP，每个NEP对应若干个SIP。T-API随着业务及应用发展，已衍生为 T-API 2.0接口标准，采用模块化的定义方式。相对于 T-API 1.0，T-API 2.0对象的覆盖面和定义更加全面，支持更多业务控制及性能检测，对光网络的发展起到至关重要的扩展作用。

2. 多控制系统协同关键技术

（1）多协议适配技术架构。

多控制系统的统一协同，需要在建立统一资源模型的基础上，针对 ACTN 和 T-API 进行 YANG 模型适配，以实现不同配置功能的统一化，并保证各层级通信互不影响。通过增加独立的协议栈实现与控制器层协议互通及访问，并将 ACTN 和 T-API 的资源模型进行抽象后，形成业务适配的业务抽象模型，各层级实现接口层次性、区域独立性、层间独立性，各抽象功能相互作用且通信互不影响，如图 6-8 所示。

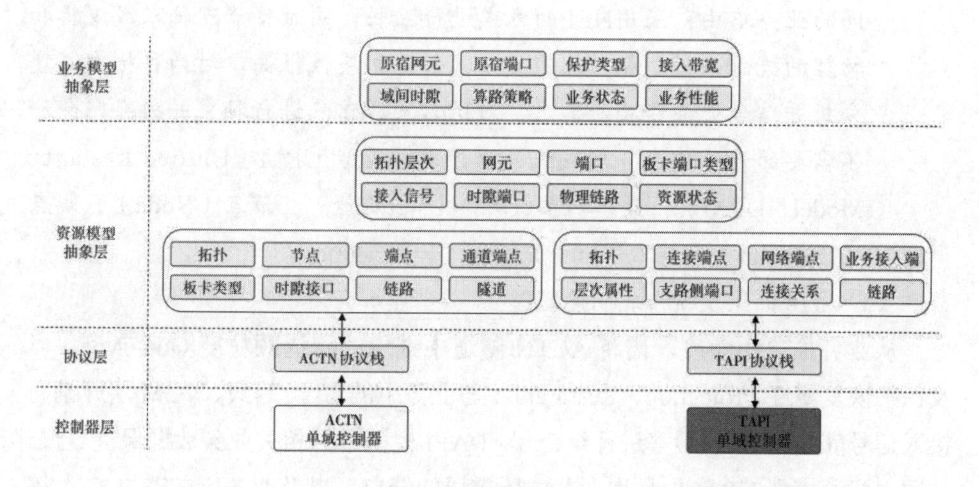

图 6-8　多协议适配统一技术架构图

（2）统一资源模型创建。

欲实现 T-API 协议与 ACTN 协议控制系统的同时纳管，并且同时抽象出对于业务和运维等有效的资源数据，就必须构建一套统一的资源模型，从而使得上层应用对协议与模型的差异零感知。在这之前，就必须充分了解 ACTN 和 T-API 模型之间的异同点，以及协同器需要的信息种类，包括资源类（网元、端口、链路、层级等）和业务类（创建、删除、修改等）。

ACTN 标准对于资源类信息和业务类信息的定义有以下几类。

- 资源类：RFC 8345中的 Ietf-Network结构，将网络分成3层，分别是光层（Ietf-Wson-Topology）、电层（Ietf-Otn-Topology）、以太层（Ietf-Eth-Te-Topology），同时由于ACTN参考了MPLS网络的概念，所以同时存在一个MPLS层级（Ietf-Mpls-Tp-Topology）。
- 业务类：ACTN采用隧道（Tunnel）方式，这一点和MPLS网络模型十分相似，将业务依赖于隧道之上。但这种表达方式在光网络中，不可避免地造成了一些冗余。

T-API 标准对于资源类信息和业务类信息的定义有以下几类。

- 资源类：在ONF发布的T-API 2.0传送网模型中，将模型分成三大类，即公共模块（Common）、功能模块（包括拓扑管理、连接服务、告警和通知服务、虚拟网络、路径计算、OAM 等功能）和层协议扩展模块（ODU、ETH、Och等）。
- 业务类：T-API模型将业务抽象为多个SIP之间的网络连接，对于SIP之间的业务路由，采用NEP的方式进行互联，同时将节点抽象成逻辑和物理的概念，模型相对比较复杂，但是扩展性很高。对两种标准深度分析并结合业务和功能需求，对所需资源信息进行抽象并摒弃冗余和不需要的资源信息，形成统一业务资源模型 URM（Unified Resource Model，URM），最终抽象出网络（Network）、节点（Node）、端点（Endpoint）、链路（Link）概念，如图6-9所示。

（3）业务抽象及统一北向接口建立。

从业务抽象的角度，需将 ACTN 隧道中继承的管道颗粒度 Odu-Type，以及保护恢复属性 Protection、Restoration 与业务中的 SLA 等级、TCM 层开销、接入信号（Client-Signal）等进行结合，与 T-API 模型中的相关业务数据保持一致。从同一资源模型 URM 中抽取业务中所需要的端点，以及业务所必需的 SLA 等级、带宽、光通道等级等参数。进行适配后下发至两种协议栈的控制器中，从而实现北向接口模型的一致，如图 6-10 所示。

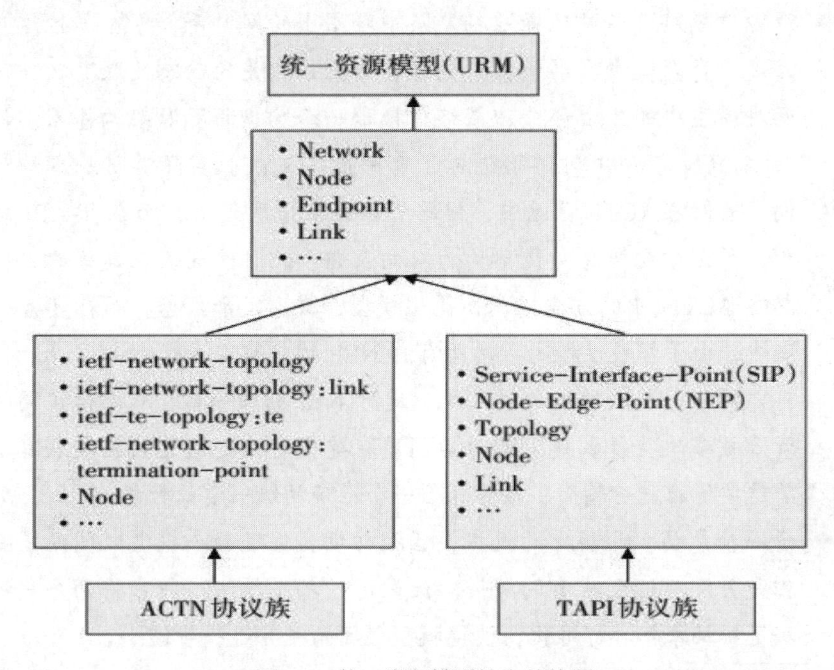

图 6-9　统一资源模型抽取结构图

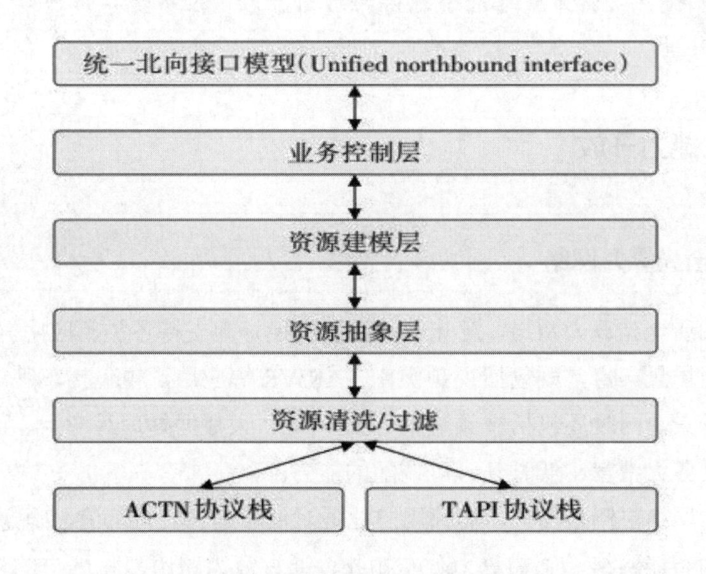

图 6-10　业务抽象及统一北向接口

- 业务控制层。协同器通过对业务需求和运维需求分析，根据Restful接口风格，制定出一套适应了多种协议栈的简便高效的接口模型。
- 资源建模层。通过从资源抽象层中抽象出的网、元、点、属性这几个维度的资源数据，屏蔽掉与设备和专业强相关的动态关联参数，简化两种模型中的冗余部分，最终建模出一套统一的资源架构体系。例如在 ACTN 模型中对链路进行了有向性定义，但实际链路基本均为双向，此时在ACTN资源中，链路资源经常出现冗余，而在 T-API 模型中，并无方向概念，链路均为双向互通。此时协同器在建模时，即可忽略 ACTN 中的方向概念，简化模型，减少冗余数据。而在 T-API 模型中，由于扩展性极高，对所有的 NEP 均可实现逻辑/物理分离，同时可以对不同层次的设备接入端点进行 NEP抽象分离，从而使得同一种资源被多次重复创建。此时协同器在建模时，则通过数据关联算法，将这些资源进行精简，最终保留一个准确的统一资源数据。
- 资源抽象层。此层中的数据，已经初步弱化了两个模型之间的差异，但是并没有达到应有的统一。此时通过抽象算法，即可将两个模型数据进行抽象化、标准化，使得模型之间的差异进一步缩小。
- 资源过滤/资源清洗。从两个协议栈中采集到的数据，在此层进行过滤和清洗，将不需要的数据进行精简过滤，保留统一模型中关心的资源数据。

6.2.2 能力开放

1. 全光算力网络

高品质全光算力网络，意味着网络要能很好地支持各类新应用。众所周知，算力使用场景丰富，既包括视频优化、AR/VR 等应用，也包括车牌识别等摄像头应用场景，同时还包括视频渲染、AI 训练、大数据处理等应用。因此，算力网络应具备大带宽、低时延、可调配的能力。

算力网络更侧重用户，支撑用户业务对低时延、安全可信、确定性的需求，通过新的智能网络，感知算力分布拓扑，通过算力路由，将用户的任务路由到最匹配的算力位置。

全光算力网络的基础是 OTN 网络，OTN 网络还有五个核心因素不容忽视。

（1）基础好。

OTN 已经为企业和云端构筑了可保障大带宽（百 G）、稳定低时延、高安全、高可靠的专线连接，已经为算力网络构筑了超强运力的基础。比如 0.1% 丢包导致 50% 算力损失，而 OTN 专线原生硬管道丢包率几乎为 0，是当前传输最稳定、质量最好的技术。

（2）时延圈。

通过光覆盖的 OTN 网络，可以构筑可保证的毫秒级时延圈，城域内 1ms、省内 5ms、区域内 10ms（譬如长三角、珠三角、京津冀等），从而可以实现无延迟地快速获取到云端算力。同时，这也为算力枢纽间的分布式协同打下坚实的基础。要知道，网络时延每增加 10us，算力就会损失约 15%。

（3）光云一体。

目前 OTN 网络已基本和集团云或省建云有了互通连接基础（或共站部署，或已打通连接），而后续可以将 OTN 网络持续与云池以及算力枢纽进行连接的预部署，实现光云一体。这样，当需要云池算力时，可以分钟级连接到云，避免临时因做光云连接，而耗费大量时间。

（4）泛在接入。

在算力的需求端（企业侧）提供无处不在的光连接，打造算力的高速入口，让服务能够快速入算。通过 E2E OTN、P2MP（“PON+OTN”融合）、“SDH+OTN”等多种方式，满足不同服务的算力接入诉求，让服务都能快速接入 OTN 网络，实现一跳入算，算力即时可取。

（5）算网协同。

OTN 网络已部署的智慧管控系统，嵌入到运营商 BSS/OSS 的生产系统，实现专线的自动化和智能化，专线快速开通，带宽按需调整。同时，云管系统和网络的管控系统进行协同，向算网融合自智网络演进，为算网资源综合最优、高效调度打下基础，实现“算网联动，网随算调”的目标。

2. SD-OTN 协同器

平滑升级 OTN 网络至算力网络，离不开 SD-OTN 协同器及相关技术。

SD-OTN 协同器兼容北向 ACTN 和 T-API 等接口，打通跨域跨厂商的 OTN 网络，对接不同管控系统，实现跨域跨厂商的统一协同。

SD-OTN 协同器目前采用企业级 J2EE 标准的 B/S 架构分层实现，同时也采用 REST 接口对外服务。协同器系统共分为系统前端、业务编排层和网络适配层 3 个层级，均采用 Restful API 对接。

（1）系统前端。

提供系统首页，实现用户注册和登录入口；实现域间哑资源管理，支持以链路首末端方式进行链路创建、链路资源利用率统计、链路搜索及模糊查询等功能；实现业务端到端视图展示，支持以业务名称 / 业务编号查询、端到端业务路径全信息、业务保护倒换状态、业务故障定界、时延查询等功能。

（2）业务编排层。

实现信息钻取、分层分域、链路呈现、网元查询、工单拆分、流程控制、业务统计和查询、域间路径计算和系统监控等功能。

（3）网络适配层。

设置资源中心、业务中心、控制中心、保障中心和自管中心，实现多控制系统北向多协议适配、统一资源模型和业务模型建立、网络资源采集、业务状态执行和管理、SLA 保障等功能。

以上分析了 OTN 专线业务开通诉求，阐述了 OTN 网络 SDN 化现状以及控制系统北向接口标准化存在的主要问题，论述了多控制系统协同的关键技术，据此，提出了统一的资源模型、业务模型和多协议适配的技术架构，研发实现 SD-OTN 协同器系统。SD-OTN 协同器能够支持跨域跨厂商场景下的业务端到端自动开通。

全光算力网络继承了 OTN 网络的特点，超高安全、超大带宽、超高可靠、超低时延、灵活弹性，部署 SD-OTN 协同器拉通跨域跨厂商的云网场景，真正实现 OTN 网络到算力网络的平滑演进。

6.3 中心云管理调度

中心云算力管理调度由算力管理调度中心对接中心云算力控制器完成。如图 6-11 所示，算力管理调度中心实现内部公有云、内部专有云、外部公有云和外部私有云的统一资源管理与调度，打通与算网大脑的接口，通过对各云 Region / AZ 资源的纳管，实现异构云的算力服务在算力网络上的延伸。

主要技术包括多算力云管理、异构算力资源纳管、算网资源管理和算网资源调度。

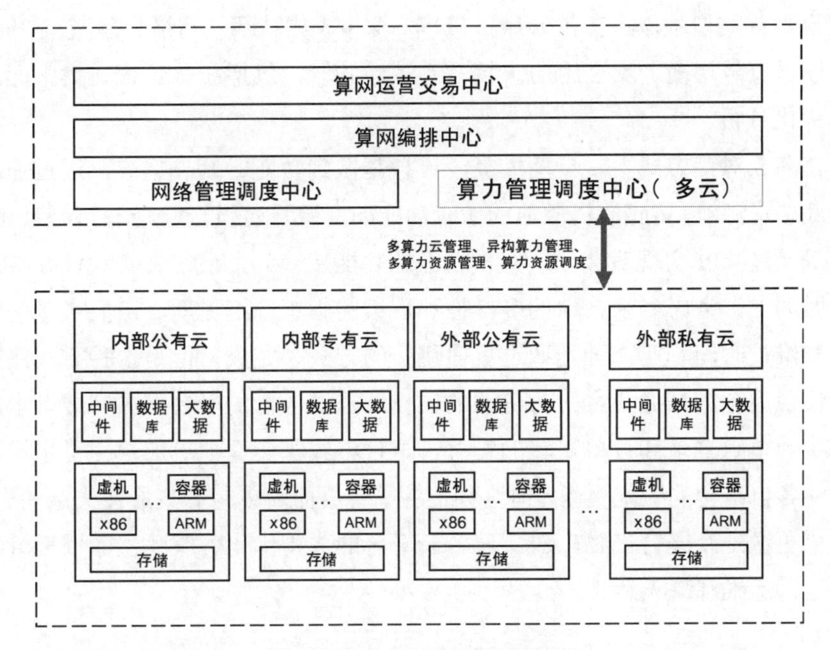

图 6-11　中心云算力调度管理

6.3.1　多算力云管理

由于企业历史原因和当前业务需要，未来的很长一段时间企业内部可能会同时存在多种类型的云如公有云、私有云、专属云，也会存在多个厂商的云如华为云、阿里云、腾讯云，还有一部分传统的 IDC 物理硬件资源如硬件防火墙、交换机、物理服务器等，如要实现所有资源的统一纳管对接，这就需要算力管理调度中心兼容对接各类云平台厂商的能力以及对接物理硬件资源的能力。

多云适配的管理整合能力覆盖范围较广，涵盖所支持的云平台厂商、技术架构、版本的类型、所支持的云服务的范围和相关高级功能，如计算服务中的云主机服务，还包括云主机配置在线升级、弹性伸缩、云主机复制等高级功能。云服务范围涵盖计算、存储、网络、中间件、云数据库、安全服务等。需要支撑起服务、管理、运维、运营多场景，同时能够随基础架构的演进，开放可扩展支持新的基础设施，满足“开放封闭”原则，支持新的云平台只需要扩展适配层，而无须修改上层功能层。多云适配整合能力范围主要涵盖支持云平台类型版本，支持云服务范围、深度，如计算、网络、存储、中间件、数据库、负载均衡、安全组防火墙等。多池共管，包括统一认证、集中运维、成本优化分析。

在多云对接方式上，分两大类，一种是做到功能的统一集成，通过适配器纳管底层资源池，将底层资源池的所有功能如资源开通、管理、释放、计费、出账、支付等通过 API 实现对接，所有资源池的功能接管到上层统一实现，在实现成本和时间上，考虑到云接口的多样性和后续的版本升级更新，需要大量的开发精力和维护时间。第二种是通过页面跳转的方式来完成，但是这种方式底层并没有实现完全的打通，客户对资源的操作还是在各自的平台上去完成，上层可能只实现单点登录和订单账单的汇总，这种方式在实现上更加快捷，也不需要太关注各自平台的版本更新，但这种把各平台页面简单粗暴集成在一起的方式，看起来更像一个缝合产物，对实现各云平台的成本优化、服务生命周期管理、统一运营运维都毫无意义。

6.3.2　异构算力资源纳管

在云计算发展成熟阶段，人工智能、物联网、大数据、区块链等以云为依托的热门应用势头迅猛，对底层云基础设施需求也日新月异，传统的 CPU 算力已经无法完全满足各个行业的应用需求，以 GPU、FPGA、超算等为代表的异构资源池也快速地出现，逐步担任算力需求中重要资源类型，现有的算力主要分以下几种类型。

- CPU目前主流的有X86和ARM两类，均采用冯·诺依曼架构，即把计算模型区分为标准的取值、译码、执行、访存、写回和更新几个阶段，通过应用层的适配，在不追求效率最优的情况下可以完成任何场景的计算。时至今日CPU架构演化已经相当的完善和复杂，实际在真正单场景应用中，能够提供有效计算的功耗比例不足10%，因为CPU面向的是通用的复杂场景，比较适合计算密度要求不高的情况，提供一个通用模型来解决问题。在解决一些典型算力模型场景中，需要采用定制化的架构来实现算能加速，即后续的几类专业算力类型。

- GPU主要是以NVIDIA、AMD、intcl为代表的厂商提供的显卡产品，即图形加速器。相比CPU来说GPU的处理器较为简单，且处理单元更多，如NVIDIA的RTX 3090 GPU的内核数量达到10 496个，简单的内核利于执行图形计算场景下典型的模型处理，另外在人工智能的机器学习场景下应用也较为广泛，还有虚拟货币的矿机中大部分也采用GPU来达到较好的性价比。
- FPGA（Field Programmable Gate Array，现场可编辑门阵列）也是芯片的一种，但是可以通过编程来改变芯片的内部电路结构，能够满足不同硬件产品的应用需求，FPGA可以无须送回厂商就能在现场通过编程来改变硬逻辑的特点，使得自身具备高度的灵活性，既可以组成简单的模型也可以组成非常复杂的模型，目前主要应用在网络和存储设备上，随着5G设备的快速发展，这种可编程芯片的特性能够快速地完成交付，并且能够随着标准和需求灵活的调整。
- HPC高性能计算，泛指用高配的服务器或者汇聚起来的算力来处理普通工作站无法完成的计算密集型的任务。在某些场景下需要大量的运算，而通用服务器无法在有效时间内完成，HPC通过使用专门高端的硬件服务器、交换机、存储等设备或是将多个通用服务器集群进行有效的整合，来完成这类计算任务。在气象、石油、制药、仿真、监测领域，HPC有着广泛的落地部署。
- DPU被视为仅次于CPU、GPU的第三类大芯片，主要负责处理“CPU做不好，GPU做不了”的任务类型，DPU的主流定义由NVIDIA提出，是集数据中心基础架构与芯片的通用处理器。DPU作为CPU的卸载引擎，接管了网络虚拟化、硬件资源池等基础设施层的计算任务，使得CPU的算力聚焦在更宝贵的应用上，从而降低了CPU自身的能耗，实现基础设施和上层应用的计算分离，目前DPU的发展还处于早期阶段，技术标准和生态还有待完善。

无论采取 GPU、FPGA 还是其他加速芯片，在专用的场景下相比通用的 CPU 解决方案，系统的算力效能都能提升数倍，基于目前异构算力技术的快速发展以及在不同场景下的应用，算网调度引擎需要在算网场景之前实现异构算力的统一标识和资源抽象，便于上层应用灵活调度。

6.3.3 算力资源管理

算力资源管理包括对资源的并网、扩缩容、资源下架等全生命周期的管理功能，通过资源分区的抽象管理，面向使用者提供统一的资源管理服务，将资源分区并和接入的多云资源关联映射，完成资源统一管理。

通过集中式的资源管理，算力管理调度中心可以管理云计算环境内所有的资产信息，包括服务器、网络交换机、分布式存储硬件设施、应用及管理软件等。算力管理调度中心需要提供资源的自动发现，对于资源环境发生变化时，通过适配器自动触发资源的更新，用户能够通过统一的管理平台查询更新到云计算平台所管理的各类资源的情况，各类型资源设备管理包括但不限于以下资源类型。

- 计算资源，芯片类型、架构、型号、内存、存储空间、虚拟化方式、超配比、主频等。
- 网络资源，型号、端口数量、端口类型、端口大小、吞吐、最大连接数等。
- 存储资源，存储类型、协议类型、存储空间、读写性能等。
- 软件资源，适配系统、版本信息、授权等。

通过资源管理模块，将各资源池的物理资源和虚拟资源统一抽象为一个资源池，并通过服务管理与资源进行绑定，按照服务的开通请求，将服务开通请求最终调度给相应的资源集群进行服务的开通。

最后资源管理是算力管理调度中心的基础，只有把底层基础资源管理好，才能实现上层更多的管理功能、用户自服务、自动运营等高级能力，算力资源管理需要实现以下几点功能。

- 硬件基础设施管理，包括对计算、网络、存储等其他硬件物理机设备统一接入和监控运维，具备设备发现、设备监控、自动告警、一键化部署等能力。
- 虚拟资源统一适配，提供不同虚拟资源统一适配接入的能力，如Openstack、VMware、k8s等不同虚拟化架构的资源，对外屏蔽底层的差异性，提供一个统一的API接口。
- 虚拟化服务管理，实现各资源池计算、存储、网络、中间件等服务的统一的注册、修改、上下架等服务全生命周期的管理能力。

- 动态资源池调度，提供资源的动态分配、动态电源管理、负载分摊、调度策略管理、实现资源高可用等功能。
- 管理系统及门户，提供完善的运维管理平台和用户自服务门户，如监控日志、告警通知、性能监控、用户权限等功能。

6.3.4　算力资源调度

在响应用户资源开通请求时，需要在资源层选择合适的物理设备分配资源并开通实例，就需要在云平台中部署调度模块，调度模块主要实现按照特定的策略和目的进行底层资源动态的分配，根据调度需要达到的效果不同，可以细分为以下几种调度场景。

（1）亲和与反亲和。

在应用实际部署场景中，某些实例之间存在业务的频繁交互，如果其中某一类实例不可用，可能导致应用整体不可用，同时为提高交互效率，缩短访问时延，这些实例之间优先会部署在同一个集群甚至同一台物理机里，这种情况称为应用之间具有亲和性。相反，某些相同的实例，内部通过分布式部署实现负载均衡流量分发，相互之间几乎不需要通信，这类实例只要有一部分实例存活下来，就能保障应用整体的可用性，为了在面临物理故障时尽量减少对应用的影响，实例部署位置越分散越好，这种情况称为反亲和。

（2）动态电源管理。

动态电源管理设计的目的是为了降低机房整体电能损耗，当有服务器处于长期闲置的状态时，暂停该服务器带外服务并进行下电操作，以节省整个数据中心的耗电，在工作负载升高需要补充新的硬件资源时，再恢复供电将该服务器上线。这就要求在进行资源调度的时候，优先将实例调度到已经部署过应用的服务器上，在整体负载允许的前提下，尽量空余出更多的服务器。

（3）资源负载均衡。

资源负载均衡与动态电源管理的调度方向恰恰相反，而是充分利用已有的可用服务器，动态地监控各服务器的负载利用率，实施合理的均衡分配，在具体的分配过程中，除了动态地检测收集的各个服务器的负载情况，还会考虑到实际实例的亲和与反亲和等其他调度策略要求，综合考虑后进行动态的、周期性的调整。

（4）资源预占。

资源预占是考虑到某些实际应用场景，如重大客户在预见的业务高峰前，向资源提供商提前告知预期的较大量资源需求，以避免在临时进行资源伸缩期间出现可用资源不足，导致伸缩失败的情况。这需要先进行一部分资源的预约，实际操作办法有两大类。一类是直接在所需的实例开通服务器集群中，进行硬件服务器下电预留。在资源开通之前再通过人工的方式上线，在约定的时间用户提交资源开通请求，按预订的计划将实例创建出来。这种操作方式可靠性较高，基本能够保障用户需求得到满足，但对资源厂商来说这种操作方式的投入成本较高，只适用于重大客户且资源需求种类较少的情况。另一种方式是预先开通占位机，在用户业务流量峰值来临时再将占位机重新开机，但如果恰巧遇到整个资源池本身负载较高，所有用户实例出现性能抢占，将会存在占位机开机失败的风险，这种操作方式由用户承担了大部分的风险。

（5）资源高可用。

资源高可用与资源反亲和需要达到的效果类似，都是将实例分散避免单点故障，但是相比资源反亲和，资源高可用的调度范围更广一些，一般情况下是将实例开在不同的可用区。在面临硬件范围性故障的情况下，资源反亲和可能无法避免应用不可用，但资源高可用的可靠性更高，即使出现某个机房整体不可用，高可用资源依然能够利用另一个机房的实例保障应用正常提供服务。

（6）能耗均衡。

能耗均衡是负载均衡的电力版，不是考虑底层服务器的业务负载，而是直接检测各个服务器的能耗情况，根据每台服务器的能耗模型，分配能量支出和工作热点，达到降低最终能耗的目的。

6.4 MEC管理调度

MEC（Multi-Access Edge Computing）即多接入边缘计算。它在5G出现之前就存在了，目标是在网络边缘，更加靠近客户的位置，为客户提供IT服务环境和云计算能力，以实现更低的数据传输时延和快速响应，分流进入大网的数据来降低网络负荷，并提高数据处理的安全性。

ETSI（欧洲电信标准化协会）对MEC进行了一系列标准化的工作，将

MEC 与 5G 网络进行了深度的融合，将 UPF 纳入 MEC 的体系架构，成为 5G 网络向边缘开放能力的重要窗口，在移动网络边缘提供 IT 服务环境和云计算能力，通过执行部分缓存、数据传输和计算来抵消与回程相关的延迟，最终可以实现毫秒级应用。ETSI 描述的 MEC 更多的时候也叫作面向 5G 的 MEC，或 5G MEC。本节介绍的 MEC 均指 5G MEC。

6.4.1 MEC组成架构

1. 总体架构

MEC 并没有公认的标准组成架构，针对 5G 的 MEC，标准化组织、运营商和厂家均给出了自己认为正确的架构。如图 6-12 描述了 ETSI 给出的 MEC 参考架构。

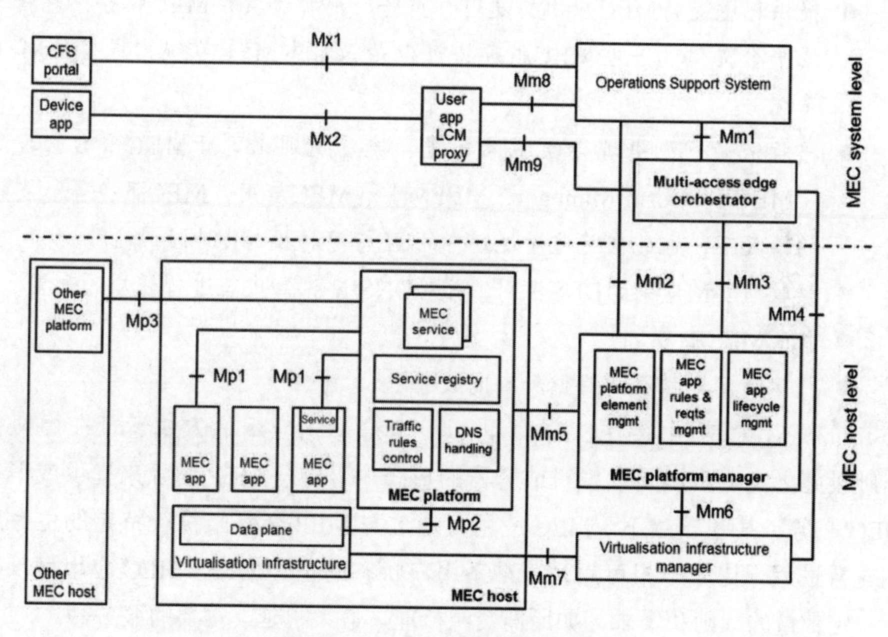

图 6-12　ETSI 的 MEC 参考架构

该参考架构主要包含 MEC 节点层（MEC Host Level）和 MEC 系统层（MEC Management Level）两部分，这两部分是在运营商网络边缘运行边缘应用的必要组成部分。

MEC 管理层提供了面向客户的运营支撑能力和边缘应用的编排管理能力，

可面向多个MEC节点进行管理。

MEC节点层包含MEC节点、MEC平台管理器和虚拟化基础设施管理器等实体。下面针对ETIS MEC通用架构中一些重要的实体进行介绍。

2. 主要的实体

下面逐个介绍ETIS MEC通用架构中一些重要的实体。

（1）MEC节点（MEC Host），包含了MEC平台（MEP）和运行MEC应用所需的虚拟化基础设施（用于运行用户边缘应用的计算、存储和网络资源）。这个虚拟化基础设施包含数据面功能，用于执行MEP下发的流量规则，并在应用、服务、DNS服务器/客户端、3GPP网络、其他接入网、本地网、外部网络等实体间路由流量。

（2）MEP（MEC Platform），提供如下功能：

- 提供环境支持MEC应用去发现、广告、消费和提供MEC服务，包括其他平台提供的一些MEC服务（可以是来自本MEC系统内或其他MEC系统）。
- 接收流量规则并指示数据面功能，流量规则来源于MEC平台管理器（MEC Platform Manager，MEPM）、MEC应用、MEC服务等。支持的情况下，也包括将流量规则中的UE标签转换为IP地址。
- 接收MEPM发来的DNS规则，并对DNS服务器/代理进行相应的配置。
- 托管MEC服务。
- 提供访问到持久化存储和时间服务。

（3）MEC应用（MEC App），以一个虚拟化应用的方式运行在虚拟化基础设施之上，可以是虚拟机或容器的形式，可以与MEP交互来提供或消费MEC服务。某些场景下，MEC应用可通过与MEP交互来执行特定的生命周期支持过程，比如上报可用性、准备用户状态的重分配等。MEC应用可以拥有一定数量的规则和需求，如所需资源梳理、最大时延、需要的服务等。

（4）MEO（Multi-access Edge Orchestrator），是MEC系统层的核心功能之一，主要负责下列功能：

- 基于已经部署的MEC节点、可用资源、可用MEC服务、拓扑等信息，维护一个MEC系统层的全局视角。
- 加载应用版本包，包括完整性检查和认证，校验应用规则和需求，并在必要的情况下做适当的调整来满足运营商的策略，保持包加载记录，准备虚拟化基础设施。

- 基于应用的一些约束条件，如时延、可用资源、可用服务等，为应用部署选择合适的MEC节点。
- 触发应用实例化和终止。
- 触发应用重分配。

（5）OSS（Operations Support System），运营商运维支撑系统，从面向客户的门户以及设备应用接收请求，决定何时实例化或终止边缘应用。在支持的情况下，OSS 还可接收设备应用程序的请求，以便在外部云和 MEC 系统之间重分配边缘应用程序。

（6）MEPM（MEC Platform Manager），MEC 平台管理器，主要包含下列功能：

- 边缘应用的生命周期管理，在MEO和边缘应用之间完成事件通知。
- 为MEP提供网元管理功能。
- 管理应用规则和授权，包括服务授权、流量规则、DNS配置和解析冲突。

MEPM 还接收来自 VIM 的虚拟资源告警和性能测量数据，以实现监控和运维。

（7）VIM（Virtualized Infrastructure Manager），虚拟化基础设施管理器，主要包含如下功能：

- 分配、管理和释放虚拟资源。
- 未运行软件镜像准备虚拟化基础设施，包括接收和存储软件镜像。
- 支持的情况下，快速部署应用。
- 收集和上报虚拟化资源的性能和告警信息。
- 支持的情况下，提供应用的重分配（包括与外部云之间）。

（8）User App LCM proxy，用户应用生命周期代理。一个用户应用就是指应用户请求运行在 MEC 系统中的边缘应用。用户应用生命周期代理允许设备应用（Device Application）请求加载、实例化和终止用户应用，支持时，还可以在 MEC 系统内外进行应用的调度和重分配，还支持随时向设备应用上报边缘应用的状态。用户应用生命周期管理代理实现用户设备（如通过互联网连接的笔记本电脑）中的认证和鉴权，与 OSS 和 MEO 交互完成进一步的请求过程。

3. 接口参考点

一些重要的参考点介绍如下：

Mp1：是 MEC 平台和 MEC 应用之间的接口，提供服务注册、服务发现、服务间通信等功能，同时还提供应用可用性、会话状态重分配支持过程、流量规则和 DNS 规则激活、接入持久化存储、时间获取等功能。

Mp2：是 MEC 平台和数据面之间的接口，这个数据面在 5G MEC 中就是指 UPF。用于指导数据面如何在应用、网络、服务等实体之间路由流量。

Mp3：是 MEC 平台间的接口，用于控制平台间的通信。

Mm1：MEO 和 OSS 的接口，用于触发实例化和终止 MEC 应用。

Mm2：OSS 和 MEPM 的接口，用于 MEP 配置，性能和告警管理。

Mm3：MEO 和 MEPM 的接口，用于 MEC 应用生命周期管理，应用规则和需求管理，可用 MEC 服务的跟踪。

Mm4：MEO 和 VIM 的接口，用于管理 MEC 节点的虚拟化资源，包括可用资源容量跟踪、应用镜像管理等。

Mm5：MEPM 和 MEP 的接口，用于 MEP 配置、应用规则和需求配置、应用生命周期支持过程、应用重分配管理等。

Mm6：MEPM 和 VIM 的接口，管理虚拟化资源，例如执行应用生命周期管理动作。

Mm7：VIM 和虚拟化基础设施的接口，用于管理虚拟化基础设施。

Mm8：应用生命周期管理代理和 OSS 的接口，用于处理设备应用请求，以运行边缘应用。

Mm9：应用生命周期管理代理和 MEO 的接口，管理被请求的 MEC 应用。

4. 基于 NFV 的 MEC 实现架构

在 ETSI 的 MEC 参考架构中，提到了虚拟化基础设施以及边缘应用的编排管理，这些部分恰好是在 ETSI 的另一项规范体系中进行了标准化，即 NFV（网络功能虚拟化），所以 ETSI 给出了 MEC 基于 NFV 技术的实现框架，如图 6-13 所示。

ETSI 认为 MEC 和 NFV 是相辅相成的两个概念，虽然 MEC 架构设计的初衷是支持各种不同的部署选项，但是基于 NFV 的实现架构能够给出一个很好的实现的例子。在 NFV 实现的例子中，MEC 平台和 MEC 应用都将作为 NFV 概念中的 VNF 来实例化在相同的虚拟化基础架构之上，并重复利用 NFV MANO（NFV 管理和编排系统）各组件的能力来完全满足 MEC 管理和编排任务的需要。

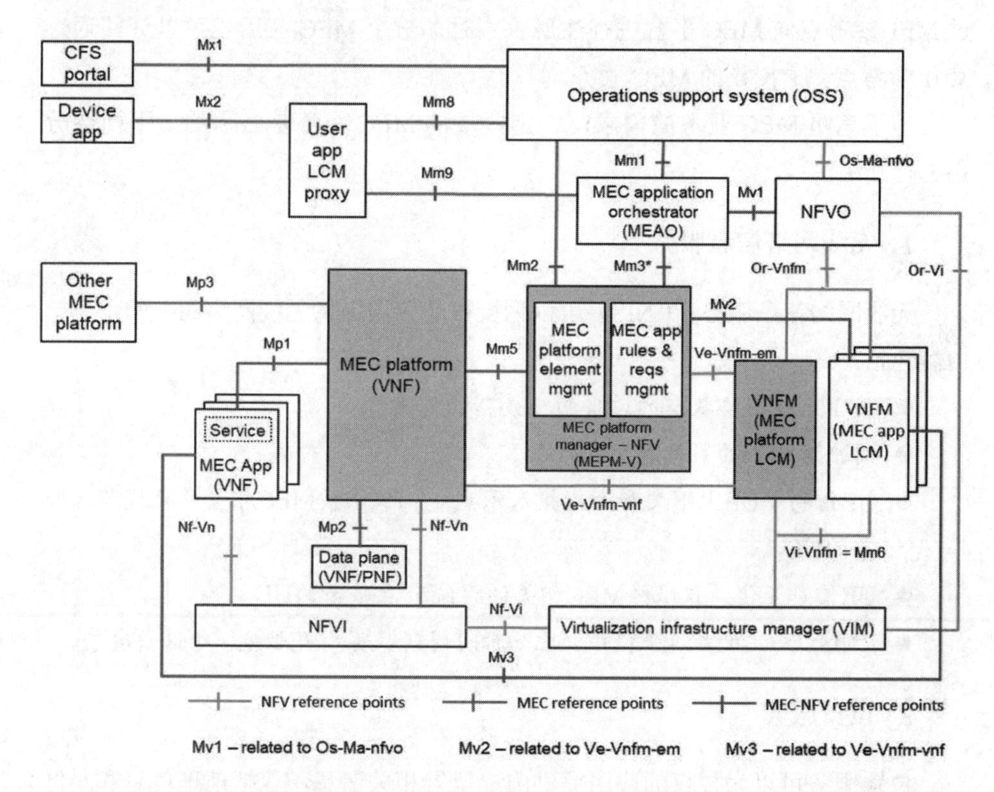

图 6-13　基于 NFV 的 MEC 实现框架

在 MEC 基础参考架构之上，基于 NFV 的实现架构有如下的特点：

- MEC平台作为VNF来部署。
- MEC应用也作为VNF来部署。
- 虚拟化基础架构作为NFVI来部署，并被VIM管理。
- MEC平台管理器（MEPM）被MEPM-V所替代，MEPM-V面向一个或多个VNFM代理了VNF生命周期管理能力。
- MEC编排器（MEO）被MEAO所替代，MEAO依赖NFVO进行资源编排，并将MEC应用程序（VNF）集编排为一个或多个NFV网络服务（NS）。

6.4.2 MEC服务

MEC 服务是 MEC 应用能够消费的服务的统称，这些服务可以由 MEC 平台提供，也可以由 MEC 应用提供。当由 MEC 应用提供时，应用可以通过 Mp1 参考点向 MEC 平台进行注册。同时，一个 MEC 应用也可以订阅通过 Mp1 参考点完成授权的 MEC 服务。

为了满足 MEC 业务的需求，一定数量的 MEC 服务是必需的，下面会分别进行介绍。

1. 无线网络信息服务

无线网络信息服务（RNIS）可以为授权的应用提供无线网络相关的信息，内容包括：

- 关于无线网络状态的适当的、最新的信息。
- 用户名相关的策略和统计信息。
- UE信息（UE上下文和无线接入承载），仅限被MEC相关的无线节点服务的UE。
- UE信息变化，仅限被MEC相关的无线节点服务的UE。
- RNIS以一定的粒度来提供，比如时间周期粒度、UE粒度、小区粒度等。

2. 位置服务

位置服务可以为授权的应用提供用户位置相关信息，包括地理信息和小区 ID 等，具体包括：

- 指定UE的位置，仅限被MEC相关的无线节点服务的UE。
- 所有UE的位置，仅限被MEC相关的无线节点服务的UE。
- 可选的，某一类别的UE的位置信息，仅限被MEC相关的无线节点服务的UE。
- 某一区域的UE列表。
- MEC相关的无线节点的位置信息。

3. 流量管理服务

流量管理服务主要包含下列两大类内容：

- BWM（带宽管理服务），可以用来控制路由到某个MEC应用的流量的带宽和优先级。

- MTS（流量引导服务），可以在网络路径上无缝地引导、分流和复制应用数据流量。

6.4.3　MEC能力开放

1. 运营商 MEC 落地实践

虽然 ETSI 给出了基于 NFV 的实现架构，运营商在具体业务落地时可能还是存在细微的差异，如图 6-14 描述了某运营商的 MEC 落地架构。

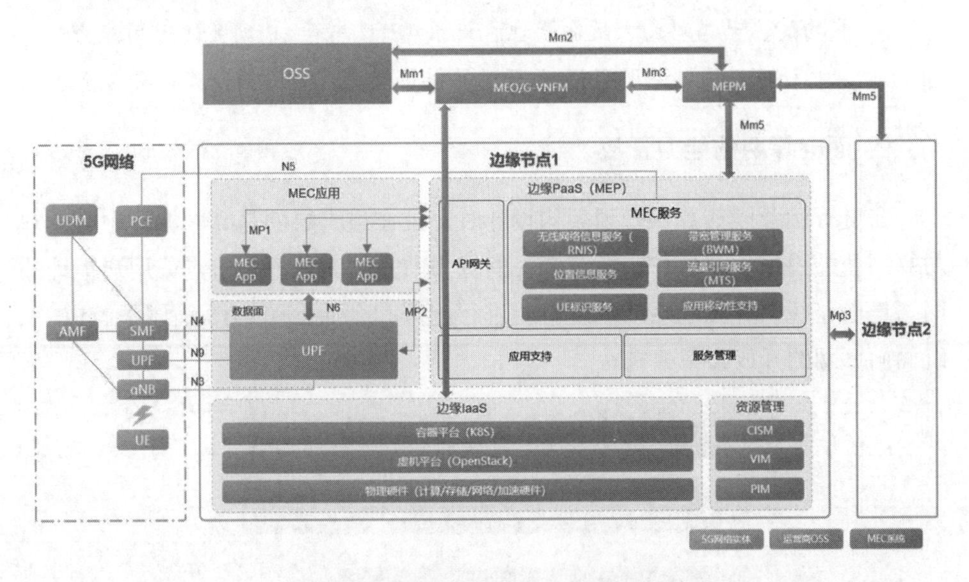

图 6-14　某运营商 MEC 系统实现架构

（1）虚拟化基础设施。

虚拟化基础设施中虚拟机管理平台（国内一般是 OpenStack）往往是必备的，以满足多样的基础设施需求，包括一些老旧的非容器化应用架构。

容器平台多数选择 K8S，或基于 K8S 的增强平台，满足云原生应用的需求，实现低性能损耗，快速应用部署和实时弹性伸缩。

相对应的需要配套 PIM、VIM 和 CISM 实施基础设施的管理，VIM 用于虚拟机管理平台的管理；PIM 用于物理设备的管理；CISM 用于容器平台的管理。运营商往往还需要对 VIM、PIM 和 CISM 制定功能规范和北向接口规范，以消除异厂家差异化带来的管理难度。

（2）MEP。

MEP 被包装为边缘 PaaS，除了具备 ETSI 要求的能力外，确实增加了一部分 PaaS 能力，包括应用支持部分、服务管理部分和 API 网关部分。

- 应用支持：支持应用的生命周期管理能力，包括应用启动、停止、查询应用状态。还提供包括DNS服务、时间服务、流量路由等应用支持能力。
- 服务管理：提供包括服务的上线、下线，服务调用的鉴权和授权，记录服务调用的日志，对服务调用进行流控管理，提供查询包含注册服务信息的endpoint，支持将服务信息更新通知发送给相关应用等功能。
- API网关：提供API的上线、下线、鉴权与授权以及API调用次数统计、负载均衡、动态路由、反向代理、记录API日志等API网关的通用能力外，应用还可以通过调用API网关开放的接口使用5G核心网开放的网络能力。

2. 面向算网的能力开放

在进行运营商的算网管理架构设计时，处在最上层的是算网编排中心，它与算网智能引擎配合协作，决策选中的算力节点到其他算力节点或用户地址的网络最佳路径，并指示网络调度中心进行配置和开通。图 6-15 描述了 MEC 系统面向算网的开放参考架构。

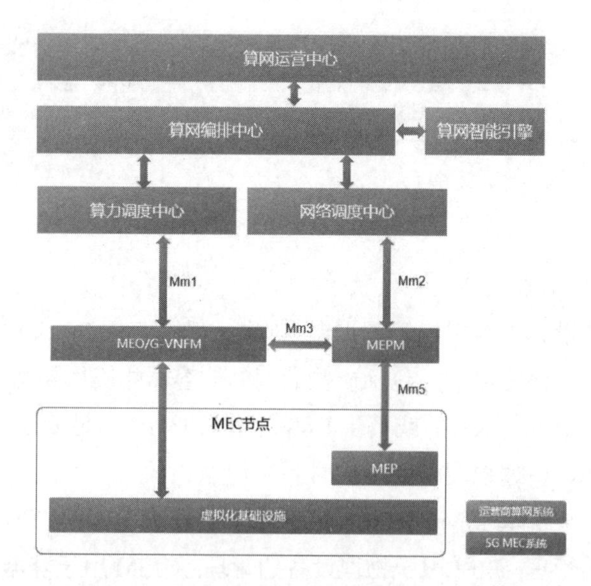

图 6-15　MEC 系统面向算网的开放架构

MEC系统对算网能力开放的思路非常简单，就是复用Mm1和Mm2接口，将算力资源分配、应用部署等能力通过Mm1接口开放给算网系统的算力调度中心，将网络配置、网络信息获取、带宽管理、流量引导等能力通过Mm2接口开放给网络调度中心，即可与算网系统的整体思路相符合。

当然，运营商在规划算力调度中心和网络调度中心时，存在诸多复杂的选项，比如是否全国集中，是否需要分成集团—省的两级系统等，均是需要考虑的问题。

6.5 5G切片管理调度

6.5.1 技术简介

5G网络切片是5G最为核心的技术之一，可以在同一套5G网络基础设施之上，构建多张专用的、互相隔离的、有能力保证的逻辑网络，满足用户对于网络能力的个性化需求。

对于电信运营商的5G网络，不同客户存在着不同的业务需求，即使是对非运营商企业的专用5G网络，同样也存在着不同的业务需求，这就要求5G网络在面对不同的业务需求时，有针对性地进行网络隔离和优先级保障，保障高优先级业务在任何情况下不会受低优先级业务的影响，还能保障安全性要求高的业务在独立的隔离通道中平稳运行。

5G网络切片的出现将通信服务的销售模式从B2C扩展到B2B和B2B2X，将客户群体从以普通移动用户为主扩展为普通移动用户与垂直行业客户并重，进而彻底改变诸如智能电网、智慧城市、自动驾驶、工业自动化等行业，为运营商、企业客户带来新的盈利机会。

5G网络切片在形式上是一个虚拟的逻辑网络，其通过网络切片标识S-NSSAI（Single Network Slice Selection Assistance Information，单个网络切片选择辅助信息）来标识。终端与5G网络都需要通过S-NSSAI来选择特定的5G网络切片。

5G网络是一个端到端的网络，是由多个不同类型不同区域子网络组成，这些子网络包括无线接入网、承载网、核心网以及目标外部网络，所以5G网络切片技术并不是一个单一网络技术，而是由不同类型子网的不同实现技术组成，如图6-16所示。

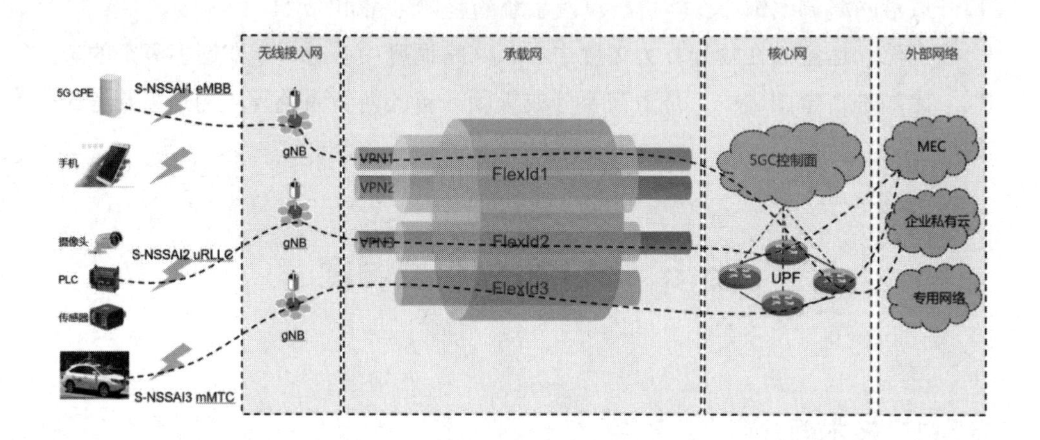

图6-16 5G网络切片实现原理

对于无线接入网来说，首先需要新建S-NSSAI，在S-NSSAI上通过QoS保障、RB预留、独享频率、独享基站等技术来实现无线接入侧的SLA保障和网络资源逻辑隔离，从而实现无线接入网侧的5G切片。

- QoS保障：基于QoS优先级机制，对不同业务需求的用户配置不同的QoS优先级，当发生资源冲突时，QoS优先级高的用户业务会被优先调度。
- RB预留：基站采用RB资源预留的方式来保障业务的质量，实现高端用户能够通过预留RB资源实现“专属资源”分配，保证无线接入侧的带宽和速率要求。
- 独享频率：在同一个基站上基于通过不同的载波承载不同切片，不同的载波之间物理隔离，切片用户无法在不同的载波间切换，保障了切片安全性。
- 独享基站：为用户的指定切片建立独立的基站，这个基站只为这个指定的切片服务，可满足高优先级、高隔离要求、高保障等级用户的需求。

对于承载接入网来说，主要是通过无线接入侧与核心网侧对应的承载网VPN、FlexE的技术来实现承载网侧的SLA保障和网络资源逻辑隔离，从而实现承载网侧的 5G 切片。

- VPN：是一种承载软切片技术，通过不同的业务走不同的虚拟专网（VPN）来实现不同业务承载通道，软切片方式实现的业务逻辑隔离，支持业务间带宽复用。
- FlexE：是一种承载硬切片技术，是物理层基于物理刚性管道的技术，FlexE通过将一个或多个捆绑后的物理端口划分为多个逻辑端口实现切片，可实现带宽的灵活调整及逻辑端口之间的隔离，硬切片方式保证业务的隔离安全和低时延等需求。

对于核心接入网来说，通过新建 S-NSSAI，在这个 S-NSSAI 之上主要是通过 DNN 隔离、独享 UPF、独享控制面的技术来实现核心网侧的 SLA 保障和网络资源逻辑隔离，从而实现核心网侧的 5G 切片。

- DNN隔离：在共用UPF的场景下，通过DNN标识客户内网，并将访问通道与公网隔离，提供用户级的QoS控制，从而确保网络访问的安全性及数据传输的私密性。
- 独享UPF：为切片用户提供专属的UPF，保障用户有专属的流量卸载出口，实现数据传输的高安全性和高可靠性。
- 独享控制面及用户面：为用户提供专属的包含控制面及用户面网元的5G核心网络，保障用户在核心网层面有极高的安全性、隔离性。

通过对无线、承载、核心网络之间的整合，形成一整套端到端的 5G 网络切片实现方案。5G 网络切片的出现以及这样复杂的技术要求也给 5G 网络的运维和运营带来了极大的挑战。从面向 5G 网络的切片开通，到针对每张切片网络的监控和运维，都需要有全新的软件系统进行支撑。

6.5.2　切片架构

如图 6-17 所示，5G 网络切片端到端管理的整体架构，基于 3GPP 对于切片管理的框架体系，并符合 3GPP 对于切片管理的技术要求，实现端到端 5G 网络切片开通以及监控与运维保障。

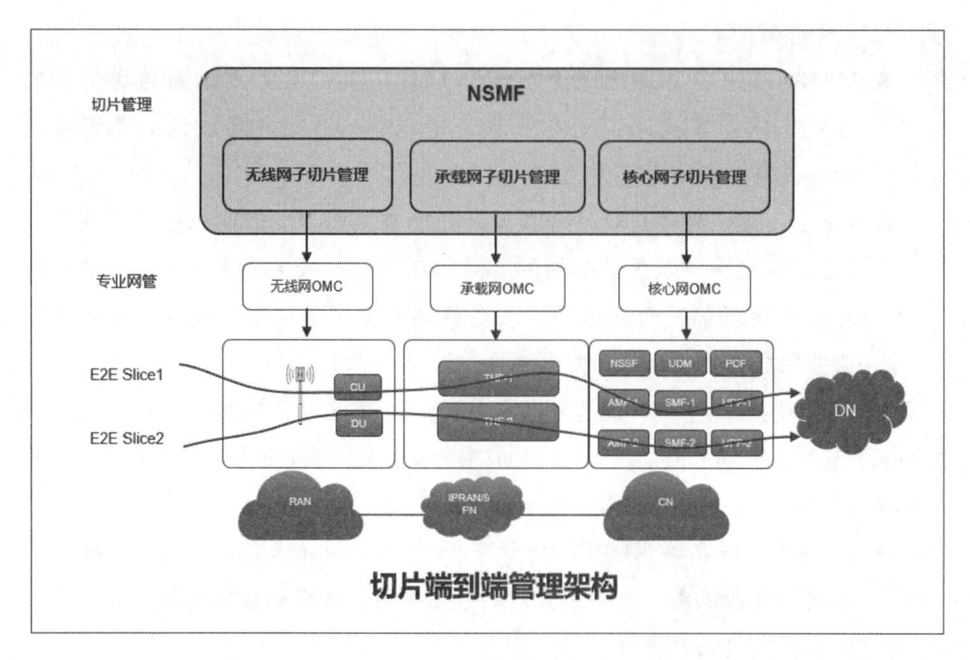

图 6-17 5G 网络切片端到端管理架构

整体的 5G 网络切片端到端管理架构由 NSMF、专业网管、各专业网元几部分组成：

- NSMF（Network Slice Management Function）网络切片管理功能：与上游系统交互，负责接收网络切片相关需求，通过解析、设计后进行网络切片的编排与开通。其中无线网子切片管理功能主要负责无线网专业的子切片实例管理；承载网子切片管理功能主要负责承载网专业的子切片实例管理；核心网子切片管理功能主要负责核心网专业的子切片实例管理。能够保证各专业下发相关配置给南向的各专业子网。同时，NSMF可以负责切片的监控与运维保障。
- 专业网管：负责各专业的网络管理功能，能向外提供配置相关接口，同时可以进行各网元告警管理及监控与运维保障。无线网OMC接收NSMF发来的无线网切片相关配置请求，将配置下发给基站及小区。承载网OMC接收NSMF发来的承载设备相关配置请求，将配置下发给承载设备。核心网OMC接收NSMF发来的核心网切片相关配置请求，将配置下发给核心网网元。
- 各专业网元：主要涉及各专业的网元及设备。无线网涉及基站、小区等，承载网涉及路由器、交换机等，核心网包含控制面网元、用户面网元信息。

对于 5G 网络资源调度能力来说是对外提供的 5G 切片能力应该为 NSMF 部分提供。

6.5.3 关键能力

为实现切片的管理，需要实现几个重要的关键能力，如切片设计管理、切片编排调度、切片运维能力开放。

1. 切片设计管理

网络切片模板（Network Slice Template，NST）是根据 5G 网络不同的基础网络能力和网络技术特性形成的可供使用并可用于创建 5G 网络切片的一种数据存储形式。通常情况下，可以通过预置一些固定的网络切片模板来实现快速创建网络切片的目的，如可预置有大带宽能力的切片模板用于创建一些对带宽需求较高的切片，预置有低时延能力的切片模板用于创建一些对时延保证要求高的切片等。网络切片模板可作为一项重要的可选能力进行使用。

如图 6-18 所示，网络切片模板的依据来源于切片业务需求，由资源模型、管理模型和能力模型 3 部分组成，并且与无线、传输、核心网 3 个子切片模板息息相关。

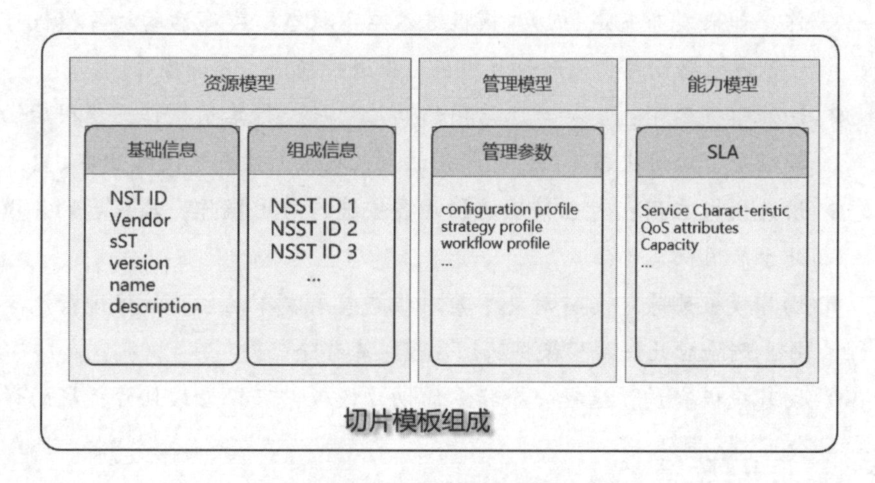

图 6-18　网络切片模板结构

- 资源模型主要是由模板本身的一些基础信息及切片子网模板组成，基础信息如模板名称、版本号、描述等，组成信息侧允许在切片子网有模板的情况下进行引入，组成信息为可选项。
- 能力模型为切片模板的SLA参数，如带宽、速率、时延等5G网络属性。能力信息为构成网络切片模板的主要核心参数，是切片模板对应的5G切片网络能力的一种体现。
- 管理模型主要是一些配置信息、流程信息，此类信息为可选项。

切片设计管理为网络切片模板提供了一整套管理功能，可对网络切片模板进行设计与操作，最终可将网络切片模板进行发布，用于创建一个 5G 网络切片。

- 切片模板设计：是其中一个重要的功能模块，切片设计利用可视化界面设计可进行网络切片模板的设计，设计中可进行切片能力属性的拖曳编辑，可以很方便地设计出网络切片模板。
- 切片模板新增：新建一个切片模板，在新建时可进行切片模板设计，编辑切片模板的内容，在编辑过程中，可以进行保存操作，完成编辑后，可以进行发布操作。
- 切片模板修改：选择一个指定的切片模板，如果该切片模板处于未发布状态，则可以打开该切片模板，对切片模板的内容进行编辑，编辑完成后可以进行格式校验，校验通过后，可以保存切片方案。
- 切片模板发布：选择一个处于保存状态的切片模板，可以进行发布操作，如果发布完成，切片模板进入启用状态。发布后的切片模板可用于创建网络切片，同时切片模板可以进行禁用、查询操作。
- 切片模板禁用：支持对已启用的切片模板进行禁用操作，禁用后切片模板处于禁用状态。对于已禁用的切片模板无法创建网络切片。
- 切片模板启用：对已禁用的切片模板进行启用操作，启用后切片模板处于启用状态。
- 切片模板删除：支持对处于禁用状态或未发布的切片模板进行删除操作，删除后此切片模板将从切片模板库移除。
- 切片模板查询：选择一个指定的切片模板，可查看该切片模板的详细信息。

2. 切片编排调度

如图 6-19 所示，切片编排调度涉及整个切片的生命周期，是对 5G 网络切片整体生存周期内的一系列操作及管理功能，包括资源勘查、利用切片模板创建切片、激活切片、去激活切片、查询切片监控、切片变更、停闭切片等。

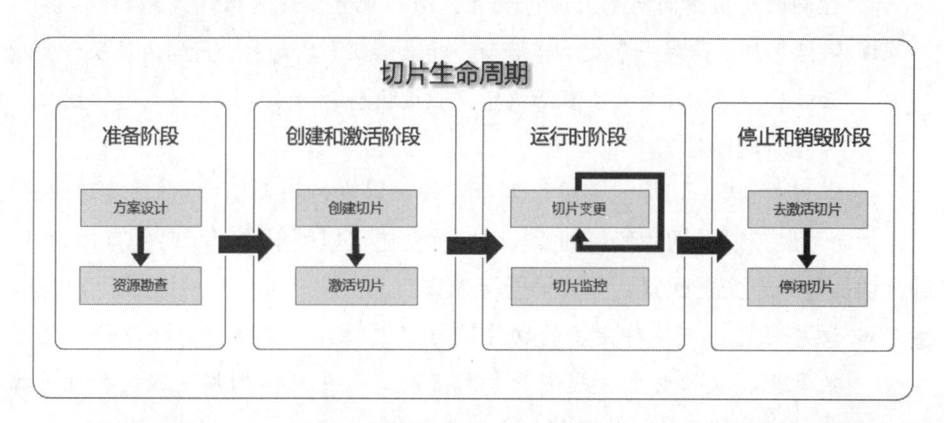

图 6-19　切片生命周期管理

（1）准备阶段。

在准备阶段，切片不存在。准备阶段包括方案设计和资源勘查，需要选择好切片模板后，准备必要的网络环境，在创建切片前进行必要的方案设计和资源勘查，用于支持切片创建时所需要的网络资源且满足要求。

- 方案设计：对切片涉及的各域进行切片涉及网络的属性、参数、网络预配置资源的设计，方案涉及无线网、承载网、核心网各子网，通过输出相关的方案，便于后续的资源勘查及切片创建。
- 资源勘查：是对切片创建所需的方案进行资源的查勘，以判断设计的方案是否具备相应的资源，资源勘查涉及无线网、承载网、核心网各子网。当资源勘查通过后，才能进行切片创建，如果资源勘查不通过，需要对资源进行相应的调整以适配切片创建的需要。

（2）创建和激活阶段。

该阶段需要去创建和激活切片，在创建和激活切片期间，需要创建并配置共享或专用的切片，以及配置相应的 SNSSAI 及网元配置，即切片已进入准备好运行的状态。激活步骤是使切片处于活动状态的操作。

- 创建切片：支持根据指定的切片方案进行切片的创建操作，在创建过程中，需要根据方案的要求创建并配置切片，切片可以共享也可以专用，切片的创建涉及无线网、承载网、核心网各子网，对每个子网，需要根据不同的要求进行相关的切片配置，无线网需要在基站及小区上进行切片配置；承载网需要在承载设备上进行配置；核心网需要在控制面及用户面网元上进行配置，通过配置实现具体切片的创建。

- 激活切片：是对一个处于非活动、非激活状态的切片进行的激活操作，激活过后，该切片会处于激活状态。激活状态的切片可用于终端签约切片。

（3）运行时阶段。

在运行时阶段，切片能够进行流量处理，以支持相关切片通信。运行时阶段包括切片监控以及切片变更的操作。切片变更可以映射到运行时的具体切片，进行切片升级、变更配置、区域扩展等操作。

- 切片变更：支持对指定的切片进行变更操作，具体可以涉及切片的参数升级、属性变更、指定业务配置的配置变更、切片区域的扩展等操作，变更过后的切片仍然处于可用状态。
- 切片监控：在运行时可以通过无线网、承载网、核心网各子网上报的与切片及网元相关的性能、告警信息，实时监控切片的运行状态，通过对告警或性能的信息跟踪，可用于及时处理切片的故障，使切片性能达到最优。

（4）停止和销毁阶段。

在停止和销毁阶段包括停用（去激活）以及去除切片配置和回收切片资源（停闭切片），销毁后，切片不再存在。

- 去激活切片：是对一个处于激活状态的切片进行的去激活操作，去激活过后，该切片会处于非激活状态。非激活状态的切片不可使用。
- 停闭切片：支持对一个指定的切片实例进行销毁操作，销毁时，需要去除原有切片的配置，并回收所用的切片资源，当停闭完成后，将该切片进行删除，该切片将不存在。

3. 切片运维能力开放

切片在运行时需要提供面向全局、切片多种视角的运维监控功能，并能通过这几种不同的视角，同时结合切片告警、性能指标提供端到端、全方位、多层次的监控能力。

通过收集正在运行中的切片的运行参数及告警信息，能够在可视化界面中呈现切片的健康评估、网络拓扑、切片数量及每个切片的运行参数和告警；运行参数包括但不限于实际的带宽、时延、并发用户数、丢包率、终端密度等指标;告警信息包括但不限于网络设备告警、链路告警、网络负载告警等。

基于切片运行参数和告警信息，自动生成切片运行报表和趋势图。

（1）拓扑监控。

切片资源是切片涉及具体网络资源的信息，通过拓扑的形式进行呈现，拓扑监控是对切片拓扑进行可视化呈现，并进行切片拓扑监控，基于切片拓扑进行告警实时监控、关键性能指标监控。

（2）告警统计。

告警统计对指定切片业务各维度告警进行统计呈现，包括分专业、分等级、分切片的告警统计、当日告警趋势图。

- 分专业告警统计包括对无线网、承载网、核心网的告警数量的实时统计。
- 分等级告警统计对所有告警按不同等级进行统计呈现。如对当天分时段活动告警、分时段清除告警、累计活动告警数量进行统计。
- 分切片的告警统计，是对不同切片业务的不同专业的不同等级告警数量进行统计。

（3）性能查询。

性能指标查询是对切片业务关键性能指标的查询，查询条件可包括网元对象、切片业务标识、指定指标、时间粒度、指定时间段，根据查询条件展示性能趋势对比及性能指标列表。

对于算网业务的开通，经过算网编排中心及算网智能引擎的协作决策，会选择设计出最佳的算力节点及网络路径，其中如果涉及网络部分5G段的开通，需要网络调度中心与NSMF系统打通5G调度接口进行5G网络切片的配置与开通。如图6-20描述了5G切片系统面向算网的开放参考架构。

5G切片对算网能力开放的思路主要是复用由NSMF提供的接口，这里包含勘查、开通、进度反馈、结果反馈等接口，可以5G切片部署的能力通过勘查、开通接口开放给算网系统的网络调度中心，将5G切片部署的配置过程及结果由网络调度中心通过进度反馈、结果反馈接口开放给NSMF，复用NSMF的进度及结果上报能力，这样就可将5G切片开通能力与算网系统整体架构相融合，完成5G切片的端到端拉通。

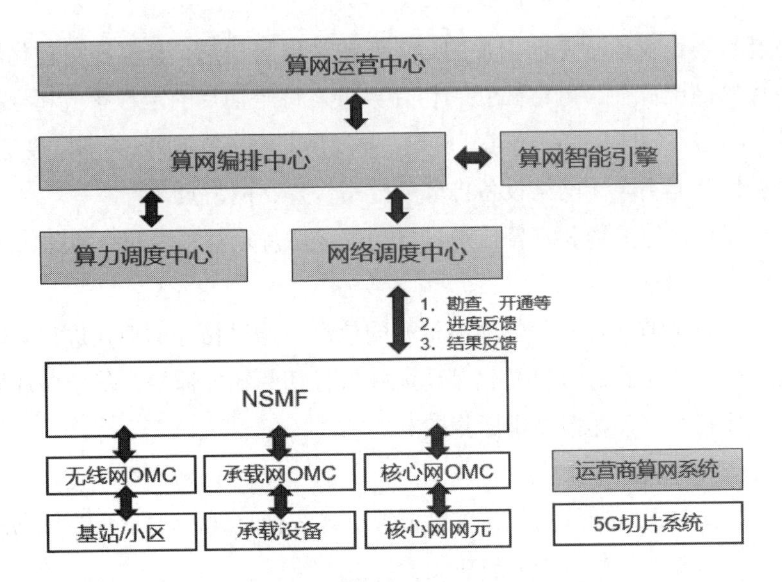

图 6-20 5G 切片系统面向算网的开放架构

如何更好地获取 5G 切片开通能力，应当适当考虑运营商自身现有的 5G 切片管理体系，结合不同运营商的不同现状和特点，将最大限度地发挥算网系统与 5G 切片系统之间的功能效果。

6.6 O-RAN 管理调度

O-RAN（Open Radio Access Network），是一个 RAN 模块的互操作性和标准化的概念，目标是定义一个开放的、虚拟化的和智能的 RAN 体系结构，创造一个在各家厂商的 RAN 模块产品之间可以互操作的生态系统。

在网络部署上，O-RAN 强调了软硬件分离的模式，将模块化的基站软件堆栈运行在通用的硬件上，实现 RAN 的虚拟化。另外，O-RAN 解耦了 RAN 的前传接口，允许来自不同供应商的基带单元和无线电单元模块无缝地一起运行。

在管理控制层面，O-RAN 强调了能力开放和智能控制，使得 RAN 的调度机制能够在更高网络层次实现优化。在算力网络中，传统 RAN 不具备或者具备很少的外部调度管理能力，是实现算网业务自动化的最大障碍。而 O-RAN 的开放管理调度能力无疑使算力网络的无线资源调度更加灵活和高效，帮助算力网络将算力直接送达用户。

6.6.1 O-RAN 架构

如图 6-21 描述了 O-RAN 的系统技术架构。O-RAN 标准沿用了 3GPP 定义的 RU、DU、CU-CP、CU-UP 等逻辑功能网元，同时增加了两个新的控制逻辑网元：Non-Real Time RIC（RAN Intelligent Controller）和 Near-Real Time RIC。Non-RT RIC 位于 RAN 接入网之外，在网络管理子系统之内，用于非实时智能控制；RT RIC 位于 RAN 接入网之内，用于实施智能控制。

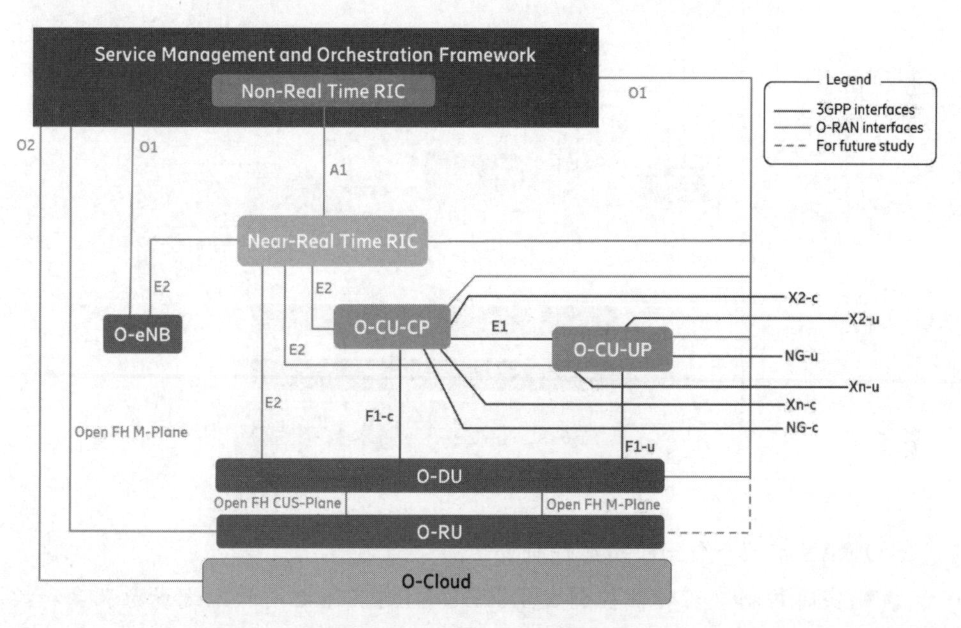

图 6-21　O-RAN 技术架构

O-RAN 标准复用了 X2、NG、Xn、E1 和 F1 等 3GPP 已经定义的接口，同时定义 O-RAN 前传开放的接口 Open FH 和 O1、A1、A2 三个管理控制接口。在管理接口中，O1 是主要负责提供传统网络管理中 FCAPS（Fault Configuration Administration Performance Security）功能的接口；O2 是面向 O-RAN 虚拟化部署的网元编排管理的功能接口；另外两个是 O-RAN 体系中重要的 RIC 管理调度接口 A1 和 E2。A1 负责提供非实时的无线智能控制功能，E2 负责提供实时的无线智能控制功能。

6.6.2　O-RAN 资源控制调度机制

无线资源调度和控制环，是指从控制器实体发出控制指令，到被控制实体控制生效，最后到控制实体收到控制器实体的相应的整个环路。而控制环的类型是根据控制环的实时性的类型来划分的。图 6-22 描述了 O-RAN 的资源控制调度机制。

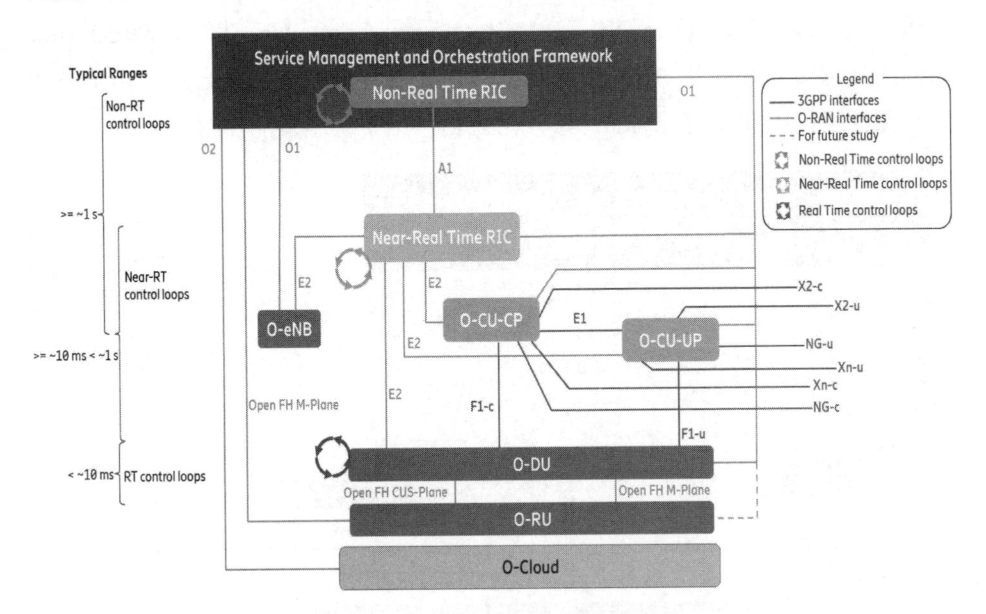

图 6-22　O-RAN 资源控制调度机制

O-RAN 框架下有三个资源控制环。

- 实时控制：实时性控制发生在DU和RU实体之间的无线资源调度和控制，控制环延时小于10ms。
- 近实时控制：近实时控制发生在O-RAN内部的RT RIC对O-RAN内部无线资源的控制。控制环的延时在10ms~1s。
- 非实时控制：非实时控制发生在SMO上，通过Non-RT RIC对O-RAN子系统的无线资源的调度和控制，控制环的延时大于1s。

无线资源调度控制会影响 RAN 所服务的终端用户的体验感知。一方面，资源调度策略的变更会影响终端用户的资源分配，如果能够及时根据用户的状态智能地调整控制策略，无疑会提升用户的体验；另一方面，调度策略的决策过程会消耗 RAN 自身的系统资源，高时间粒度的策略决策会影响 RAN 整体的性能指标，会反过来降低用户的体验。RAN 的资源管理调度策略是一个比较复杂的问题，需要借助高级的人工智能方法综合考虑各种因素来解决。

6.6.3 O-RAN 能力开放

如图 6-23 所示，O-RAN 调度能力可以从三种不同接口实现开放，即 SMO 北向 API 接口、A1 接口和 E2 接口。

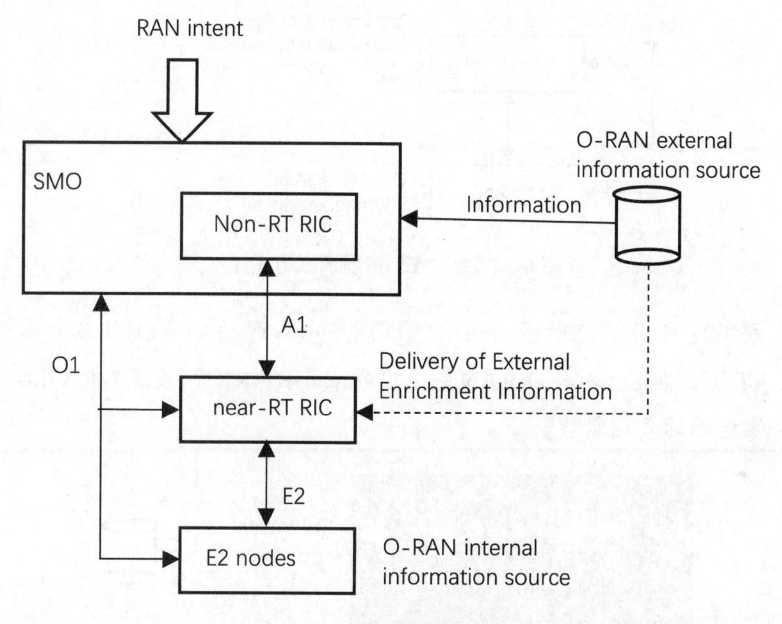

图 6-23　O-RAN 能力开发

在算力网络中，O-RAN 属于无线接入的网络基础设施，受网络管理调度中心来管理调度。按照 O-RAN 开放的能力方式，网络管理调度中心有三种方案来对接 O-RAN 基础设施，实现无线资源的调度管理。

- 方案1：如图6-24所示，网络管理调度中心对接SMO的外部接口，实现对RAN的管理调度。网络管理调度中心按照算网编排方案，通过SMO去执行无线资源调度策略下发。

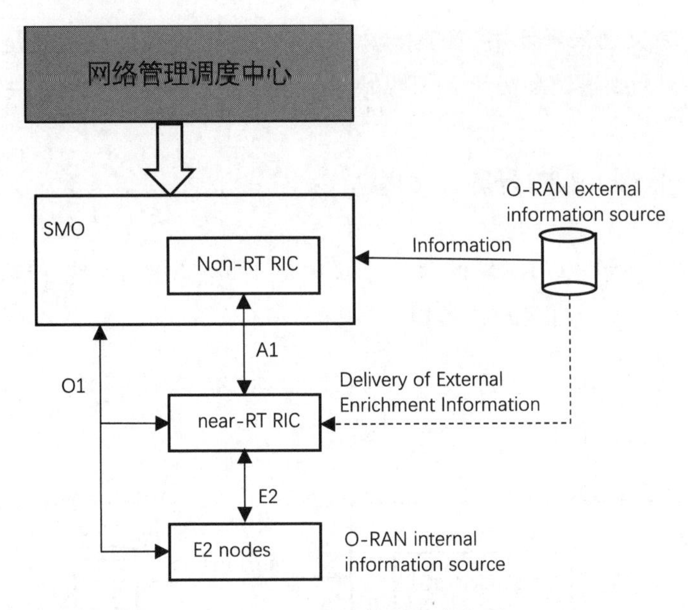

图 6-24　O-RAN 管理调度方案 1

- 方案2：如图6-25所示，网络管理调度中心遵循A1和O1协议，实现Non-RT RIC功能，对接O-RAN系统中的near-RT RIC，实现对RAN非实时无线资源的管理调度。

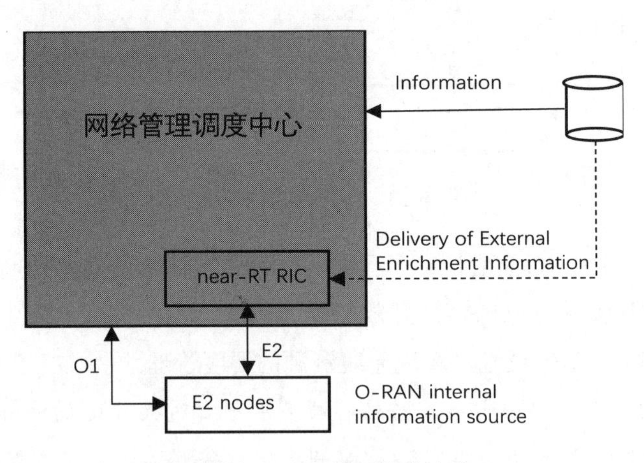

图 6-25　O-RAN 管理调度方案 2

- 方案3：如图6-26所示，网络管理调度中心遵循E2和O1协议，实现Near-RT RIC功能，对接O-RAN系统中的DU、CU-UP和CU-CP 功能单元，实现对RAN无线资源的近实时管理调度。

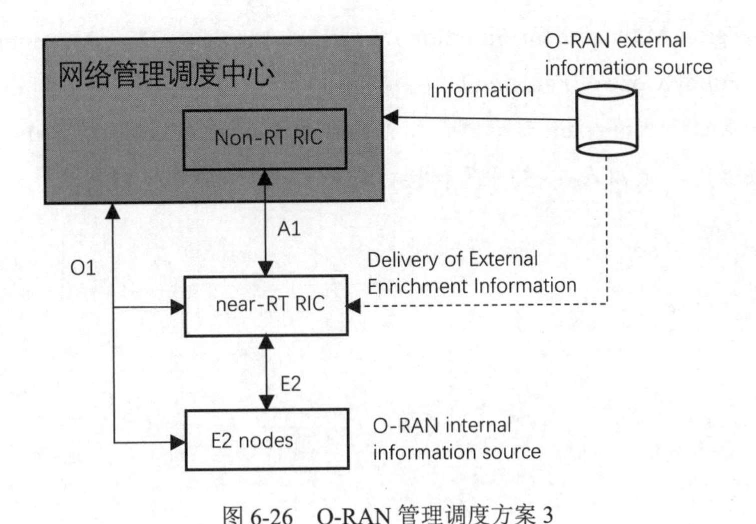

图 6-26　O-RAN 管理调度方案 3

6.7　5GC 网络管理调度

5G 移动通信系统分为 5G NSA 和 5G SA 两种组网方式，5GC 是 5G SA 系统中的核心网部分。5GC 为 5G SA 用户提供接入管理、会话管理、策略管理以及数据管理等功能。在算力网络中，5GC 是网络基础设施的组成部分，受网络管理调度中心控制管理。在目前部署中，5GC 大部分功能已经虚拟化，可以部署到通用的算力基础设施上面，是算力基础设施和网络基础设施相互融合的典型代表。

6.7.1　5GC系统架构

如图 6-27 描述了 5GC 视角的 5G 通信网络系统架构，除了 UE、RAN 和 DN 等功能网元以外，其他的网元都是 5GC 的组成部分。

5GC 已经完成实现数据面和控制面的完全分离设计，数据面功能实现在 UPF 网元，用户的业务数据会由 UPF 直接承载，完成业务数据在终端应用和服务器之间的交互，UPF 的数据策略受控制面网元的控制。在 5GC 中，控制面功能包括众多网元，如 AMF（Access and Mobility Management Function），

SMF（Session Management Function）、UDM（Unified Data Management）和 PCF（Policy Control Function）等。控制面网元已经是基于服务的架构设计（Service Base Architecture）模式，每个控制面网元都可以通过其 API 向其他网元提供服务，比如 AMF 的服务化接口在图 6-27 中描述为 Namf。

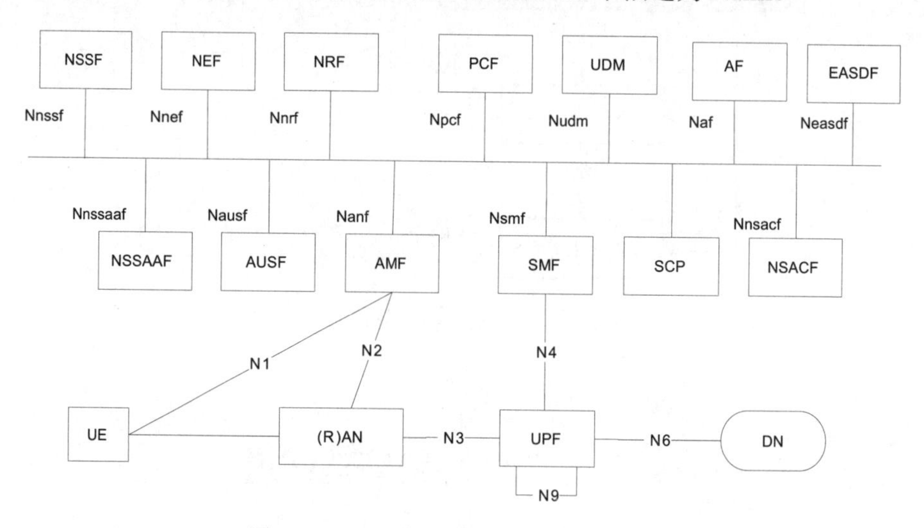

图 6-27　5G SA 网络系统架构（非漫游）

6.7.2　5GC 管理调度机制

5GC 管理调度是对 5G 用户的服务管理调度。5GC 的管理调度可以从控制面和用户面两个方面进行描述。如图 6-28 所示，5GC 控制面管理调度会直接影响 5G 用户的接入性能、服务可用性等性能影响，也会通过控制用户面网元实现对 5G 用户数据性能的直接影响。用户面管理调度会对 5G 用户业务性能产生直接的影响，比如接入速率大小控制。

1. AMF 网元功能

AMF 提供接入和移动管理功能。AMF 功能主要包括：

- 支持用户鉴权功能，用户设备识别功能。
- 5G-GUTI（5G Globally Unique Temporary Identifier）分配功能。
- NAS（Non-Access Stratum）信令及其安全。
- AS（Access Stratum）安全上下文下发功能。

- 注册区域管理、连接管理功能、注册及注销。
- 业务请求，存储、修改、删除用户移动性上下文和承载上下文信息。

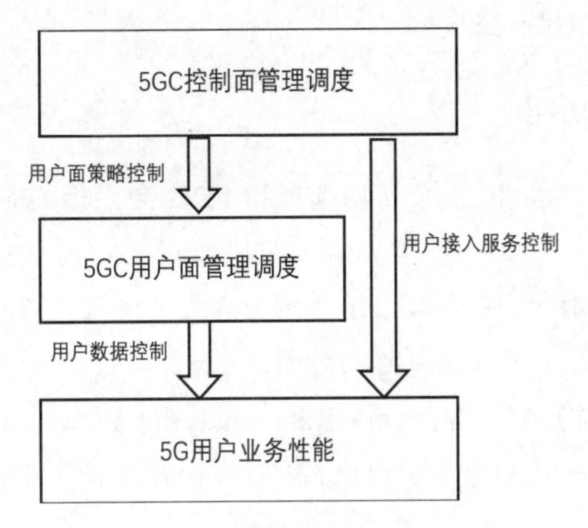

图 6-28　5GC 网络管理调度能力

2. SMF 网元功能

SMF 提供会话管理功能。SMF 功能主要包括：

- 支持PDU（Protocol Data Unit）会话建立、修改、释放。
- 激活或去激活RAN与UPF之间UP（User Plane）连接。
- UPF网元的选择。
- 基于Xn接口的切换、基于N2接口的切换。
- UE IP地址管理、隧道管理、流探测、用户面转发控制、UP路径管理。
- 计费策略控制功能、PDU会话的关联流策略、策略控制请求触发、QoS流绑定、策略控制请求事件上报。

3. UDM 网元功能

UDM 提供统一的数据管理功能，尤其是针对用户管理。UDM 主要功能包含：

- 3GPP AKA（Authentication and Key Agreement）身份验证凭证的生成。
- 用户的SUPI（Subscription Permanent Identifier）的存储和管理。
- 支持取消隐藏受隐私保护的用户标识符SUCI（Subscription Concealed Identifier）。

- 基于签约数据的接入认证。
- UE服务的网元注册管理。
- 支持PDU会话连续性。

4. PCF网元功能

PCF提供UE移动性、UE访问选择和PDU会话相关的策略。PCF主要功能包括：

- 支持与AMF中的接入与移动性策略实施进行交互，完成UE接入选择和PDU会话选择相关策略的控制需求。
- 直接从NWDAF（Network Data Analytics Function）收集特定切片的网络状态分析信息。NWDAF在网络切片层面上向PCF提供网络数据分析。
- 在NEF（Network Exposure Function）中创建、更新或删除PFD（Packet Flow Detection）。
- UPF基于每个服务数据流应用设置PCF门控。AF（Application Function）须向PCF报告会话事件以启用PCF门控决策。
- 支持不同业务级别的数据QoS控制：应用数据流、QoS流和PDU会话。

5. UPF网元功能

UPF是RAN与DN之间的连接点，提供PDU Session锚点负责完成用户面数据的处理，以及用户面策略规则的实施。UPF主要功能包括：

- 用于RAT（Radio Access Technology）内及RAT间移动性的锚点。
- 外部PDU与数据网络互连的会话点。
- 分组路由和转发（例如，支持上行链路分类器以将业务流路由到数据网络的实例，支持分支点以支持多宿主PDU会话）。
- 数据包检查（例如，基于服务数据流模板的应用程序检测以及从SMF接收的可选PFD）。
- 用户平面部分策略规则实施，例如门控、重定向、流量转向。
- 合法拦截（UP收集）。
- 流量使用报告。
- 用户平面的QoS处理，例如UL / DL速率实施、DL中的反射QoS标记。

- 上行链路流量验证。
- 上行链路和下行链路中的传输分组标记。
- 下行数据包缓冲和下行数据通知触发。
- 将一个或多个“结束标记”发送和转发到源NG-RAN节点。
- ARP（Address Resolution Protocol）代理和/或以太网PDU的IPv6 邻居请求代理。

6.7.3 5GC能力开放

在算力网络中，5GC 能力开放是实现算力网络中对 5GC 资源调度的关键技术。基于目前的 5GC 技术标准，5GC 能力开放方式可以划分为两种典型网络架构。第一种是建设部署包含 NWDAF 功能和 5GC 网络控制器的网络管理调度中心，第二种是将网络管理调度中心通过 NEF 的对外服务接口调度 5GC 网络资源。

NWDAF 是 5GC 中负责网络数据分析的模块，可以与所有 5GC 网元交互信息。如图 6-29 描述了包含 NWDAF 功能的网络管理调度中心，利用 3PGPP 标准的 NWDAF 功能实现对 5GC 网元性能状态的智能分析，为 5GC 网络调度决策提供注智能力。

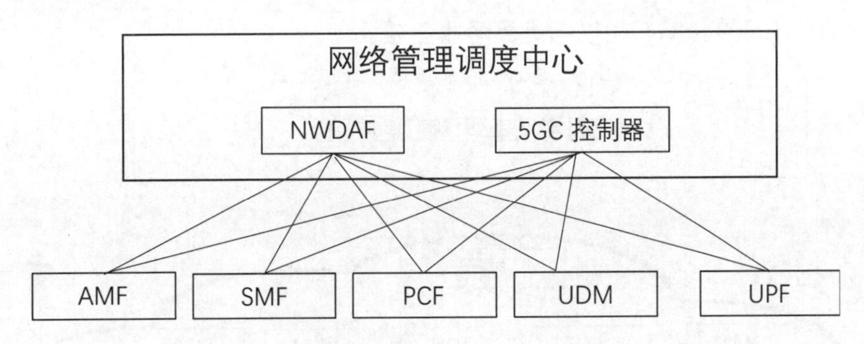

图 6-29 网络管理调度中心直接管理调度 5GC 网元

NEF（Network Exposure Function）支持 5GC 网络能力对外开放，是实现 5GC 内部网元与外部管理系统之间调度控制的重要网元。通过 NEF 网元，5GC 网络对外开放的能力包括如下几方面：

- 监控能力：用于监控5GC系统中UE特定事件，并使用这些监控事件信息通过NEF进行外部暴露。监控的事件主要包括UE位置、可达性、漫游状态和连接状态等。

- 配置能力：允许外部系统通过NEF向5GC网元提供可预期的UE行为或5GLAN组信息或服务特定信息。经由NEF接收供应的外部信息、存储信息，以及在使用这些信息的网元之间分发该信息。
- 策略/计费能力：允许请求会话和计费策略，实施QoS策略以及应用计费功能的方法。该能力可以用于UE会话的特定QoS /优先级处理，以及用于设置适用的计费方式或计费率。
- 分析报告能力：可通过NEF收集外部系统数据，并提供给NWDAF用于数据分析，并将分析结果安全地通过NEF提供给外部系统。
- 安全服务能力：包括身份认证、授权控制、网络防御等服务，或者外部系统通过对被授权的切片进行管理从而实现对网络安全能力的配置与调整。

如图 6-30 描述了基于 NEF 实现的 5GC 网络管理调度的网络结构。NEF 负责 5GC 网络网元对外的能力开放。NEF 北向是开放的 API 接口对接算网大脑中的网络管理调度中心，开放 5GC 网络域的监控、调度和分析能力；NEF 南向接口对接 5GC 网络域中 SMF、AMF、UDM 和 UPF 等网元，进行业务调度与信息交互。NEF 的开放配置能力允许网络管理调度中心在 5GC 网元上部署编排的资源调度策略，用以满足算网业务需求。

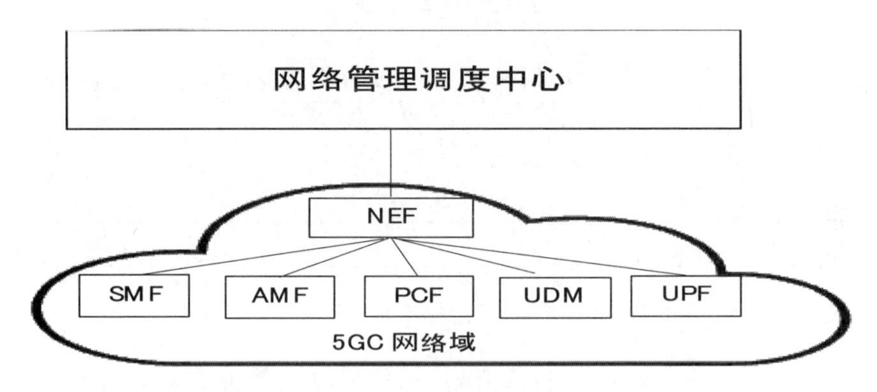

图 6-30　网络管理调度中心通过 NEF 管理调度 5GC 网元

6.8 算力资源弹性调度

算力资源弹性调度是一种提供容器运行时的算力服务，由弹性计算平台提供。弹性计算平台南向对接 IaaS 层分配的计算资源、网络资源、存储资源的适配与管理，北向为应用提供了部署编排能力和弹性可扩展的、高可靠的云化运行环境。弹性计算平台可以独立存在于算力调度中心之外（图 6-31 中方案 a），也可以将其集成到算力调度中心内部（图 6-31 中方案 b）。

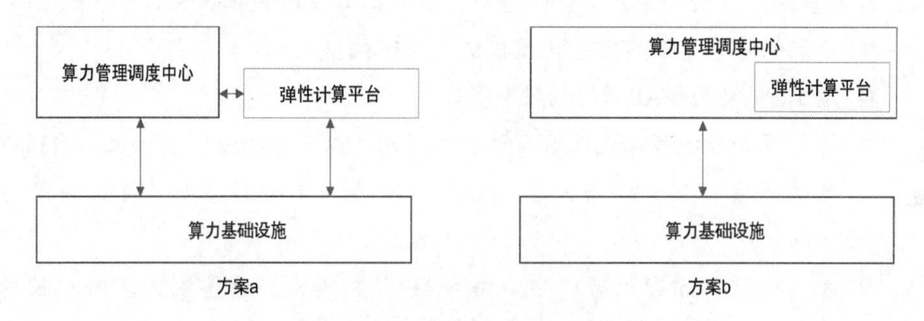

图 6-31 弹性计算平台方案选择

弹性计算平台主要包括资源适配、资源管理和应用管理模块。

- 资源适配：提供了对计算资源、网络资源和存储资源的统一适配，可对分配给容器云的IaaS层资源进行托管，将应用与具体的部署资源形态进行解耦。
- 资源管理：负责处理租户对相关计算、存储和网络资源的申请。根据资源需求，通过编排和调度进行对应的资源分配，同时对所有资源形成的各类集群进行统一的节点扩缩容、节点迁移、节点健康度监控等。
- 应用管理：实现容器云上多种类型应用的创建、编排、部署、弹性伸缩与滚动升级等能力。为应用提供完善的运行环境，并且根据预置的策略进行弹性的资源伸缩。

6.8.1 资源适配

基础资源适配与管理提供对不同来源的基础资源的管理与适配。弹性计算平台从 IaaS 层申请并获得服务器、存储和网络资源后，由弹性计算平台纳管这些离散资源，负责服务器与存储、网络的集成，以及弹性计算服务所需软件的部署和维护。

1. 计算资源适配

计算资源适配是指弹性计算平台对接不同类型计算资源，并对其进行托管的能力。弹性计算平台获得初始化和分配权限后的计算资源清单列表后，对该部分计算资源进行资源导入、资源查看、资源释放、资源删除等。

- 适配的计算资源类型包括虚拟机、物理机。
- 适配x86架构和ARM架构服务器。
- 计算资源来源可以是IaaS云管平台，也可以是数据中心。如果来自IaaS云管平台，则具备与云管平台集成能力，支持线上动态资源申请与导入。
- 导入的资源清单列表应包括主机IP、主机名、操作系统、内核版本号、CPU核数、内存空间、磁盘空间、宿主机（可选）、用户名、密码、描述等。
- 支持页面表单化录入和模板上传导入两种方式。
- 支持资源信息批量导出。
- 支持将容器集群的某些宿主机释放，作为物理机或虚拟机（资源仍托管在容器云）。
- 支持资源删除，可被IaaS层重新分配调度（资源不再托管在容器云）。

2. 存储资源适配

存储资源适配是指弹性计算平台对接不同类型存储资源，并形成可提供给计算资源（物理机、虚拟机、容器）挂载的后端存储服务。弹性计算平台获得存储资源清单列表后，对该部分存储资源进行资源导入、资源查看、资源删除等。

- 支持对接Ceph、GlusterFS、NFS、iSCSI、本地硬盘类型存储。
- 存储资源可以由IaaS创建分配，也可以由弹性计算平台基于IaaS分配的服务器部署创建。
- 存储资源来源可以是IaaS云管平台，也可以是数据中心。如果来自IaaS云管平台，则具备与云管平台（如苏研云、华为云、VMware云、

OpenStack云等）集成能力，支持线上动态资源申请与导入。

- 支持页面表单化录入和模板上传导入两种方式。
- 支持资源信息批量导出。
- 支持资源删除，可被IaaS层重新分配调度。

3. 网络资源适配

网络资源适配是指弹性计算平台基于 IaaS 层网络资源进行虚拟网络构建与策略管理的能力，包括虚拟网络创建、网络策略配置、网络策略实施（开通、关闭）、网络策略调整等。

- 支持基于物理机、虚拟机和容器构建统一的虚拟网络层（如Calico或NSX-T），实现不同运行环境的灵活互访。
- 支持弹性计算平台不同运行环境（物理机、虚拟机、容器）之间的网络开通、关闭和访问策略配置。
- 支持弹性计算平台中，多个容器集群之间的网络开通、关闭和访问策略配置。
- 支持基于租户、安全域和个性化安全需求的网络隔离和访问授权能力。
- 支持按照地址段、端口段可视化添加网络策略，支持批量导入策略，支持模板文件导入策略。

6.8.2　资源管理

1. 资源申请与分配

资源申请是指应用租户向弹性计算平台申请并获取计算、存储和网络资源的能力。弹性计算平台将资源分配给租户后，租户只能在分配的资源范围内进行应用部署和弹性伸缩。

（1）资源申请。

- 支持申请物理机、虚拟机和容器资源。
- 支持申请Ceph、GlusterFS、NFS、iSCSI、本地硬盘类型资源。
- 支持申请虚拟网络策略配置。

- 针对容器环境，支持动态和静态PV。支持在线创建、编辑、删除、查看PVC和StorageClass。
- 提供资源申请模板上传和下载能力。
- 支持批量资源申请。

（2）资源分配。

- 支持分配物理机、虚拟机和容器资源（注：前提是物理机和虚拟机已被IT容器云托管）。
- 按租户进行资源分配。
- 支持按租户进行资源隔离和限制，包括计算资源、存储资源和网络资源。
- 支持资源配额的容量规划与调整。
- 支持租户资源回收。

2. 资源调度

资源调度是弹性计算平台根据应用编排信息，在应用部署时进行与之匹配的资源适配和调度过程，包括应用编排模板解析，资源适配和资源调度。

- 应用编排模板解析：弹性计算平台支持Helm应用编排模板，根据应用编排信息，识别出应用部署的资源需求，如配套计算资源（如物理机、虚拟机、容器等资源形态；CPU核数、内存等方面的资源大小）、配套存储资源、配套网络资源等。
- 资源适配：弹性计算平台根据从应用编排模板中解析的应用部署资源需求，生成对应的资源信息，形成资源列表，供资源调度使用。
- 资源调度：资源调度是弹性计算平台把应用部署到适配的资源上的过程。资源调度支持根据资源调度策略进行资源的调度。
  - 应用间的亲和 / 反亲和性调度：将不同应用调度部署在相同或不同节点中。
  - 应用与节点的亲和 / 反亲和性调度：将应用调度部署到指定的或与指定不同的标签（如操作系统、版本、类型架构、硬盘类型）的节点中，可批量选择节点进行标签自定义与绑定。
  - 具备根据可灵活配置的调度策略进行资源自动调度，指标项包括但不限于 CPU 的利用率、内存的利用率。

3. 容器集群管理

容器集群管理是指对单个或者多个容器集群的管理能力，具体要求如下：

（1）容器集群：

采用“Docker+Kubernetes”技术栈，其中 Kubernetes 版本需是 v1.15.0 及以上。并且可支持在线平滑地进行 Kubernetes 版本升级，无须重新进行集群搭建和应用迁移，支持集群管理操作的可视化。

（2）单集群管理：

支持容器集群节点的扩容、缩容能力，能对现有的集群进行动态增加、删除节点。

支持容器集群节点下线、上线能力：即可主动将某个容器节点置为不可调度状态，并对该节点上的容器进行驱逐，待维护后重新进行上线（恢复可调度状态）。

（3）多集群管理：

- 支持对多个相互独立的容器集群进行统一管理，可在线创建、删除集群，提供统一的集群管理视图，支持集群详情信息的查看和编辑。
- 支持对多个容器集群进行关联的能力，支持应用在关联的多个容器集群内进行调度、部署和弹性伸缩的能力，且支持应用在每个容器集群中实例数量可控。如1个应用调度至3个容器集群，对应的实例数量可定义为5、10、20。
- 支持跨机房、跨中心的应用调度，在某一个机房或中心出现故障时，可平滑地将应用调度到备份机房或中心。
- 针对每个集群都有对应的资源详情，展示应用调度、资源利用率、节点健康状况等。
- 支持用户配额在多个集群中的通用。

6.8.3　应用管理

1. 应用编排

应用编排主要是应用部署层面的编排，是指通过定义应用组成部分、部署模式、资源需求、环境依赖、配置信息、关系拓扑等，交由弹性计算平台完成资源调度和自动化部署。

- 支持HELM编排标准。
- 支持脚本应用编排和拖、拉、拽的图形化应用编排。
- 支持计算、存储和网络资源的编排；支持不同类型计算资源（物理机、虚拟机、容器）的编排。
- 支持容器环境中不同工作负载（Deployment、StatefulSet、DaemonSet、CronJob）的编排。
- 支持容器镜像、资源额度（CPU、内存额度配置）、健康检查、弹性策略、存储挂载、配置文件挂载、环境变量配置、负载均衡（Ingress）、端口映射、域名解析、host配置信息的编排。
- 支持长时运行任务和定时运行任务的混合编排。
- 支持对跨不同类型计算资源（物理机、虚拟机、容器）之间的混合编排。（可选）
- 支持在线新建、删除、编辑、启停应用。
- 支持在线交互式和yaml文件两种新建应用的方式。
- 支持查看应用列表、详情和拓扑，可按集群、租户、状态等维度进行过滤筛选，可通过应用名进行搜索。
- 支持在线新建、删除、编辑配置项（ConfigMap、Secret）。
- 支持将应用和配置项（ConfigMap、Secret）存为模板。
- 支持对应用一键式滚动升级能力。
- 支持对应用一键式部署能力。
- 支持对同一个应用下多个版本工作负载（Deployment、StatefulSet、DaemonSet、CronJob）的管理（创建、删除、编辑、查看），可登录工作负载实例（容器）终端。

2. 模板管理

模板管理包括应用编排模板和组件模板的管理。具体的要求如下：

- 提供模板数据上传与下载，模板信息包括但不限于以下信息：应用名称、权限、版本、配套计算资源、配套存储资源、配套网络资源、配套软件资源、策略信息等。
- 提供公共模板和私有模板的创建、删除和编辑能力。

- 支持通过模板部署工作负载实例。

3. 弹性伸缩

弹性伸缩包括三个层面：容器环境应用实例的弹性伸缩；容器环境所在宿主机的弹性伸缩；整个容器云平台基础资源的弹性伸缩。

其中容器环境应用实例的弹性伸缩要求提供两种伸缩手段：手动伸缩和自动伸缩。手动伸缩是采用人工干预的方式，通过操作页面调整指定应用或服务实例的伸缩；自动伸缩则是弹性计算平台根据应用运行压力和弹性伸缩策略自动实现应用或服务的扩缩容。

- 资源调度可根据CPU、内存、存储、应用连接并发连接数、应用请求失败率、线程池连接率、应用响应时间等资源监控的状态进行自动扩缩容；且资源状态可分为峰值、均值等时间维度进行自定义。
- 支持基于时段的自动伸缩，比如，在节假日或者重大节日定制扩容策略，当条件满足时，进行自动扩缩容。
- 可开放扩缩容的接口，支持基于业务维度的监控指标触发扩缩容操作。
- 支持手动扩缩容。
- 所有的弹性伸缩过程应具备日志可跟踪查询。

4. 灰度发布

灰度发布提供了一种在应用升级时新老版本之间能够平滑过渡或切换的发布方式。灰度发布通过路由策略控制，实现新版本在有限范围内的试用，以把风险控制在可控范围之内。当新版本试用没有问题时，再进行新老版本全面切换。

- 支持根据应用版本号进行资源调度。
- 支持根据应用版本号进行服务路由策略的配置；路由策略包括但不限于客户端IP、渠道编码（或IP）、行政区域、手机号码等。
- 支持灰度版本的在线路由切换和下线。
- 支持灰度版本的创建、升级、回退，在版本变化时可以自动重新发布新版本。
- 支持灰度发布规则的创建、删除和更新。

第7章 算力网络智能运维关键技术

算力网络由算力节点、网络节点共同构成。多层级的算力节点与网络节点构成了复杂且庞大的系统，算力网络需要根据业务的需求不断编排变化，导致算力网络的运维工作异常复杂，算网的运维管理工作必须引入更多自动化和智能化的手段，实现自智的高效运维。从而满足算网业务的挑战。

7.1 算力网络自智运维管理

7.1.1 算力网络资源监控

算力网络根据业务需求灵活编排相关的资源，因此，网络资源和算力资源在业务运行中实时、动态地发生变化。如果要对算网进行整体的运维，资源的实时监控和管理则是最为关键的基础能力之一。

算网资源监控能力主要包括两个方面，一个是网络层面的资源管理与监控，另一个是算力层面的资源管理与监控。两种资源监控和管理能力相互结合，共同支撑算网业务正常运行。

网络层面的资源管理和监控包含了网络节点管理和节点链路管理。

节点管理功能支持路由器、交换机、防火墙、算力节点等不同类型的设备节点采集与管理能力，采集内容包括IP地址、地理位置、机房位置等。如图7-1描述了网络节点管理的示例。

系统同步管理设备节点之间的链路关系，维护源设备IP地址、目的设备IP地址、源接口IP地址、目的接口IP地址、目的接口类型与线路类型等相关信息。如图 7-2 描述了算网链路管理的产品截图。算网大脑系统在链路信息与节点信息之间建立映射关系，构建算网拓扑视图。

设备名	设备IP	设备类型	地理位置	具体位置	操作
PE1	192.169.1.101	路由器	江苏省南京市	贝森4楼	删除 修改
PE2	192.169.1.102	路由器	江苏省南京市	贝森4楼	删除 修改
PE3	192.169.1.103	路由器	江苏省南京市	贝森4楼	删除 修改
PE4	192.169.1.104	交换机	江苏省南京市	贝森4楼	删除 修改
PE5	192.169.1.105	交换机	江苏省南京市	贝森4楼	删除 修改
PE6	192.169.1.106	堆叠	江苏省南京市	贝森4楼	删除 修改
PE7	192.169.1.107	堆叠	江苏省南京市	贝森4楼	删除 修改
PE8	192.169.1.108	防火墙	江苏省南京市	贝森4楼	删除 修改
PE9	192.169.1.109	算力节点	江苏省南京市	贝森4楼	删除 修改
PE10	192.169.1.110	算力节点	江苏省南京市	贝森4楼	删除 修改

图 7-1　网络节点管理

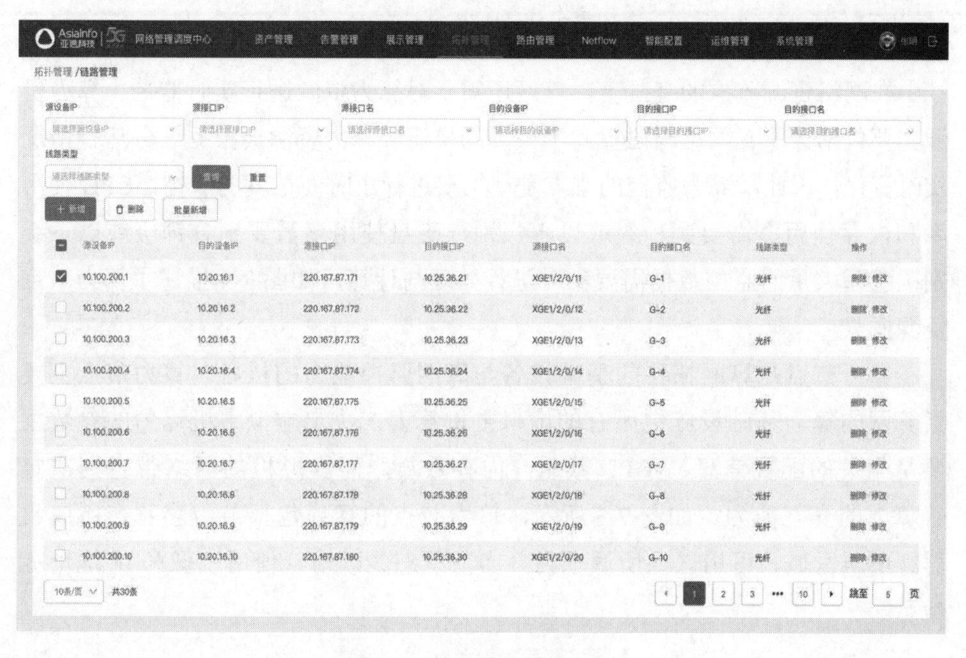

源设备IP	目的设备IP	源接口IP	目的接口IP	源接口名	目的接口名	线路类型	操作
10.100.200.1	10.20.16.1	220.167.87.171	10.25.36.21	XGE1/2/0/11	G-1	光纤	删除 修改
10.100.200.2	10.20.16.2	220.167.87.172	10.25.36.22	XGE1/2/0/12	G-2	光纤	删除 修改
10.100.200.3	10.20.16.3	220.167.87.173	10.25.36.23	XGE1/2/0/13	G-3	光纤	删除 修改
10.100.200.4	10.20.16.4	220.167.87.174	10.25.36.24	XGE1/2/0/14	G-4	光纤	删除 修改
10.100.200.5	10.20.16.5	220.167.87.175	10.25.36.25	XGE1/2/0/15	G-5	光纤	删除 修改
10.100.200.6	10.20.16.6	220.167.87.176	10.25.36.26	XGE1/2/0/16	G-6	光纤	删除 修改
10.100.200.7	10.20.16.7	220.167.87.177	10.25.36.27	XGE1/2/0/17	G-7	光纤	删除 修改
10.100.200.8	10.20.16.8	220.167.87.178	10.25.36.28	XGE1/2/0/18	G-8	光纤	删除 修改
10.100.200.9	10.20.16.9	220.167.87.179	10.25.36.29	XGE1/2/0/19	G-9	光纤	删除 修改
10.100.200.10	10.20.16.10	220.167.87.180	10.25.36.30	XGE1/2/0/20	G-10	光纤	删除 修改

图 7-2　算网链路管理示例

算网资源监控在全局网络节点管理与链路管理的基础上，呈现出一张完整的算网拓扑展示图，拓扑图能够根据节点变化与链路变化进行实时调整，算网根据实时的资源数据进行更新展示。通过不同颜色、不同样式的图标展现不同的节点类型，同时通过节点之间线段的颜色和样式呈现链路情况。如图 7-3 显示了算网拓扑管理。

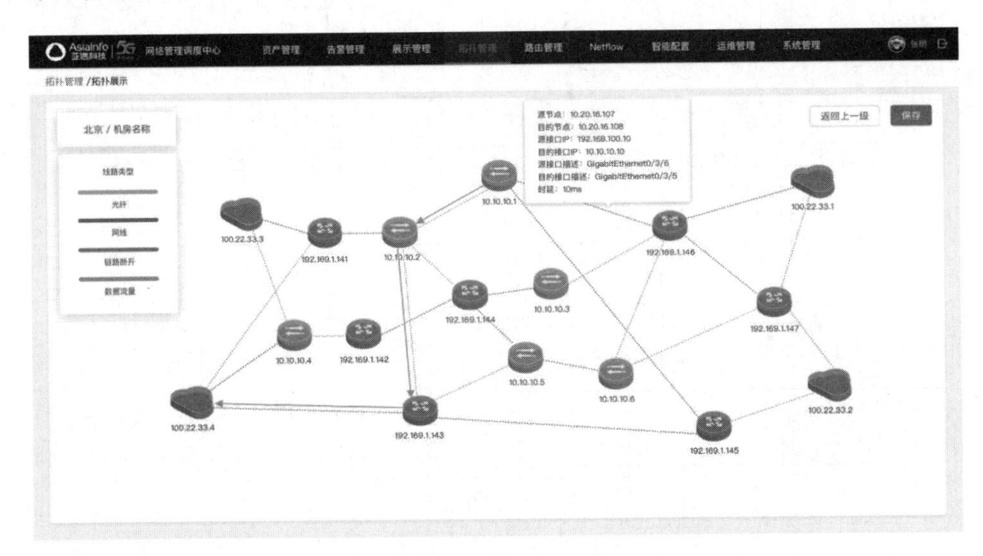

图 7-3　算网拓扑管理

在网络资源监控的基础上，算网还需要对算力资源进行实时监控。算力资源主要包括计算、网络与磁盘三个大类的资源。算力资源会根据业务运行情况实时变化，因此，算力监控的难点是：①要进行小时间粒度的监控，CPU 使用率和内存使用率需要到秒级或以下级别，磁盘使用率需要到分钟级或以下级别；②超大量的监控数据需要实时进行处理与计算。如图 7-4 描述了算力节点资源概览。

算力节点是算网拓扑的基础设备与算网监控能力的核心。算力节点主要指算网的算力基础设施中所有的虚拟主机算力，决定虚拟主机算力的参数主要是相关的配置信息、vCPU 数量、内存数量，而虚拟机的网络带宽则决定着算力的交互能力。如图 7-5 所示，算力节点的管理包括节点名称、所属集群、所属区域、可用区、所属项目、当前状态、规格、使用镜像和 IP 地址等信息。

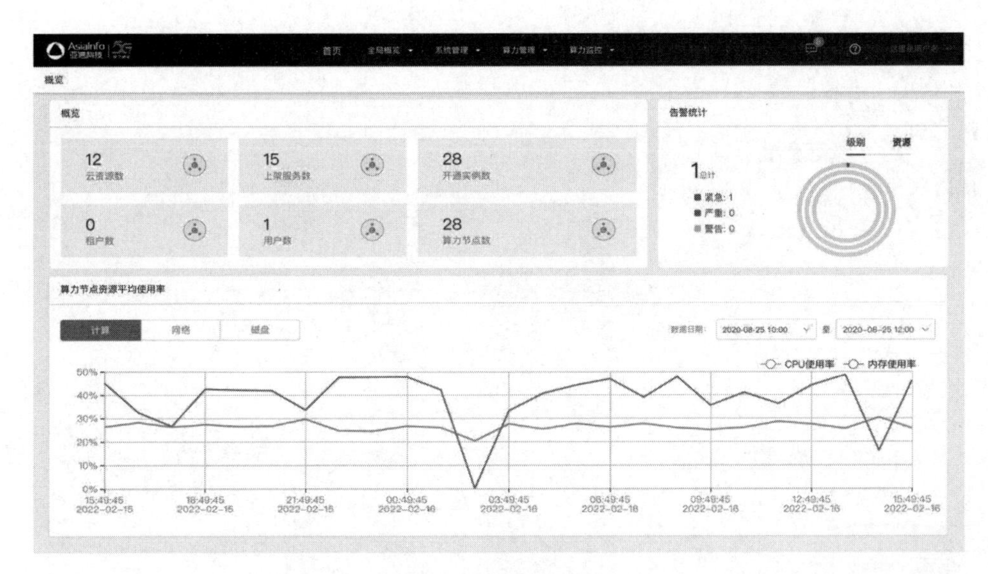

图 7-4　算力资源概览

AsiaInfo 亚信科技　首页　全局概览　系统管理　算力管理　算力监控

算力节点管理列表

搜索条件：节点名称　关键字　查询　重置　导出

节点名称	集群	区域	可用区	项目	状态	规格/镜像	IP地址
cloudos-ecs-7...	腾讯云-南京	腾讯云-南京	南京一区	--	异常	1vCPUs | 1GB |... CentOS 7.9 64...	--
cloudos-ecs-1... b1e7bf99-7c83...	PRD云-南京	亚信-南京	可用区A	平台研发项目	运行中	1vCPUs | 2GB |... CentOS 7.1-qe...	192.168.0.68(...
cloudos-ecs-8... c7481ca5-d4d...	华为云-华东	华东-上海二	可用区1	平台研发项目	运行中	1vCPUs | 1GB |... CentOS 7.9 64...	122.112.190.231... 192.168.0.231(...
cloudos-ecs-3... 14d96c1d-6a41...	PRD云-南京	亚信-南京	可用区A	平台研发项目	运行中	1vCPUs | 2GB |... CentOS 7.1-qe...	192.168.0.43(...
cloudos-ecs-4... b9361c11-d2d2...	PRD云-南京	亚信-南京	可用区A	云OS研发项目	运行中	1vCPUs | 2GB |... CentOS 7.1-qe...	192.168.0.40(...
cloudos-ecs-3... 7c6ca899-dc8...	PRD云-南京	亚信-南京	可用区A	平台研发项目	运行中	1vCPUs | 2GB |... CentOS 7.1-qe...	10.10.12.246(浮... 192.168.0.71(私...
cloudos-ecs-1... 13cb4e83-742...	PRD云-南京	亚信-南京	可用区A	平台研发项目	运行中	1vCPUs | 2GB |... CentOS 7.1-qe...	192.168.0.30(...
huangdg c56ec67a-40d...	PRD云-南京	亚信-南京	可用区A	平台研发项目	运行中	4vCPUs | 16GB... CentOS 7.1-qe...	10.10.12.232(浮... 192.168.0.38(...
cloudos-ecs-4... 7ea9d83f-dda...	PRD云-南京	亚信-南京	可用区A	云OS研发项目	运行中	1vCPUs | 2GB |... CentOS 7.1-qe...	192.168.0.51(私...
foot 4dc85da1-ad8...	PRD云-南京	亚信-南京	可用区A	云OS研发项目	运行中	8vCPUs | 16GB... CentOS 7.1-qe...	10.10.12.242(浮... 192.168.0.35(...

10条/页　共87条　1　2　3　…　10　跳至　6　页

图 7-5　算力节点管理

通过与算网中的云平台进行对接，系统将具备实时采集算力节点参数的能力，在此基础上结合统计算法，对历史数据进行汇总统计与分析，形成算力节点资源的监控能力。如图 7-6 显示了算力节点资源监控。

图 7-6　算力节点资源监控

算力节点资源拓扑是基于算力节点资源信息与算力节点监控参数绘制的算力节点资源拓扑图。如图 7-7 描述了算力节点资源拓扑图，包括算力节点内部网

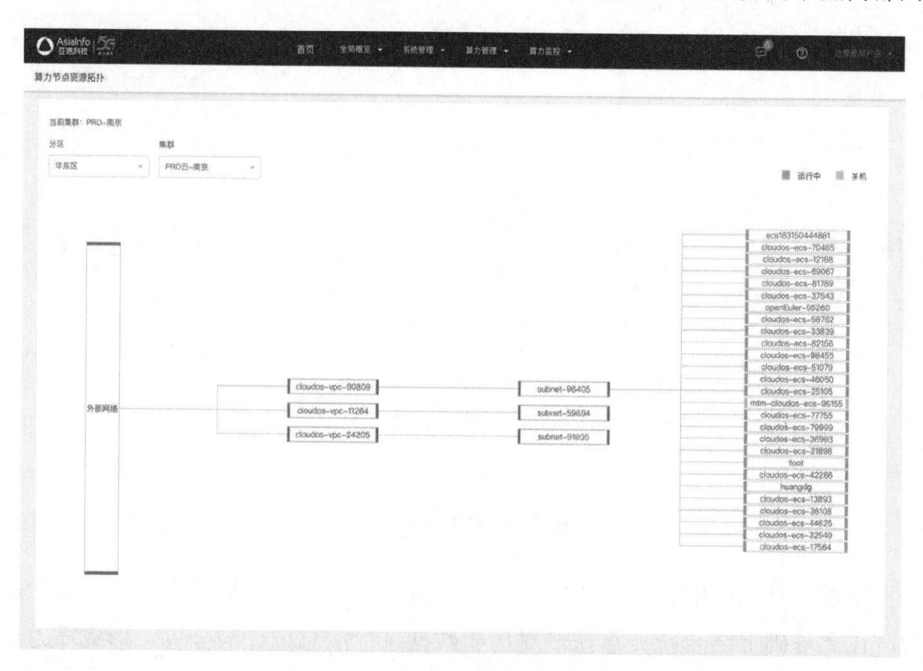

图 7-7　算力节点资源拓扑

络拓扑以及算力节点位置图。通过该拓扑监控能力，系统可以实现算网整体资源监控和运维工作，支持根因故障定位等高级功能，实现自动化故障处理与算网运行自动优化能力。系统通过算网资源监控的能力实现对算网整体状态的全面把控，基于实时的监控数据，系统更准确地感知算网状态以便结合 AI 能力更进一步实现算网运维的自动化，实现自智算网。

7.1.2　算力网络运行智能预警

由于算力网络的自动化运维要求，将机器学习算法应用于算力网络故障检测，可以很好地解决人工方法的弊端。人工方法基于固定的异常检测需要根据人员经验设定性能指标的高低阈值。指标配置工作复杂，需要基于性能指标的特性或重要程度差异化配置，并且指标多，配置和维护工作量巨大。同时，人工方法无法感知周期性规律和趋势性变化，固定阈值的方法也存在大量漏报和误报的情况。

而基于人工智能的异常检测则通过机器学习对大量历史数据进行模拟训练，自动预测未来的变化周期和趋势，同时根据算法自动计算和输出准确性更高的置信区间。人工智能的异常检测可以提供告警精准度，避免漏报和误报，无须人工维护阈值规则，降低人工成本。实现了快捷的指标分布查询、对比，完成指标异常分布预警。如图 7-8 描述了异常检测方式对比。

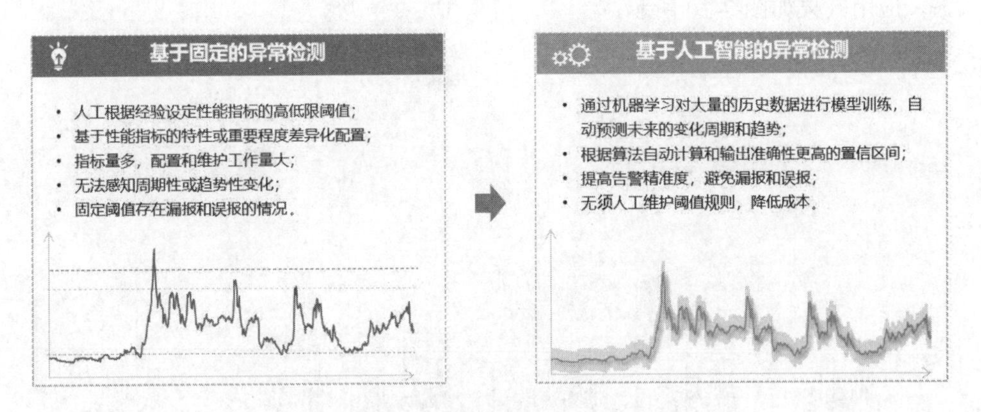

图 7-8　异常检测方式对比

基于 AI 的自动化阈值配置流程包括以下几个环节：数据处理、数据清洗、数据特征识别、基线计算、确定阈值范围、实时预测、人工标注和模型迭代，如图 7-9 所示。首先，针对不同类型、不同实例的时序指标，辅以数据清洗等基础的数据处理手段，形成算法的数据基础。其次，通过时序算法对历史数据进行训练并加以整型，形成阈值范围。最后，通过判断实时指标是否在动态阈值区间，同时叠加静态阈值、异常收敛等多种规则策略，进行实时推理和异常告警精准发现。

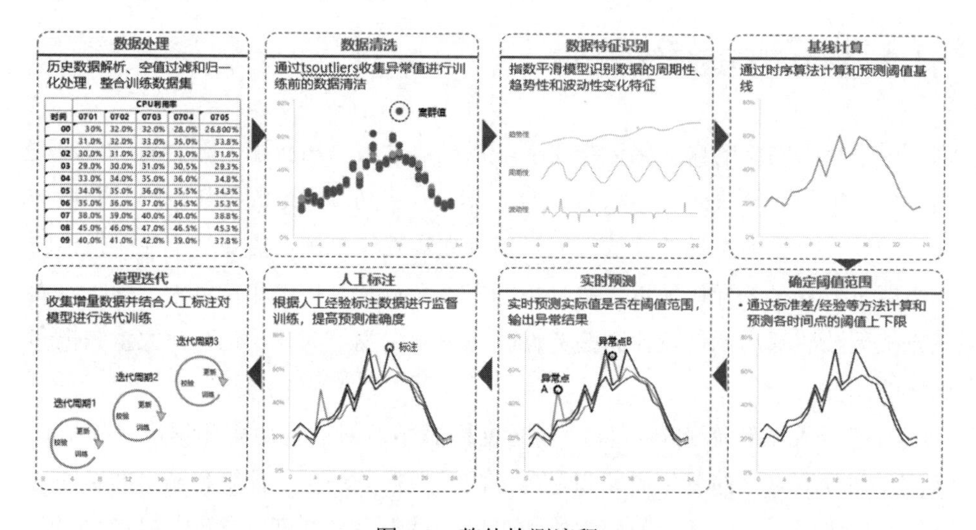

	CPU利用率				
时间	0701	0702	0703	0704	0705
00	30%	32.0%	32.0%	28.0%	26.800%
01	31.0%	32.0%	33.0%	35.0%	33.8%
02	30.0%	31.0%	32.0%	33.0%	31.8%
03	29.0%	30.0%	31.0%	30.5%	29.3%
04	33.0%	34.0%	35.0%	36.0%	34.8%
05	34.0%	35.0%	36.0%	35.5%	34.3%
06	35.0%	36.0%	37.0%	36.5%	35.3%
07	38.0%	39.0%	40.0%	40.0%	38.8%
08	45.0%	46.0%	47.0%	46.5%	45.3%
09	40.0%	41.0%	42.0%	39.0%	37.8%

图 7-9　整体检测流程

在算力网络中需要广泛应用人工智能异常检测能力。常见应用场景举例如下。应用效果如图 7-10 所示。

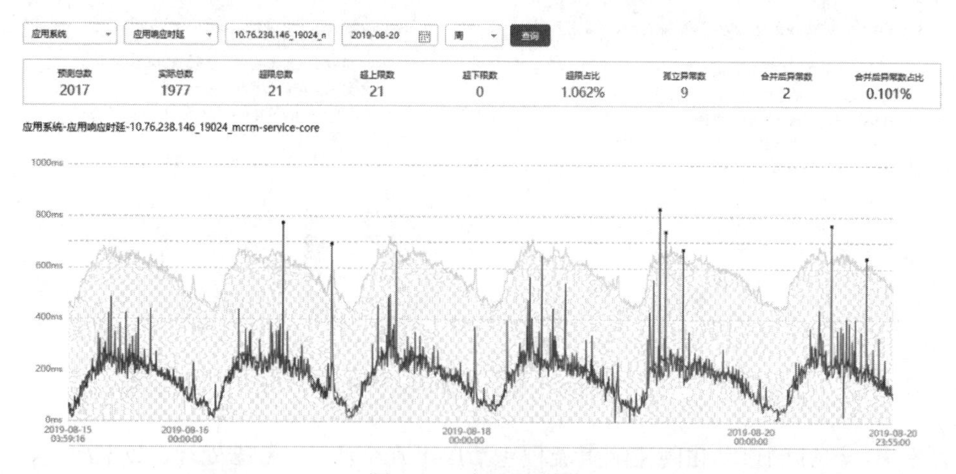

图 7-10　应用示意图

- 算网业务量指标智能预警。
- 服务调用量智能预警。
- 算力网络服务响应时延智能预警。
- 作业运行时长智能预警。
- 数据波动智能预警。
- 基础设施性能指标智能预警。
- 算力资源使用智能预警。
- 网络资源使用智能预警。

7.1.3 算力网络业务故障自处理

在算力网络自动化运行过程中，为满足算力和网络资源快速编排调用的需求，网络运维工作需具备快速发现故障、快速处理故障和自动化处理故障等高级能力。但是，算力网络中，新型业务的引进、新技术的采用，都会增加算网故障自动化处理的复杂度。如算力网络业务使网络拓扑结构和业务流程更加复杂，下一代网络虚拟化设备解耦会导致告警爆炸式增长，不同层级不同厂家之间告警关联和故障根因定位难度将进一步加大。

随着算网业务和基础设施的发展，算力和网络的告警数量会急剧增长，重复告警压缩后数量仍然众多，告警关系复杂，关联关系（时间、位置、拓扑等）繁杂，告警和故障数量严重不对等，人工排查费时费力，需跨团队联合处理，定位效率低，无法快速定位根因告警，导致告警风暴、故障派单准确率低、故障处理效率低等问题。

采用大数据与机器学习技术，对告警、资源、拓扑数据进行分析建模，实现告警 RCA 规则动态挖掘，从而支撑故障快速定位和告警收敛。

算网业务故障自处理的关键技术包括数据清洗预处理和智能告警根因规则挖掘方法。

1. 数据清洗预处理

原始数据存在数据不规范等数据质量问题，所以在应用算法之前需要对数据进行有效的清洗预处理，保证数据质量，排除干扰。

- 冗余值清洗：按照后续算法建模所需，去除告警中不相关字段只保留告警标题、告警ID、网元名称、网元ID、网元类型、地市、协议等关键字段。

- 非法数据源清除：按照告警字段的统一规范，校验告警中的内容是否符合字段类型，以及必选字段是否全部具备，去除不符合规范的告警。
- 无价值告警过滤：按照告警的重要度分级，剔除对模型挖掘来说是干扰项的无用提示性告警。如××定义的四级分类标准中的四级警告。
- 频发告警合并：告警故障未清除时，会固定时间间隔发告警。对于模型训练来说，只需要保留第一条，需要清除其余的重复性告警。
- 瞬断告警清除：一般来说，如果告警清除时间—告警发生时间非常短，则认为告警不重要，无须做对应的关联挖掘，因此，可以在导入到模型之前清除此类告警。
- 异常时间自动校正：如果告警的时间与附近大部分设备的告警时间严重偏离，则说明告警上报源的时钟异常。因此，数据导入模型前，需要以正常设备的告警时间为基准，自动校正此类告警的时间。

2. 智能告警根因规则挖掘方法

（1）数据聚类：基于机器学习的告警片划分，基于DBSCAN密度聚类算法实现告警片划分，构建聚类分析模型，实现告警自动划分，将同一主告警产生的大量次告警划分到同一类，避免不相干的告警产生干扰，如图7-11所示为数据聚类算法。

如下是算法流程。

①根据告警的字段参数确定所有的核心对象。

②选择一个未处理过的核心对象，找到由其密度可达的样本生成聚类“簇”。

③重复以上过程。

（2）对于拓扑数据质量不高，则采用时域分析方法分片划分，在Apriori关联分析算法的基础上优化算法的计算复杂度，将同一主告警发生时间与清除时间内的所有次告警进行聚合，避免不相干的告警产生干扰。如图7-12描述了算法流程。

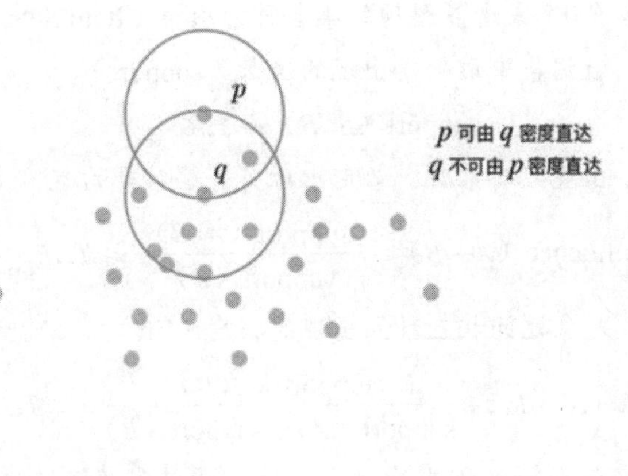

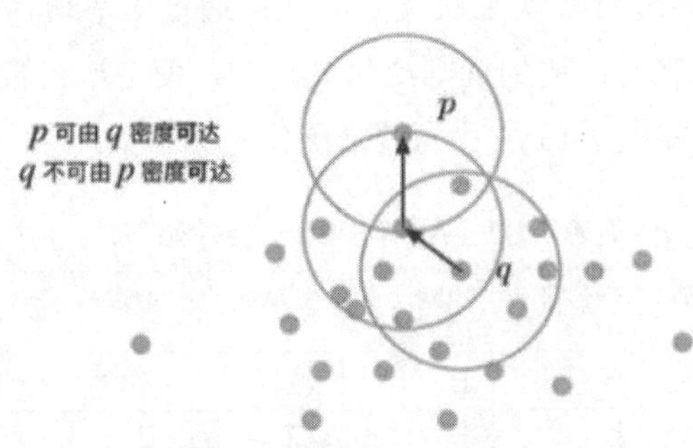

图 7-11　数据聚类算法示意图

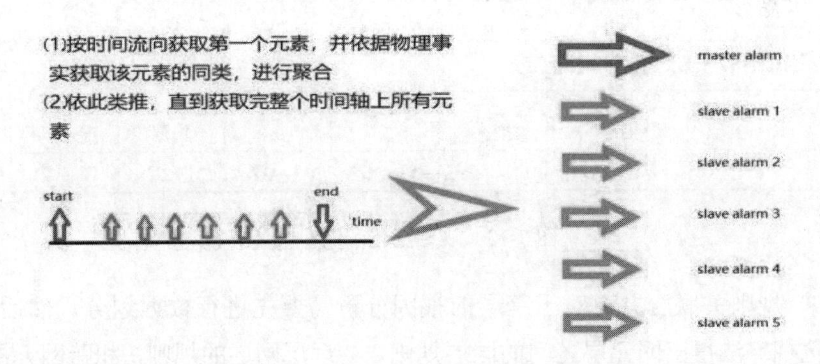

图 7-12　算法流程

（3）告警主次关联大数据挖掘，基于 Eclat 大数据挖掘算法实现告警主次关联分析，通过支持度、置信度、提升度三维剪枝，实现告警主次关联规则自动生成，如下是概念定义。

- 项集：包含0个或者多个项的集合称为项集（Item Sets）。
- 支持度：数据集中该项集出现的次数（support）。

$$\text{support}(A,B) \geqslant HR_{\text{support}}$$

- 置信度：出现某对象时，必定出现另一些对象的概率（confidence）。

$$\text{confidence}(A \to B) = \frac{\text{support}(A,B)}{\text{support}(B)} \geqslant THR_{\text{confidence}}$$

- 提升度：对象之间相互独立出现的程度（lift）。

$$\text{lift}(A \to B) = \frac{\text{support}(A,B)}{\text{support}(A) * \text{support}(B)} \geqslant THR_{\text{lift}}$$

（4）概率统计分析实现主次规则泛化：通过概率统计分析整合相同网元类型的不同主次告警对，达到规则泛化的目的，使主次告警主次关联规则能够应用到更多场景，如图 7-13 所示为规则泛化示例。

- **当C等于D，A1不等于B1，A2等于B2，合并如下：**

主告警ID	主网元类型	次告警ID	次网元类型	主频数	次频数	主次频数	是否同网元
a	C	b	D	*x*1	*y*1	*z*1	0
a	C	b	D	*x*2	*y*2	*z*2	1

- **当C等于D，A1不等于B1，A2不等于B2，合并如下：**

主告警ID	主网元类型	次告警ID	次网元类型	主频数	次频数	主次频数	是否同网元
a	C	b	D	*x*1+*x*2	*y*1+*y*2	*z*1+*z*2	0

- **当C不等于D，合并如下：**

主告警ID	主网元类型	次告警ID	次网元类型	主频数	次频数	主次频数	是否同网元
a	C	b	D	*x*1+*x*2	*y*1+*y*2	*z*1+*z*2	0

图 7-13　规则泛化示例

（5）规则关联合并：对于跨层的根因分析需要先进行数据划分，然后通过数据挖掘算法得出网元层之间的同层规则、物理层同层的规则，和跨网元层、虚拟层和主机服务器之间的跨层规则。根据网元、虚机、主机、物理硬件之间的虚拟资源拓扑数据和设备名称关联，将 3 类规则进行关联合并，可以形成网元次告警→根因网元告警→关联虚机告警→关联主机服务器告警→最终根因硬件设备，完整的跨网元、跨专业、跨层的链式根因规则。如图 7-14 描述了规则关联联合流程。

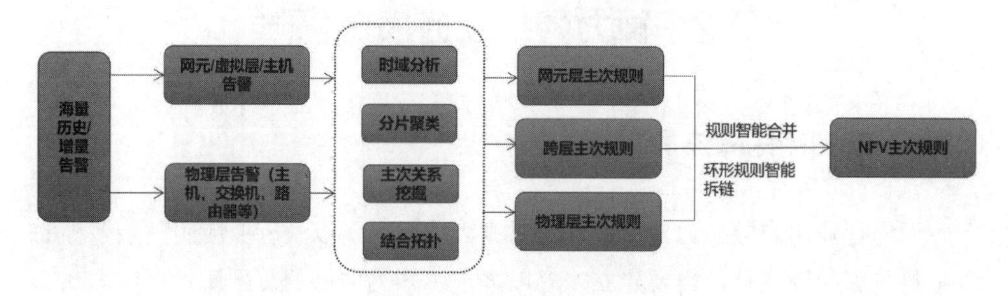

图 7-14　规则关联合

（6）环形规则断环：由于数据质量不高等原因，会出现环形规则，通过根据关系置信度智能拆链算法，自优化规则形成单链可用规则。如图 7-15 描述了环形规则断环。

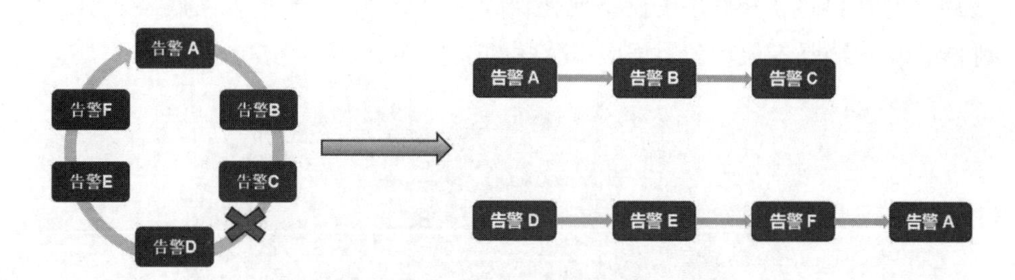

图 7-15　环形规则断环

离线训练时，基于大量的历史告警信息，通过时间片划分、主次关联关系挖掘、关联规则泛化等实现告警 RCA 规则动态挖掘。在线检测时，基于关联规则，并结合资源数据 / 拓扑数据等，快速定位根因告警，实现告警具体的流程。对于跨层的告警根因分析，需要从不同层分别挖掘规则后根据拓扑关系合并规则，并按照置信度对有可能出现的环形规则进行拆链。

根因分析方法可以广泛地在算力网络中应用，常见的智能分析网络告警根因的应用场景如下：

- 算网业务系统告警根因分析；
- 应用服务告警根因分析；
- 云中心告警根因分析；
- 大数据集群告警根因分析；
- 数据作业告警根因分析；
- 传输网告警根因分析。

7.2 算力网络业务质量保障

7.2.1 端到端保障体系

面向行业用户数字化转型背景下对算力的需求，以及行业应用复杂多样的业务场景和保障条件，需要建立一套以客户感知为中心的算网质量评估体系，从而保障面向不同算网业务需求的网络性能、算力大小等 SLA，优化服务体验，实现检测业务流量、算力资源、连接质量等 SLA，动态调整各类资源匹配，实现算网自智、一体化服务。

对于算网的业务感知，我们借鉴移网的感知评估体系，把算网的感知分为应用层的客户感知和底层的网络通畅保障，即广义的客户感知是底层通信网络性能、端到端服务保障和上层应用感知的综合体验，如图 7-16 所示。

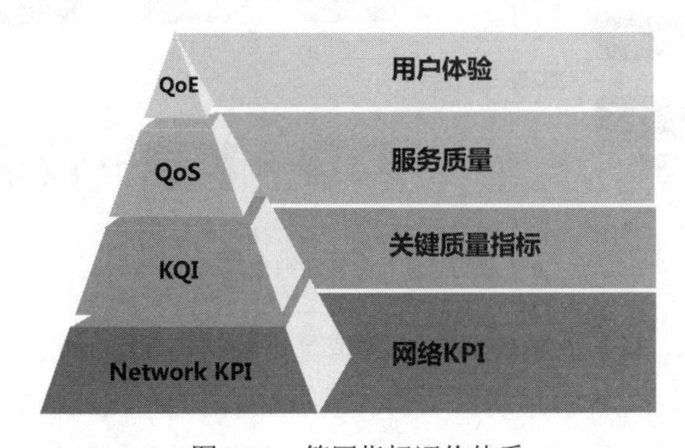

图 7-16 算网指标评价体系

KPI：Key Performance Indicator，即关键性能指标，通常是网络层面的可监视、可测量的重要参数。

KQI：Key Quality Indicator，即关键质量指标，是主要针对不同业务提出的贴近用户感受的业务质量参数，是业务质量层面的关键指标。

QoS：Quality of Service，即服务质量，是决定用户满意程度的服务性能的综合效果。

QoE：Quality of Experience，即用户体验，是终端用户对移动网络提供的业务性能的主观感受。

因为算法的底层网络复杂，我们优先建立简版的指标评估体系，按照算力、无线、核心、传输以及网络等维度进行评估，随着后续应用场景的增强，再不断地融入安全、经济和环保等维度信息。

7.2.2　用户体验模型

要完成准确、高效的客户认知，需要结合网络域和业务域的用户级相关数据，进行全方位、个性化的客户洞察。基于电信心理学进行人工智能算法建模，将个体用户的感知体验、心理预期与应用程序和网络性能联系在一起，对用户的个性化 Emotional Connection Score（ECS）评分进行准确认知，进而建立客户主观感知 ECS 和客观指标间的联系。

（1）主观和客观的关联。

通过 AI 神经网络算法建立起客户体验和运营商网内客观指标的联系（如图 7-17 所示），可以把模型推广应用到所有用户，计算用户体验和感知的瞬时值（各项 ECS 得分、小时粒度、天粒度）。

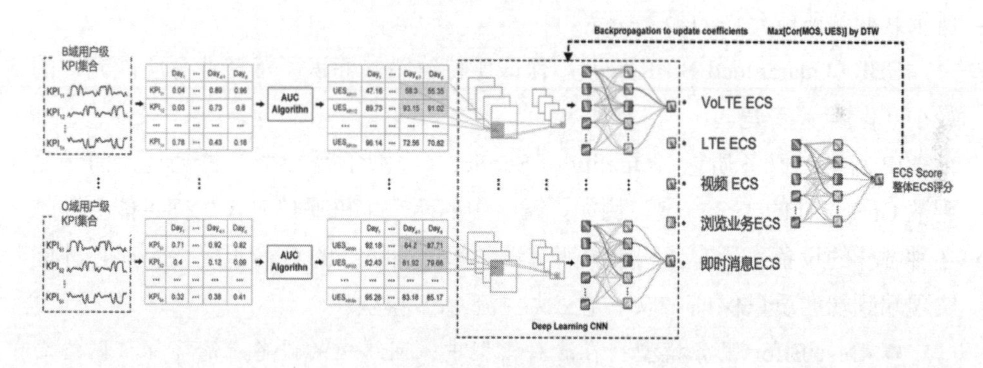

图 7-17　ECS 模型

（2）客户感知个性化。

基于每个客户自身的情况，同样的网络情况可能会得到不同的反馈结果。

总体训练和实现过程可主要结合三种方式来作为训练样本集：通过 NPS 的实际调研结果、主动拨测采样、用户投诉历史记录，基于获得的数据情况对用户体验和感知进行预估，用反向传播算法不断迭代优化对应参数。

7.2.3 服务质量模型

面向不同类型的算网业务，需要构建差异化的服务模型以响应业务需求的多样化。

在5G网络中主要的质量保障技术有QoS、DNN以及网络切片。其中QoS指5G网络能够利用各种基础技术为指定的网络通信提供更好的服务能力，是网络的一种安全机制。QoS用来解决网络时延、网络拥塞等问题。5G网络的QoS技术可以通过定义QoS策略提供端到端用户业务的带宽、时延、抖动等质量保障，通过不同等级的划分来满足差异化的业务需求。

5G网络下相关的QoS参数定义如下：

5QI：用于代表着端到端网络，标识所承载业务是否为保障型业务，5QI的等级高低代表着业务的调度优先级。

ARP：分配和保持优先级，主要用于指示无线，标识所承载的业务是否允许抢占其他业务的资源或被其他业务抢占，以及抢占的优先级。

MBR（Maximum Bit Rate）：最大比特速率，用于指示端到端网络，标识所承载业务所能允许的最大带宽。

GBR（Guaranteed Bit Rate）：保证比特速率，标识所承载业务所能允许的最小（保障）带宽。

IP网络的服务质量（Quality of Service）模型不是一个具体功能，而是端到端QoS设计的一个方案。例如，网络中的两个主机通信时，中间可能会跨越各种各样的设备。只有当网络中所有设备都遵循统一的QoS服务模型时，才能实现端到端的质量保证。以下是三大主流QoS模型。

- Best-Effort服务模型：在这种模型中，网络中的设备上除了保证网络之间路由可达之外，不需要部署额外的功能。应用程序可以在任何时候发出任意数量的报文，而且不需要通知网络。网络只保证尽最大的可能性来发送报文，但对时延、可靠性等性能不提供任何保证。在理想状态下，如果有足够的带宽，Best-Effort是最简单的服务模式。而实际上，这种“简单”会带来一定的限制。因此，Best-Effort适用于对时延、可靠性等性能要求不高的业务，如FTP、E-Mail等。
- IntServ服务模型：应用程序在发送报文前，首先通过RSVP（Resource Reservation Protocol）信令向网络描述它的流量参数。网络在流量参数描述的范围内，预留资源（如带宽、优先级）以承诺满足该请求。在收到确认信息，确定网络已经为这个应用程序的报文预留了资源后，应用程序才开始发送报文。应用程序发送的报文应该控制在流量参数描述的范围内。网络节点需要为每条数据流维护一个状态，并基于这个状态执行相应的QoS动作，来满足对应用程序的承诺。

- DiffServ服务模型：网络中的流量可以根据多种条件被分成多个类，或者标记不同的优先级。当网络出现拥塞时，不同的类会享受不同的优先处理，从而实现差分服务。同一类的业务在网络中会被聚合起来统一发送，保证相同的延迟、抖动、丢包率等QoS指标。DiffServ模型不需要信令，也不需要预先向网络提出资源申请。业务分类和汇聚工作在网络的边缘节点进行，后续设备会根据分类识别出不同的业务，并提供相应的服务。

第8章 算力网络智能引擎关键技术

8.1 算力网络智能引擎的基本概念

人工智能（AI）经历近80年的发展演进，其技术创新已取得了巨大的突破，智能机器和算法随着机器学习能力以及算法和速度的提升，具备若干智慧属性的功能，甚至在某些特定领域这些功能远超人类，尤其是在数据存储、调用、分析处理等方面表现出了强大的能力。AI的三大要素为数据、算法和算力。在AI技术当中，算力是算法和数据的基础设施，它支撑着算法和数据，进而影响AI的发展。现如今，算力已成为全社会数智化转型的基石，将直接影响数字经济的发展速度，直接决定社会智能的发展高度。网络作为连接用户、数据、算力的主动脉，与算力的融合共生不断深入。算力和网络融合发展的新型基础设施已成为多国重点关注的方向。由于算力网络的目标是实现“算力泛在、算网共生、智能编排、一体服务”，而AI是影响社会数智化发展的关键，算力网络需要通过AI融数注智，构建算网大脑，打造统一、敏捷、高效的算网资源供给体系。

面对高复杂度的算网环境，按需定制、灵活高效的需求特性，需在编排管理层构建一体编排、融数注智的“算网大脑”，打造算力网络资源一体设计、全局编排、灵活调度、高效优化的能力。如图8-1所示，算网智能引擎是“算网大脑”的智能决策中枢。在算网大脑中基于网络和算力需求以及算网基础设施的状态信息，算网智能引擎利用已训练完成的算网算法模型辅助算网编排中心完成算网编排方案决策。

算网系统引擎工作流如图8-1所示，首先由算网智能引擎根据数据平台提供的当前网络状态计算最佳算网编排方案，实现算网资源编排调度。算力控制器控制边缘计算（MEC）、数据中心（DC）等算力节点，并在算力调度方案选择的算网节点上分配计算资源；然后网络控制器控制切片分组网（SPN）设备、用户平面网元（UPF）设备、IP 路由器（Router）、5G 基站（gNB）等各网络设备，开通系统网络链路。

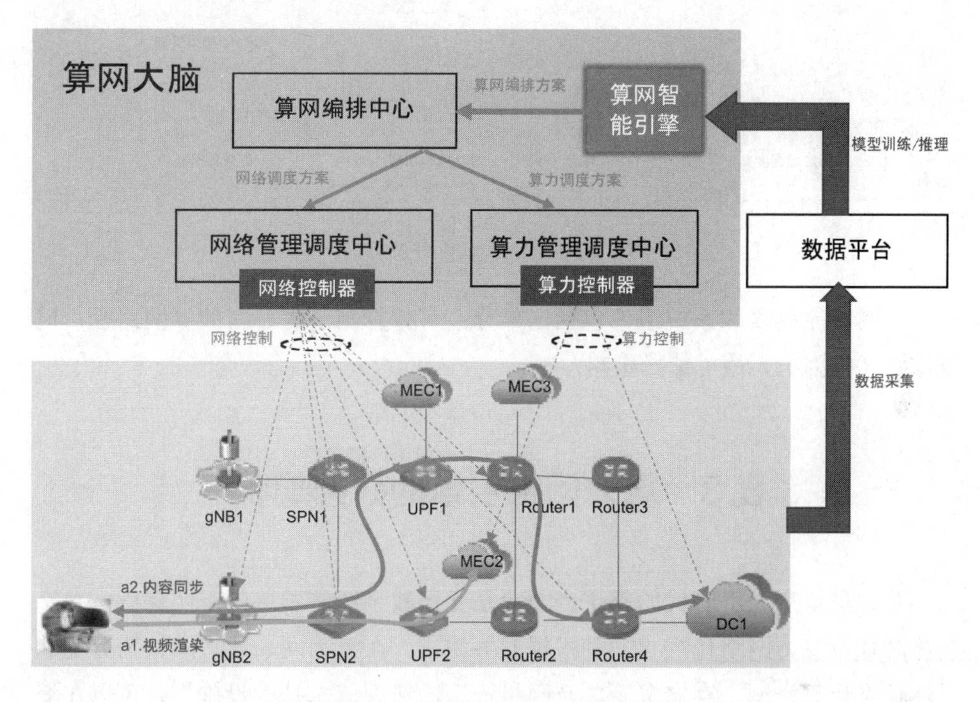

图 8-1 算网系统引擎工作流图

8.2 算力网络智能引擎的系统组件

算网智能引擎可以通过 AI 模型训练和推理，为算网大脑提供节点能力评估、路径寻优、资源调度等 AI 能力，算网模型推理过程如图 8-2 所示。

其中算网节点 KPI 与资源的映射关系是算网决策的基础，基于算网测量数据通过 AI 建模获得该算网节点在保障 KPI 条件下的资源消耗安全边界；由新增任务的算网目标 SLA 获得其量化的 KPI 指标集；根据 KPI 和资源安全边界，可以选择有效的算网节点并进一步获得有效的算网路径；基于综合（多因子）代价函数对有效路径进行整体评估，得到该任务的最优端到端算网路径，从而执行算网资源调度。

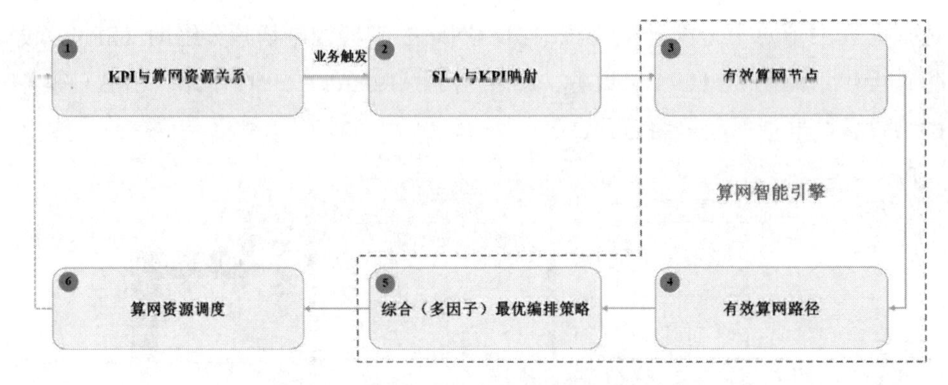

图 8-2　算网大脑推理过程

算网智能引擎的系统组件包括三部分：有效算网节点、有效算网路径，以及综合（多因子）最优编排策略。

8.3　算力网络引擎的研究现状

算力是数字经济时代的新生产力，是支撑数字经济发展的坚实基础。数字经济时代，算力网络作为"一种根据业务需求，在云、网、边之间按需分配和灵活调度计算资源、存储资源以及网络资源的新型信息基础设施"，可以在算力及网络统一管理的基础上，实现算、网能力的深度融合，并面向业务提供极简、多元素一体化融合服务。

根据业务需求和策略，对算力网络进行算力资源和网络资源的统一编排和资源调度，动态生成适配业务需求的端到端算网路径，是算力网络提供高质量服务的关键。目前已有的算力网络资源编排和调度的方法有以下几种：

- 切片式边缘算力管理方法。该方法将算力资源按一些指标进行切片，由切片管理算力分配。外部需求选取对应切片，然后切片选取需要使用的算力资源。这种方法的特点在于用切片分割了外部需求与实际算力资源，一定程度上降低了系统复杂度。
- 分层算力网络编排方法。该方法使用区域算力网络编排模块管理部分本地算力资源，收集算力信息上传至端到端算力网络编排模块。当收到用户算力申请时，返回对应算力网络资源列表给用户，由用户选择所需算力节点后进行端到端的路径安排。该方法的特点是各区域的网络调度由本地编排模块负责，降低本地系统处理复杂度。

- 网内资源的量纲测量、算力调度方法。该方法通过量纲测量获得算力网络内任意网络节点的第一节点算力、第二节点算力和绝对算力评估值。通过算力调度方法获得算力网络内任意网络节点的相对算力评估值，然后依据该评估值决定算力网络的调度方法。该方法的特点是对每一个节点进行量化评估，再依据量化结果进行调度，使得调度方案更加直接、明确。

已有的方法有各自的优点，但也同时具有相应的问题：

- 切片式边缘算力管理方法的缺点在于加入的切片系统无法根据任务需求明确地选取算力资源，如达成最佳时延、最低消耗等，同时该方法只考虑算力资源的切片，对于其他节点如传输节点等没有关注。
- 分层算力网络编排方法的缺点在于中央的端到端算力网络编排模块依旧要考虑所有算力节点信息而非局部区域的信息，因此实际编排复杂度并没有下降。同时，该方法只能选取算力节点，对于路径缺乏控制方法，不能达成最佳路径选择。
- 网内资源的量纲测量、算力调度方法的缺点在于只计算了第一、第二节点算力并根据算力评估值进行节点分配和资源调度。该方法只考虑了节点的评估，而缺少对端到端整体链路进行评估，后者是实际应用中对用户业务影响更为直接的因素。其次，该方法中对算网节点资源的测量评估不能直接映射节点的性能指标，无法评估节点安全性能边界。

8.4　算力网络智能引擎关键技术

8.4.1　算力网络节点评估算法

构建基于 KPI 的算网节点的能力评估模型是算网节点选择服务的基础。综合考虑影响 KPI 的多维度资源，预测 KPI 指标性能极度劣化或特定阈值的资源边界值，从而可以确定该节点的最大可保证资源，即安全资源。只要节点即时消耗资源在安全资源范围内，即可保证节点的 KPI 要求。参与算力网络的各节点要素包括网络接入点（A）、网络传输点（T）、网络网关点（G）、算力点（C），KPI 指标为用于评价算网节点性能的量化指标。每个算网节点可以有多个 KPI 指标，不同类型算网节点可以拥有不同的 KPI，资源变量是对 KPI 有主要影响的算网节点资源，不同类型算网节点所拥有的资源可以不同。借助节点能力评估模型，对算网中的每个算网节点完成安全资源边界确定，从而得到算网所有节点的能力信息。

系统提供根据算网业务需求中的基本信息：网络 SLA 信息及算力 SLA 信息进行算力节点的计算选择，即把当前业务 SLA 映射到标准化算力 KPI 和网络 KPI。例如根据 CCSA TC1《面向业务体验的算力需求量化与建模研究报告》与信通院《5G 切片端到端 SLA 行业需求研究报告》，业务 SLA 映射标准化算力 KPI 和网络 KPI 如表 8-1 所示。

表 8-1　应用需求标准化

	算力 SLA 要求											
应用类型	业务可用（单应用）							安全可信		自主可控		
	计算（TFLOPS）				存储（MB）			逻辑隔离：共享 物理隔离：独占		可视：可查业务状态、用户信息 可管：可修改业务、生命周期管理 可运营：通用 API，实现业务全域运营		
	Cp1	Cp2	Cp3	Cp4	St1	St2	St3	Ss1	Ss2	Mn1	Mn2	Mn3
	<1	1~10	10~1000	>1000	<100	100~1000	>1000	逻辑隔离	物理隔离	可视	可管	可运营
应用需求			Y			Y		Y		Y	Y	Y

	网络 SLA 要求														
应用类型	业务可用（单用户、单业务）										安全可信		自主可控		
	带宽（Mps）					时延（μs）					逻辑隔离：共享 物理隔离：独占		可视：可查业务状态、用户信息 可管：可修改业务、生命周期管理 可运营：通用 API，实现业务全域运营		
	B1	B2	B3	B4	B5	T1	T2	T3	T4	T5	S1	S2	M1	M2	M3
	1~10	10~20	20~50	50~100	>100	50~100	20~50	10~20	5~10	<5	逻辑隔离	物理隔离	可视	可管	可运营
应用需求				Y			Y					Y	Y	Y	Y

根据经验可知，节点的资源丰富程度以及它在网络拓扑结构中的地位会极大影响该节点的性能表现：如一个算力点拥有越多的算力，该算力点的计算性能越强；一个传输点存在的通路越多，则该传输点的传输可靠性越高。由此可以用节点的资源指标、性能指标（KPI）、网络拓扑结构来构建能力评估模型，该模型是一个关于节点资源指标和 KPI 之间关系的函数。当用能力评估模型来评估一个给定的节点，模型的输入是该节点及其影响域（影响域定义参考下面子节 1）内全部节点的资源指标，输出是该节点的 KPI。

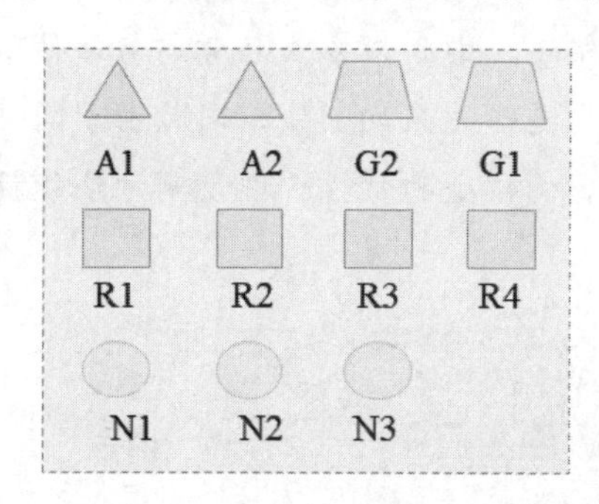

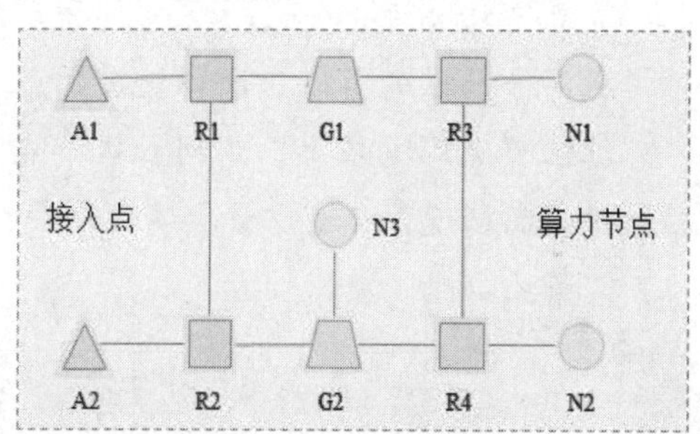

图 8-3 示例算力网络的节点及拓扑关系

关于节点资源指标与 KPI 关系评估，首先对任意一个给定的节点，切割子网找出节点影响域，然后根据该节点与影响域的所有节点的资源指标构建一个映射到该节点 KPI 函数。结合图 8-3 中示例，具体评估内容及方法如下：

1. 节点影响域及其切割方法

对于每一个算网节点，根据模型精度与速度的要求、节点的网络位置与网络拓扑结构，切割出可以影响该节点的区域，即影响域。该节点的 KPI 不仅受其本身资源指标影响，同时也受影响域内的其他节点资源指标影响。不同的切割方法适配不同的需求，如图 8-4 所示的 4 个例子分别切割 R4 节点的影响域（切割方法不限于以下 4 种），各自不同的影响域特征适配不同的需求：

- 基于单点切割：只考虑评估的那一个算网节点，如图8-4（a）所示。由于该方法只需处理一个节点信息，其特点是速度快，但是精度较低，较多次要信息（其他节点资源对该节点KPI的影响）丢失。
- 基于K度关系切割：考虑评估节点K度关系内的所有节点，如图8-4（b）所示。由于该方法考虑了该节点以及其临近节点，所以精度会比单点切割高。因为覆盖节点数目会随着K增加而指数级增长，所以一般用K=1，此时速度较快，精度适中，部分次要信息丢失。

- 基于路径关系切割：考虑与评估节点有链路关系的所有节点，如图8-4（c）所示。由于该方法考虑了和该节点有链路相连的所有节点，即考虑所有影响因素，所以拥有完整信息，精度能达到最高，但是由于处理的节点数目最多，所以速度最慢。
- 基于社区关系切割：考虑与评估节点归属于同一个社区的所有节点，如图8-4（d）所示。在实际网络中，经常出现社区现象，即同一社区内节点密切相连，但是社区之间稀疏相连。由于该方法只考虑与评估节点同一社区的节点，所以速度比基于链路关系切割快，同时由于同一社区节点影响较大，不同社区节点影响较小的特性，该切割方法能提供较高精度，只有少量次要信息丢失。

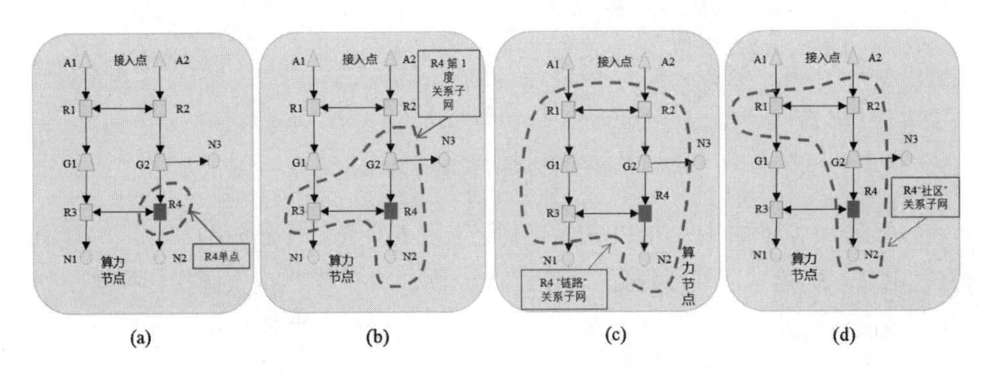

图 8-4　节点影响域切割方法

2. 节点资源指标映射到 KPI 的函数

给定一个节点，使用上述方法切割出影响域，根据节点及影响域内节点的资源指标，综合评估出节点的 KPI。评估模型的输入是待评估节点与影响域内节点的资源指标，输出是待评估节点对应的预测 KPI。模型训练为收集资源指标和节点 KPI 的历史数据，通过全局优化算法，寻找模型参数使得模型预测 KPI 与真实 KPI 尽可能接近，如训练准则为预测值与真实值的距离最短。

例如图 8-3 所示的算力网络拓扑结构，其中 R4 节点是待评估的节点，其 N 个资源指标分别是 Z_1^{R4}，…，Z_N^{R4}，m 个 KPI 分别是 KPI_1，…，KPI_m，并且根据上述基于K=1 度关系切割获得$R4$ 节点的影响域 G2，R3 和 N2，相应的资源指标分别是$Z_1^{G2},\cdots,Z_N^{G2},Z_1^{R3},\cdots,Z_N^{R3},Z_1^{N2},\cdots,Z_N^{N2}$，则能力评估模型为$f(Z_1^{R4},\cdots,Z_N^{R4},Z_1^{G2},\cdots,$

$Z_N^{G2}, Z_1^{R3}, \cdots, Z_N^{R3}, Z_1^{N2}, \cdots, Z_N^{N2}) = (\widehat{KPI_1}, \cdots, \widehat{KPI_m})$，即对 KPI_1，…，KPI_m 的预测值，如图 8-5 所示。模型训练为最小化 $|(\widehat{KPI_1}, \cdots, \widehat{KPI_m}) - (KPI_1, \cdots, KPI_m)|$。

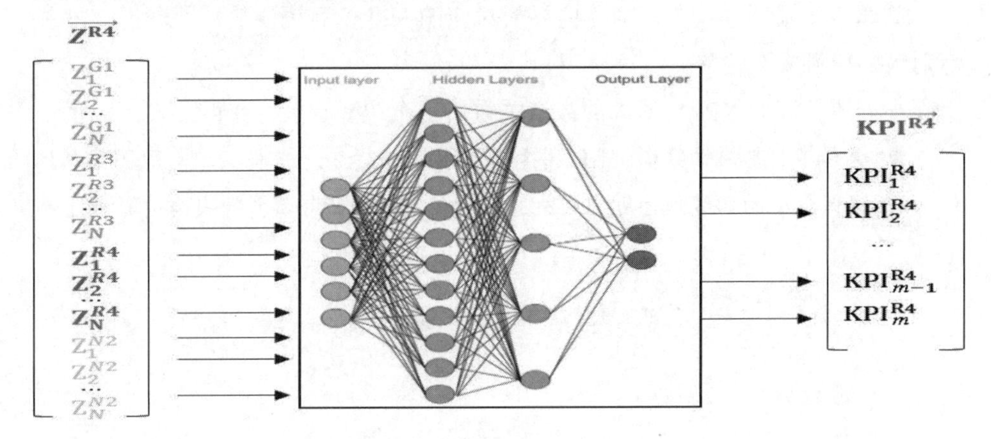

图 8-5　算网节点 R4能力评估模型

使用能力评估模型寻找节点 KPI 性能急速下降或达到特定阈值的资源边界值，从而确定该节点的最大可保证资源，即资源消耗的安全边界。确定节点安全资源边界有以下四个步骤，如图 8-6 所示。

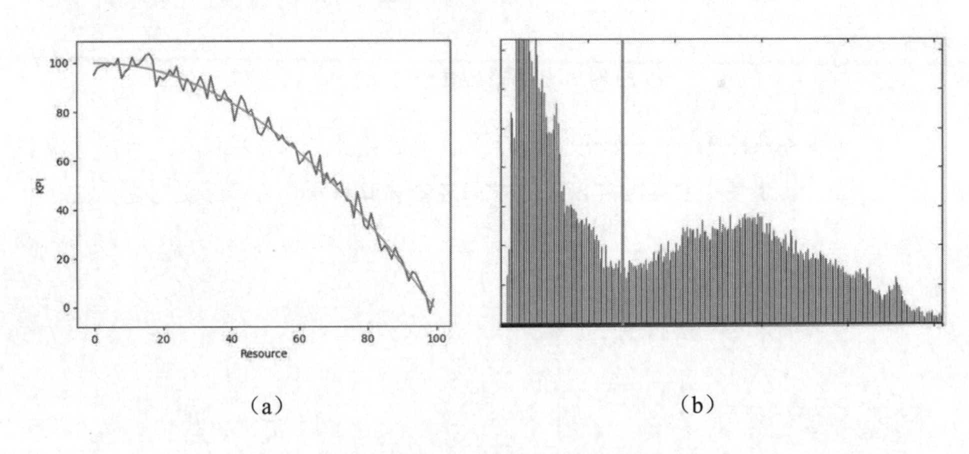

（a）　　　　　　　　　　（b）

图 8-6　确定节点安全资源边界示例

第一步：使用滤波算法使得资源与 KPI 关系曲线变平滑，如图 8-6（a）所示蓝色曲线变为橙色曲线。

第二步：计算 KPI 平滑曲线的斜率，使用差分法计算 KPI 一阶导数近似值，其概率分布如图 8-6（b）所示。

第三步：寻找斜率变化的关键点，使用分割阈值算法计算一阶导数变化临界值，如图 8-6（b）所示橙线。

第四步：根据导数变化临界值寻找对应的 KPI 值和资源值，即获得 KPI 拐点对应的资源安全边界。

根据所关注的 KPI 与资源的数值关系，安全边界有多种获得方式：

- 选择多种基础曲线逼近KPI图像（如图8-7所示），选择其中与原图像整体误差最小的曲线作为近似曲线，然后使用该曲线寻找资源安全边界点。

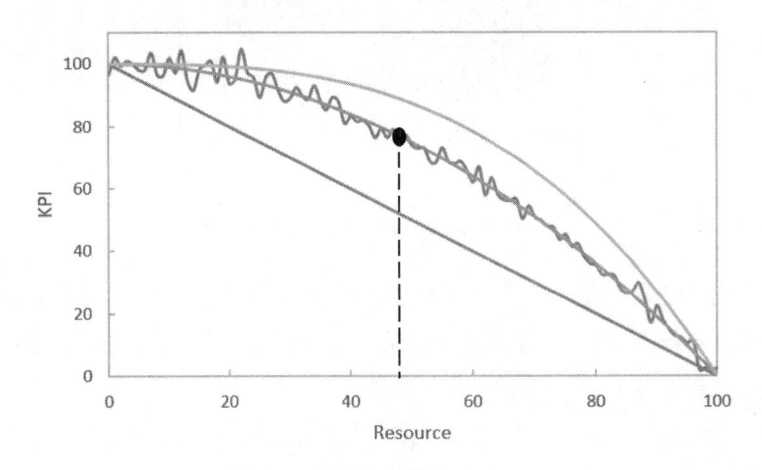

图 8-7 多种基础曲线逼近 KPI

- 近似曲线KPI图像（如图8-8所示），通过导数变化临界值找到对应资源拐点，出现多个拐点时可以通过专家经验选取拐点作为资源安全边界点。

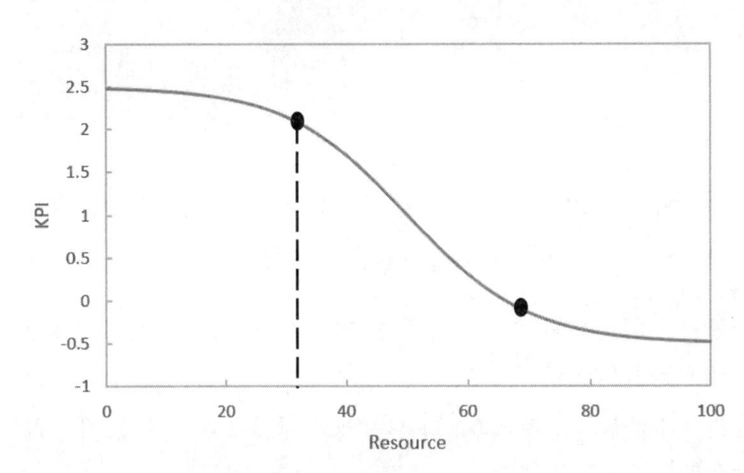

图 8-8 近似曲线 KPI

- KPI与资源偏线性相关，导数变化小，如图8-9所示，可通过专家选取KPI阈值决定资源安全边界。

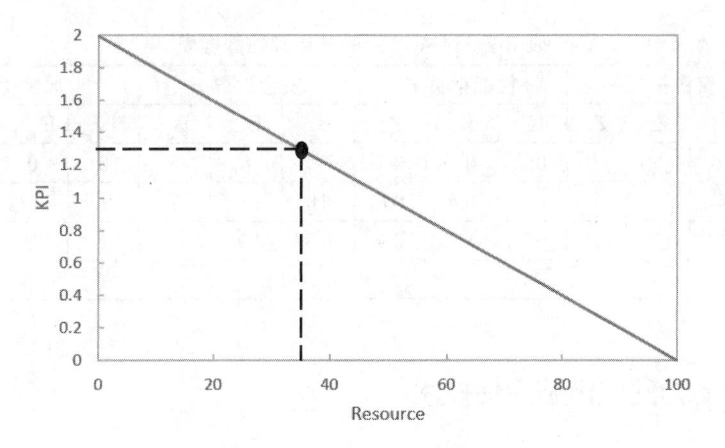

图 8-9　KPI 与资源偏线性相关

- KPI与资源无明显相关，导数偏向于0，如图8-10所示，因此该KPI不受该资源的影响，不存在安全边界。

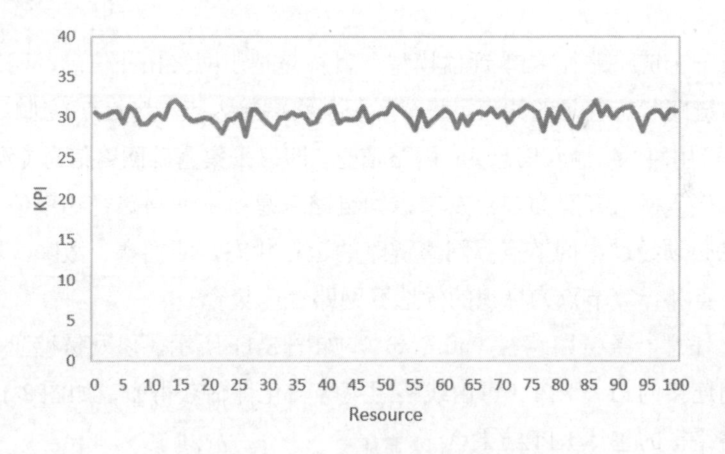

图 8-10　KPI 与资源无明显相关

以资源安全边界为基础，筛选能支持额外业务运行的计算节点与传输节点。在分别计算算力网络中全部“网络节点”和“计算节点”的 KPI 评估结果之后，系统生成节点评估基础数据表。例如，路由节点 R4 的资源指标 Z {CPU 占用率 35%，内存占用率 73%，出口带宽 100GE，……}，性能指标 K ｛端口平均拥塞率 0.3%，转发平均时延 1.2 毫秒，平均排队时长 0.9 毫秒，……}，对应安全边界 B 是 {CPU 占用率 80%，内存占用率 95%，出口带宽 80GE，……}，过去 90 天“突破安全边界”次数 3 次，风险概率低于 0.1% 的置信度为 99%（表 8-2）。

表 8-2　过去 N 天的节点评估数据表

节点	资源指标 Z			性能指标 K			安全边界 B			风险指标		
	Z_1	Z_2	Z_3	K_1	K_2	K_3	B_{Z1}	B_{Z2}	B_{Z3}	$N_{次数}$	$P_{概率}$	置信度
A1	10	5	3	0.1	0.3	0.7	20	8	6	0	0	99%
A2	9	—	2	—	0.4	0.6	18	—	7	1	0.1%	99%
R4	0.35	0.73	100	0.3	1.2	0.9	0.8	0.95	80	2	0.2%	99%
…												

8.4.2　算力网络链路评估技术

算网路径规划技术是基于应用需求、网络拓扑信息和可触达的接入点集合，生成查询条件，查询“节点基础数据表、链路基础数据”，获得单条或多条从应用端到算力点的可选路径 Path = f（Topology，SLA，Position，…），即有效路径库。

假设一个链路路径 KPI 评估模型，目标是基于网络拓扑信息、网络路径约束和网络链路状态信息的约束，获得多条从终端接入点（起始点）到算力点（终结点）的可用路径。输入信息为：网络信息，即已采集基础网络信息（传输节点、接入点、接入网关和算力节点及节点间链路信息）；网络路径约束信息，即接入点信息必须经过中间节点；网络链路的运行状态，即拥塞、故障。输出信息为以接入点和计算节点为标识的候选算网路径库集合。

给定任意一条链路路径 Path（k），如图 8-11 所示，以及链路上节点 KPI 与节点间连接的相关 KPI（可由线路距离等转化评估获得），如图 8-12 所示，计算链路路径的整体 KPI 结果。

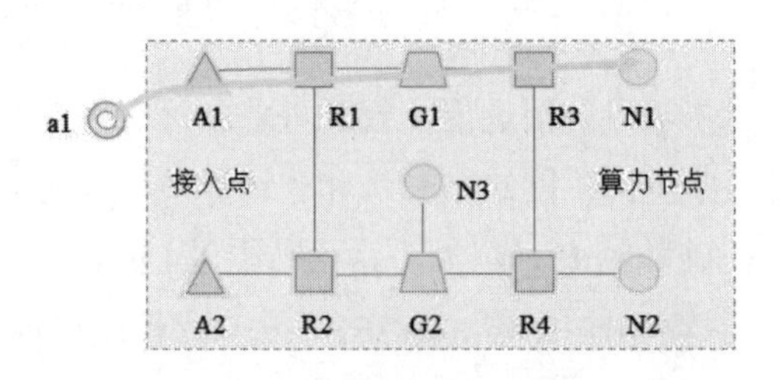

图 8-11　链路路径 Path（k）

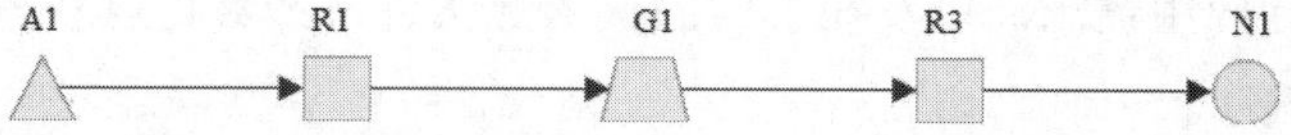

A1　R1　G1　R3　N1

$$\begin{bmatrix} K_1^{A1} & K_1^{L1} & K_1^{R1} & K_1^{L2} & K_1^{G1} & K_1^{L3} & K_1^{R3} & K_1^{L4} & K_1^{R1} \\ K_2^{A1} & K_2^{L1} & K_2^{R1} & K_2^{L2} & K_2^{G1} & K_2^{L3} & K_2^{R3} & K_2^{L4} & K_2^{N1} \\ \cdots & \cdots & \cdots & \cdots & \cdots & \cdots & \cdots & \cdots & \cdots \\ K_M^{A1} & K_M^{L1} & K_M^{R1} & K_M^{L2} & K_M^{G1} & K_M^{L3} & K_M^{R3} & K_M^{L4} & K_M^{N1} \end{bmatrix}$$

图 8-12　链路上节点 KPI 与节点间链接的相关 KPI

逐点计算路径 KPI，根据 KPI 性质决定路径与 KPI 的计算方法，如“时延”进行累加、“成功率”进行累乘等，从而获得整条路径的 KPI：

$$\overrightarrow{\mathrm{KPI}_{\mathrm{App}(n)}^{\mathrm{Path}(k)}} = \begin{bmatrix} f(K_1(i)) \\ g(K_2(i)) \\ \cdots \\ y(K_M(i)) \end{bmatrix} \Rightarrow \begin{bmatrix} \sum_{j\leqslant i} K_1^{d(j)} \\ \prod_{j\leqslant i} K_2^{d(j)} \\ \cdots \\ \sum_{j\leqslant i} \dfrac{1}{K_1^{d(j)}} \end{bmatrix} \tag{8-1}$$

其中，节点或链接 $d(j) \in \{A1, L1, R1, L2, \cdots, N1\}$，$i$ 是 KPI 矩阵的列数（i=1，2，…，5）。对于任意一条路径，根据节点的 KPI 与节点间连接的 KPI 以及 KPI 相关性质，计算该路径的 KPI。遍历计算算力网络中“接入节点”至“算力节点”之间的全部链路 KPI，生成链路评估基础数据表（表 8-3）。

表 8-3　过去 N 天的路径评估基础数据表

接入点	触达算力点的路径	算力点	性能指标 K			风险指标 R		
			时延 $k1$（ms）	丢包率 $k2$ P	抖动 $k3$（ms）	突破总次数 N	风险概率 P	置信度 C
A1	A1↔R1↔G1↔R3↔N1	N1	10	1%	5	3	1%	95%
A1	A1↔R1↔R2↔G2↔R4↔R3↔N1	N1	9	3%	3	1	0.1%	95%
A1	A1↔R1↔R2↔G2↔N3	N3	12	1%	7	0	0.01%	95%
A1	A1↔R1↔G1↔R3↔R4↔G2↔N3	N3	15	5%	8	5	2%	95%
A1	A1↔R1↔R2↔G2↔R4↔N2	N2	7	7%	4	1	3%	95%
A2	A2↔R2↔G2↔N3	N1	8	2%	2	0	0.02%	98%
…								

根据不同应用需求，以及在不同的接入点条件，最终可以获得表 8-4 所列算网路径候选库。

表 8-4　算网路径候选库

应用需求	接入点 A1	接入点 A2	…	接入点 AN
a1	路径列表： {A1 ↔ R1 ↔ G1 ↔ R3 ↔ N1}； {A1 ↔ R1 ↔ R2 ↔ G2 ↔ N3} …	路径列表： {A2 ↔ R2 ↔ G2 ↔ N3} …	…	…
a2	路径列表： {A1 ↔ R1 ↔ R2 ↔ G2 ↔ R4 ↔ N2} …	…	…	…
…	…	…	…	…
an	…	…	…	…

8.4.3　算力网络综合代价函数评估

通过 8.4.2 节描述可知，算力网络中，在已知业务需求和业务接入节点的情况下，可能存在多条算网路径。算网综合代价函数评估就是从众多的可选算网路径中，逐一评估其性能，并在具体策略控制下（如费用优先或性能优先），为业务找到最优算网路径。

如图 8-13 所示，算网 SLA 包括时间敏感型、成本敏感型、资源约束型、业务敏感型、绿色环保型、经济敏感型、安全敏感型等的多因子指标集（KPI）。多因子指标集量化表征了算网 SLA，并形成算网决策组合（SLA Portfolio）。不同应用的算网 SLA 具有差异性，如 AR/VR 服务对网络的带宽、延迟性能和算力的性能有很高的要求，此外算力、网络等经济成本也要同时考虑，算网大脑需要调配合理的算网资源满足业务要求。

在算力网络时代之前，运营商关注的是如何在全局网络拓扑下，实现网络目标 SLA 与网络资源组合的联合最优解，其关系函数是：

$$\mathbf{KPI}_N = f_N(\boldsymbol{R}_{N1}, \boldsymbol{R}_{N2}, \cdots, \boldsymbol{R}_{NM}\text{Topo}_N) \tag{8-2}$$

其中，$\mathbf{KPI}_N$ 是网络 SLA 的资源、业务、绿色、经济、安全等类型多因子的量化 KPI 向量。f_N 是在网络拓扑条件下的网络资源与网络 KPI 的关系函数。R_{Ni} 是网络节点 Ni 的资源指标向量，如占用带宽、转发延迟等。

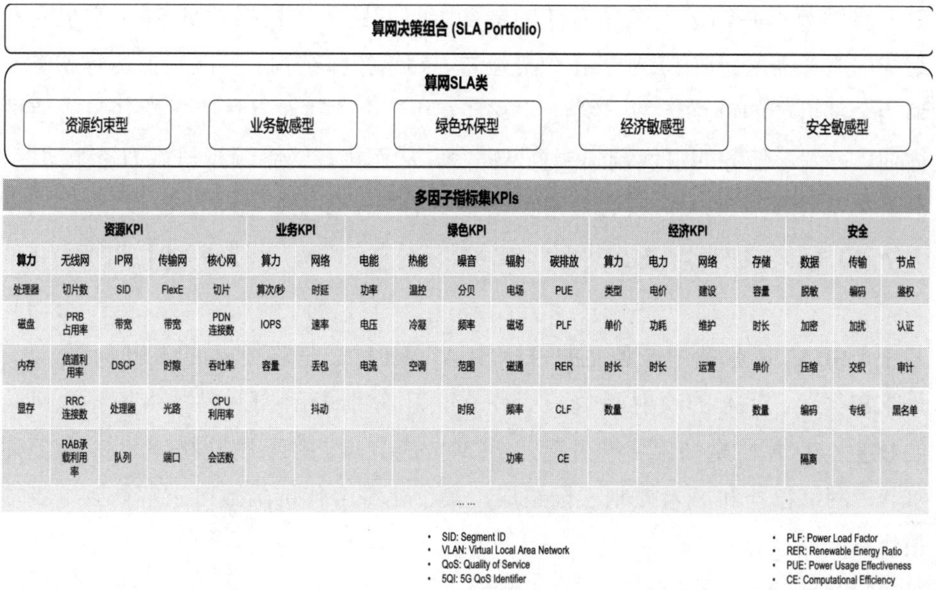

算网决策组合 (SLA Portfolio)

算网SLA类

资源约束型　业务敏感型　绿色环保型　经济敏感型　安全敏感型

多因子指标集KPIs

资源KPI					业务KPI		绿色KPI					经济KPI				安全		
算力	无线网	IP网	传输网	核心网	算力	网络	电能	热能	噪音	辐射	碳排放	算力	电力	网络	存储	数据	传输	节点
处理器	切片数	SID	FlexE	切片	算次/秒	时延	功率	温控	分贝	电场	PUE	类型	电价	建设	容量	脱敏	编码	鉴权
磁盘	PRB占用率	带宽	带宽	PDN连接数	IOPS	速率	电压	冷凝	频率	磁场	PLF	单价	功耗	维护	时长	加密	加扰	认证
内存	信道利用率	DSCP	时隙	吞吐率	容量	丢包	电流	空调	范围	磁通	RER	时长	时长	运营	单价	压缩	交织	审计
显存	RRC连接数	处理器	光路	CPU利用率		抖动			时段	频率	CLF	数量			数量	编码	专线	黑名单
	RAB承载利用率	队列	端口	会话数						功率	CE					隔离		

… …

- SID: Segment ID
- VLAN: Virtual Local Area Network
- QoS: Quality of Service
- 5QI: 5G QoS Identifier

- PLF: Power Load Factor
- RER: Renewable Energy Ratio
- PUE: Power Usage Effectiveness
- CE: Computational Efficiency

图 8-13　多因子指标集

在如今的算力网络时代，根据不同的算力网络发展路线条件，存在两种关系函数。对于具有算网统一图谱的运营商，可以通过 f_{CFN} 求解目标 SLA 与算网资源组合的联合最优。而对于网络和算力独立运营管理的运营商，则需要针对目标 SLA 通过 f_{C} 和 f_{N} 对算力和网络资源分别求最优，如式（8-3）所示：

$$\mathbf{KPI}_{\mathrm{CFN}}=\begin{cases} f_{\mathrm{CFN}}(\boldsymbol{R}_{N1},\boldsymbol{R}_{N2},\cdots,\boldsymbol{R}_{NM},\boldsymbol{R}_{C1},\boldsymbol{R}_{C2},\cdots,\boldsymbol{R}_{CK}\mid \mathrm{Topo}_{\mathrm{CFN}}),\mathrm{JointOpt}, \\ f_N(\boldsymbol{R}_{N1},\boldsymbol{R}_{N2},\cdots,\boldsymbol{R}_{NM}\mid \mathrm{Topo}_N)\cdot f_C(\boldsymbol{R}_{C1},\boldsymbol{R}_{C2},\cdots,\boldsymbol{R}_{CK}\mid \mathrm{Topo}_C),\mathrm{Indep.Opt}. \end{cases} \tag{8-3}$$

其中，$\mathbf{KPI}_{\mathrm{CFN}}$ 是算网 SLA 的资源、业务、绿色、经济、安全等多因子的量化 KPI 向量。f_{CFN} 是在算网统一图谱条件下的算网资源与算网 KPI 的关系函数。f_C 是在算力拓扑条件下的算力资源与算力 KPI 的关系函数。$\boldsymbol{R}_{Cj}$ 是算力节点 Cj 的资源指标向量，如 CPU 使用率、内存使用率等。

算网智能引擎作为算网大脑的智能决策中枢，通过 AI 模型训练和推理，为算网大脑提供节点资源评估、路径评估以及寻优等 AI 能力，其推理过程如图 8-14 所示。

算网节点 KPI 与资源的映射关系是算网决策的基础，首先构建基于 KPI 的算网节点的能力评估模型，综合考虑影响 KPI 的多维度资源，根据对实时性与准确性的要求，考虑节点的网络位置、网络拓扑结构，进行节点资源指标与 KPI 关系评估。在已知业务需求和业务接入节点的情况下，在算力网络中可以选择有效的算网节点并筛选出多条有效的端到端算网路径。根据业务 SLA 需求向量组成的服务需求矩阵 SLA*，接入点位置、网络拓扑结构、算网当前运行状态，遍历全部可能的链路，基于综合（多因子）代价函数对上述有效路径进行整体评估，得到该任务的最优端到端算网路径，从而执行网络编排与算力资源调度。对于第 k 个服务 SLA_k，其有效路径 $\boldsymbol{a}_k$ 的综合（多因子）代价函数 $\boldsymbol{O}_k$ 是：

$$O_k(\boldsymbol{a}_k, \mathbf{SLA}_k^*) = \lambda_k^{\mathrm{SLA}} \left| f_{\mathrm{SLA}}(\mathbf{KPI}_{\mathrm{CFN}}^{(a_k)})(-\mathbf{SLA}_k^* \right| + \lambda_k^T \sum_i T(N_i) + \lambda_k^R (1 - \prod_i R(N_i)) + \cdots \tag{8-4}$$

其中，$\mathbf{SLA}_k^*$ 是业务中服务 k 的目标 SLA，$\mathbf{KPI}_{\mathrm{CFN}}^{a_k}$ 是路径 $\boldsymbol{a}_k$ 的 KPI 向量，f_{SLA} 是 $\mathbf{KPI}_{\mathrm{CFN}}^{a_k}$ 与 SLA 的映射函数，λ_k^{SLA}，λ_k^T，λ_k^R 分别表示 SLA，网络拓扑和风险的权重；$T(N_i)$ 是节点 i 的时延；$R(N_i)$ 是节点 i 的无风险概率。O_k 由上述 SLA、网络拓扑和风险控制三段组成，最小化综合代价函数可求解得到端到端最优算网路径。

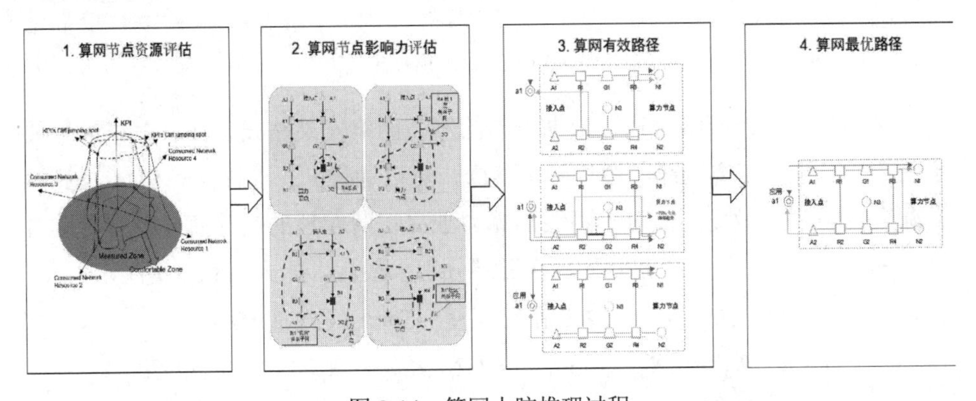

图 8-14　算网大脑推理过程

8.5　算力网络智能引擎应用场景示例

假设某业务 SLA 需求（端到端）为：传输速率 40Mbps，丢包率低于 5%，时延低于 20 ms，抖动低于 15 ms。当前设备配置为：接入点 2 个（A1，A2），路由器 4 个（R1~R4），UPF 有 2 个（G1，G2），算力接入点 3 个（N1~N3），且为时间敏感型应用。算网拓扑图参见之前的图 8-3。

根据节点资源指标映射到 KPI 的算网评估模型与当前网络节点资源状态，

生成节点基础数据如表 8-5 所示，为后续链路 KPI 评估提供数据基础。

表 8-5　节点评估基础数据表

节点	资源指标 Z		性能指标 K	安全边界 B		风险指标		
	Z_1	Z_2	K_1	B_{Z1}	B_{Z2}	$N_{次数}$	$P_{概率}$	置信度
A1	10	5	0.1	20	8	0	0	99%
R4	0.35	0.73	0.3	0.8	0.95	2	0.2%	99%
…								

之后生成链路评估基础数据表。一条路径的 KPI 为时延的累加，且要求时延低于 20 ms，即 $KPI^{Path(k)}=f(K(i))=\sum_{j\leqslant 1}K^{d(j)}\leqslant 20ms$，因此得到表 8-6 所示的相应的有效路径库。

表 8-6　算力节点与接入点对应的有效路径

接入点	触达算力点的全部可能链路
A1	路径 1：{A1 ↔ R1 ↔ G1 ↔ R3 ↔ N1} 路径 2：{A1 ↔ R1 ↔ R2 ↔ G2 ↔ R4 ↔ R3 ↔ N1} 路径 3：{A2 ↔ R2 ↔ G2 ↔ N3}
A2	路径 4：{A1 ↔ R1 ↔ R2 ↔ G2 ↔ N3} 路径 5：{A2 ↔ R2 ↔ R1 ↔ G1 ↔ R3 ↔ R4 ↔ N2} 路径 6：{A1 ↔ R1 ↔ R2 ↔ G2 ↔ R4 ↔ N2}

根据应用需求制定综合代价函数中各因数的权重 λ^{SLA}，λ^G，λ^R，λ^C，λ^T，λ^{CR}。成本敏感型应用在满足业务需求下选择成本最低的路径，增大成本因子权重 λ_k^C，降低其他因子权重；时间敏感型应用在满足业务需求下选择时延最低的路径，增大时延因子权重 λ_k^T；算力资源敏感型应用在满足业务需求下选择算力资源充裕的路径，增大空闲资源比率权重 λ_k^{CR}。

基于以上信息，生成查询条件，查询“节点基础数据表、链路基础数据”，获得单有效路径。对于一套可选路径 $a=(a_1,\cdots,a_n)$，可以计算总综合代价函数 $O(a,\text{SLA})$；遍历有效路径库并计算每一条路径的总综合代价函数；寻找最优调度路径组合 $(a_1,\cdots,a_n)$ 使得总综合代价 $O(a,\text{SLA})$ 最小。由相关参数和路径得到路径综合代价函数如表 8-7 所示。

表 8-7　路径综合代价函数表

路径	T（总时延）	C（总费用）	λ^T	λ^C	…	O
1	2	9	2	1	…	21
2	7	12	2	1	…	16
3	5	8	2	1	…	13
4	4	10	2	1	…	19
5	8	6	2	1	…	14
6	11	7	2	1	…	18

其中总综合代价 O 可由式（4）计算得到，且根据表 8-7 可看出，路径 3 的综合代价 O 最小，因此路径 3 为最优路径。

综上，在业务编排流程之前，即算网编排流程准备阶段，需准备两个基础信息表：节点能力评估基础数据表和路径评估基础数据表，并需要周期性更新。节点能力评估基础数据表为遍历算网节点，调用节点能力模型，依据应用 KPI 需求，生成算网路径节点信息表；路径评估基础数据表一是调用候选路径子模型，确定候选路径集合，二是调用链路路径 KPI 性能评估，生成端到端路径 KPI 表。然后开始算网编排，步骤为：

（1）编排平台收到业务请求后，将当前业务 SLA 映射到算力 KPI 和网络 KPI，标准化编排输入。

（2）依据业务 KPI 需求，查寻节点信息能力表，获得可用算网节点集合。

（3）依据业务 KPI 需求，查询端到端路径 KPI 表，获得可用算网路径及 KPI 值。结合步骤（2）所获得的可用算网节点集合，得到仍可用算网路径集合。

（4）在有效的算网路径集合中，综合端到端算网性能、费用成本，用户策略输出最优路径。

总的来说，该技术综合考量了所有节点间的相互影响、整体路径的性能评估和包含费用、时延、传输消耗等多方面的综合评价函数，确保最终选择的路径对于每一个任务都是最佳路径。

第9章 算力网络数字孪生关键技术

算网数字孪生是以智慧算力服务为中心，为算力租户、算力提供者及算力管理者提供不同维度的可视化算力感知展示、洞察决策、调度编排、开发部署能力。综合先进可视化技术，包括3D可视化、GIS、网络拓扑等，让算力平台使用和管理者无须关注算力底座能力和细节，通过对算力图形化对象的拖拉拽，所见即所得，简洁直观、简化高效、简单易用地进行算力智慧编排。

算网孪生可视化技术融合二维、三维可视化分析展示技术，二维可视化组建一般用于表达数据内容、关联关系、统计图表，以展现网络逻辑拓扑结构为主，常用于辅助算网态势感知、网络相关性分析等应用。三维地理可视化组件常用于实现时空地理信息展示、业务场景的还原可视，便于算网各类应用场景的全景全息展示与分析。

9.1 应用价值

通用数字孪生可视化技术往往以三维建模技术高度还原现实各类场景，真实复原现实场景中实体的外观、几何形状和结构。通过数据驱动对物理实体进行动态的仿真、监测、控制，真实还原相关物理实体在运行过程中的状态和特性。通过高拟真的可视化技术，实现对物理世界的真实复现以及决策支持。而算网孪生可视化要涉及算力节点全息可视化、算力网络拓扑组网可视化、动态数据可视化表达以及空间基础信息融合表达等方向。

算网孪生可视化技术利用3D仿真技术，对算力网络中的算力节点（包括终端、边缘、云数据中心等）及多种设备进行建模，对设备进行实时监控以及全生命周期维护。不仅准确展示了各类资产位置、型号、状态等信息，实现对设备容量、感知、故障事件等信息的综合呈现。并且结合 3D 热力图等可视化技术呈现 IDC 算力节点中设备整体能耗情况。

算网孪生可视化技术中更注重表达网络拓扑组网、运行态势、业务流程及相关行为逻辑的全面呈现、精准表达。需要以算网拓扑组网为基础，汇聚属性、配置、性能、告警等运行数据，贯穿网络对象运行过程的始终，反映出网络各个环节中的运行状态。

既需要满足算力网络物理拓扑组网、逻辑拓扑结构的还原及表达，同时需要满足实时加载大规模真实地理坐标的多源异构空间数据，实现整体算力网络分布全方位复现。将现实世界立体投射到数字世界。

算网孪生可视化具有以下几方面的应用价值：

（1）实时呈现运行情况，提升数据洞察。

算网孪生可视化采用多种数据可视化技术，每种不同的展示方法都从特定的视角呈现算力网络的综合信息（如图 9-1 所示）。将算力网络中各类生产数据进行有效整理变成易于接收的信息，以更易于理解的方式直观呈现。有助于业务人员基于地理可视化技术，融合相关数据钻取、联动分析能力，更容易发现与理解业务发展趋势。

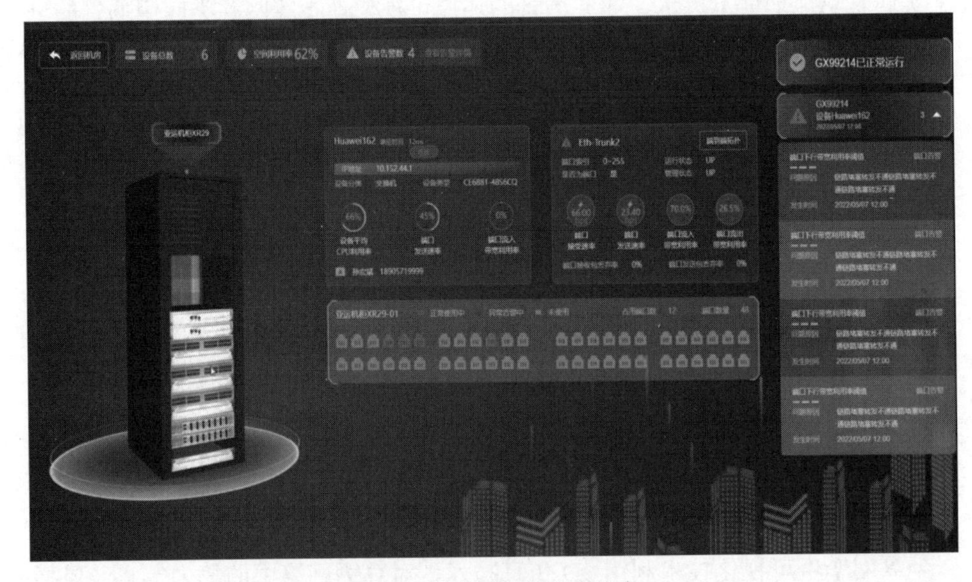

图 9-1　算力网络的综合信息

（2）融合关联多维数据，助力决策分析。

算网孪生可视化综合考虑局部与整体应用场景，面向算力网络“云、管、边、端”的算力协同，动态实时反馈计算资源和网络资源状态，显性模拟算力智能分配、调度过程。从而大大提升了信息交互的效率，降低了信息损耗和时间损耗，确保信息传递的准确性和及时性，降低了信息查询和浏览的难度，使运维管理人员能够大幅提升操控效率，加快响应速度，缩短处理时间。

算网孪生采用以拓扑图为基础的几何图形，反映网络的部署、运行、性能、告警等变化情况（如图 9-2 所示）。辅助管理者更容易认识与理解数据的特征，有利于用户对网络运行态势进行实时感知分析，发现潜在问题，有效验证网络组网拓扑模型。可用于网络拥塞、网络路径调度、网络故障影响等业务场景。

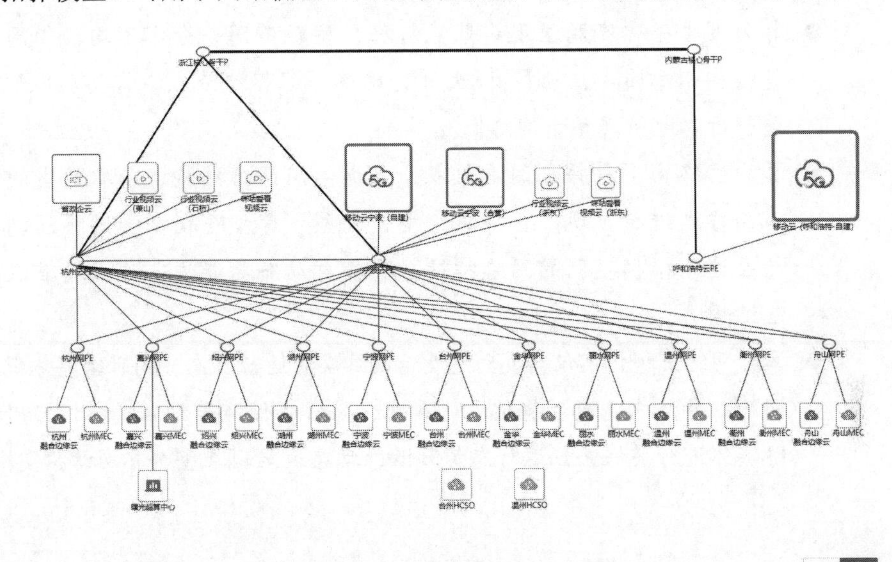

图 9-2　算网孪生拓扑图

9.2　问题现状

算力网络是云网融合的持续演进、算力和网络能力的融合，通过网络连接实现云—边—端算力的协同调度。纵向来看，算力网络自下而上，可分为基础设施层、编排管理层和运营服务层，具有分层式结构特点。横向来看，算力网络依然是以网为基础，具有数量庞大、拓扑关系复杂等特点，是一种典型的时空特征的图结构关系。算网数字孪生需要依托算网孪生可视化技术清晰、直观地反映算网的运行状况，完成对物理网络各层级节点、链路等各类信息的采集、分析、建模，从而辅助网络运营人员更精准更智能地完成不同业务需求下的算力调度。

算网孪生可视化技术是以多种可视化技术为基础，在虚拟数字空间中实现对真实物理网络的建模，精准反馈算力网络的运行状态、业务调度情况。算网孪生可视化技术面临以下问题：

- 算力网络资源空间地域分布广、数量庞大。面临跨地域、超大规模、高复杂度的网络拟真呈现要求。
- 算力网络整体布局呈现群落性特征，稀疏不同，分布不均。但网络拓扑结构相对固定，顶层有8大算力网络国家枢纽节点。需要层次鲜明、逻辑清晰地呈现整个网络概况。
- 算力网络由多种异构网络组成，根据不同网络结构，采取适当的网络布局方式进行呈现，支持总线型、星型、环型、树型等网络结构的布局表达。根据不同的网络特性，具备自动布局能力，可以精准表达网络结构。
- 算力网络可视化不仅需要动态展示网络实时运行状态，同时需要体现算力网络业务流向。自动将延迟、吞吐、异常、性能等细粒度指标与虚拟网络实体进行关联，让运行态势鲜活、动态地呈现在整个算网结构图中。

9.3 业务目标

算力网络可视化需要将地图要素、网络组网、业务感知等多类型数据整合到一个三维可视化空间中。将精细化模型转换为3D模型格式，矢量数据转换为轻量级数据传输格式，快速构建地理空间数据到Web端的数据转换模型中。通过三维引擎渲染生成场景，并实现自适应的场景动态调度、二三维场景同步联动等可视化效果。

首先需要将算力网络基础资源实体、应用等建立对应的单体3D矢量模型，不同模型形状表达不同的算力节点。同时用不同线型描述定义算力之间的连接关系。定义不同颜色来呈现算力网络中业务状态。为加强对算力网络业务运行及调度的可视化效果，采用光影、动态线条等设计，为整体呈现注入活力，助力交互体验。

算网孪生可视化根据不同应用阶段，具备不同的能力成熟度。

阶段一：算网基础资源可视化。

实现算网资源实体，如算力、网络、数据、应用的集中多维度展示。通过对算网资源实体的物理属性、几何模型、运行规则、拓扑关系以及其他算力相关能力标识的数字化定义，完成算力核心资源各类逻辑关系表达。

通过算力网络拓扑结构图的形式，辅助算网决策调度人员掌握整个算力网络的运行状况。算力网络拓扑结构图能够实现物理网络连接、逻辑关联视图的展示，清晰地表达网络之间的连接关系。并提供鹰眼和全屏拓扑图宏观、局部监测能力。显示设备、网元、链路的运行、告警状态等信息。

由于网络的拓扑结构与业务发展态势息息相关，算力网络拓扑需要依赖实时性较强的数据采集能力，快速、真实还原网络的拓扑结构变化，通过自动发现技术实现网络拓扑结构的自动更新。

阶段二：算网感知可视化。

通过对基于算网基础设施层的能力进行抽象，构建云、边、端算力网络。实现算力的全方位感知与算力各类指标指数动态采集和感知。完成算网运行态下的可视化展现。

算力感知可视化需要动态、实时、多维度展示流量分析结果、系统配置状态等，通过对网络拓扑结构的总体展示，能够反映业务形态的变动趋势，展示网络历史态势与网络相关参数的内在关联关系。

基于算力网络地图呈现多维度的数据信息，主要包括网络实时业务信息、设备物理属性、运行事件信息、时空位置信息及预测推演信息。

阶段三：算网算力仿真编排。

基于算力全能感知与可视化展示，沉淀基础算网业务运行规则及模型，根据算力意图、资源需求、服务特点等进行等高阶算力需求以及当前算力网络的运行状态，进行洞察决策，进行主动的算力资源可视化仿真调度与编排。

随着网络规模的扩大，网络中链路故障、设备端口震荡、网络拥塞等问题时刻在出现，这些故障会导致算力信息和网络信息指标权重的变化。因此在算网业务开通、编排调度场景中常引入算网孪生可视化技术来模拟验证算力网络相关运行情况。

阶段四：算网算力高拟真。

逐步由低维向高维数据模型展开，实现对高阶算力资源规划、运行、优化、维护等场景未来态的推演与仿真。能够辅助算力网络整体的资源分配、投资决策，是洞察与编排可视化能力升级。完成算网模拟态下的可视化展现。

通过对网络进行智能分析，实现对网络性能、网络容量、网络质量、网络健康度等综合评估，实时反映网络流量和网络业务质量的分析和结果。快速分析并推演展示相关网络等应用能力。

9.4　核心算法

算力网络节点规模大，拓扑关系复杂，是一个具有时空地理分布特征、分级分层的结构关系图。围绕7.1.2节中所述算网孪生可视化面临的问题，采用以下相关设计思路及算法进行呈现表达算力网络。

9.4.1　分级多层布局

2021年5月，国家四部委发布《全国一体化大数据中心协同创新体系算力枢纽实施方案》，提出“国家枢纽＋省级＋边缘节点”的“东数西算”架构，算力网络逐步形成云、边、端多级计算协同部署。基于算网的整体架构，算网孪生可视化需要通过网络分层、架构分级来实现网络拓扑规模的减小。采用三维立体分层布局算法，构建层级清晰的网络分层结构，如图9-3所示。避免因网络节点规模大，导致可视加载时间过长、性能较低等问题。

9.4.2　混合空间布局

算力网络的地域分布较广，密度分布不均。网络节点密集区域，容易导致大量节点重叠和交叉，连接关系混乱。

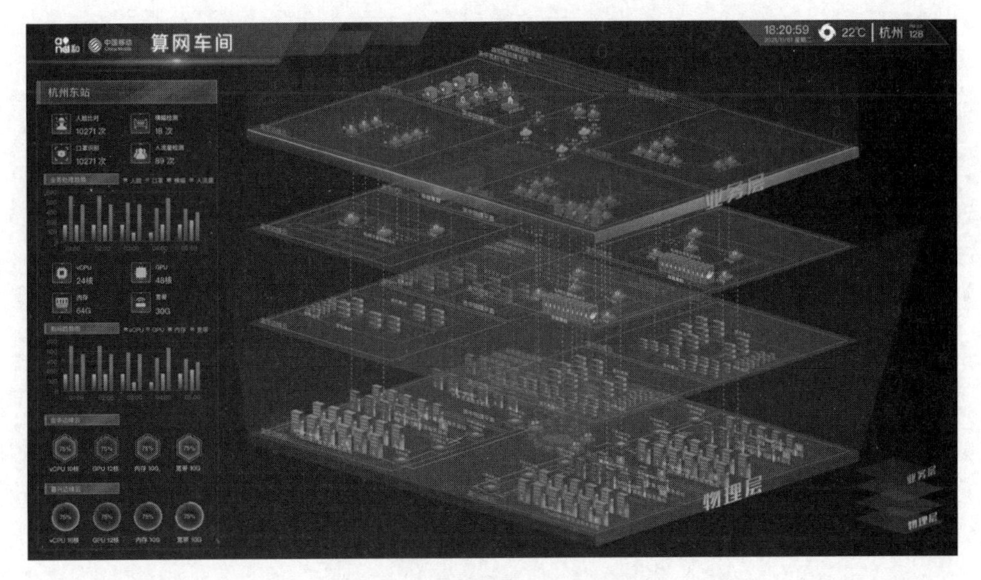

图 9-3 网络分层结构示意图

算力网络中枢纽中心、省级、融合边缘云的宏观视角层面采用地理位置布局算法，基于 GIS 的物理拓扑布局，利用天然地理属性，来满足算网全局视角全景洞察。

算力网络中云、网、边资源节点之间的微观视角采用相对空间布局、网格划分分布区域。通过权重矩阵分析资源节点密切程度，合理形成群落特征，保证布局结果美观。

通过“物理布局 + 逻辑布局”的混合布局模式，有效解决复杂网络拓扑的呈现方式。

9.4.3 纵向多级穿透

根据算力资源的不同维度、不同分析粒度来实现从上至下的穿透钻取（如图 9-4 所示）。呈现不同算力节点、算力路径上的关键业务指标。既要满足网络整体运行态势的实时特征，又要能够高质量、细粒度反馈网络、应用、效能等多维度指标。支持基于某节点或某链路进行网络运行质量影响分析，助力问题故障快速诊断。

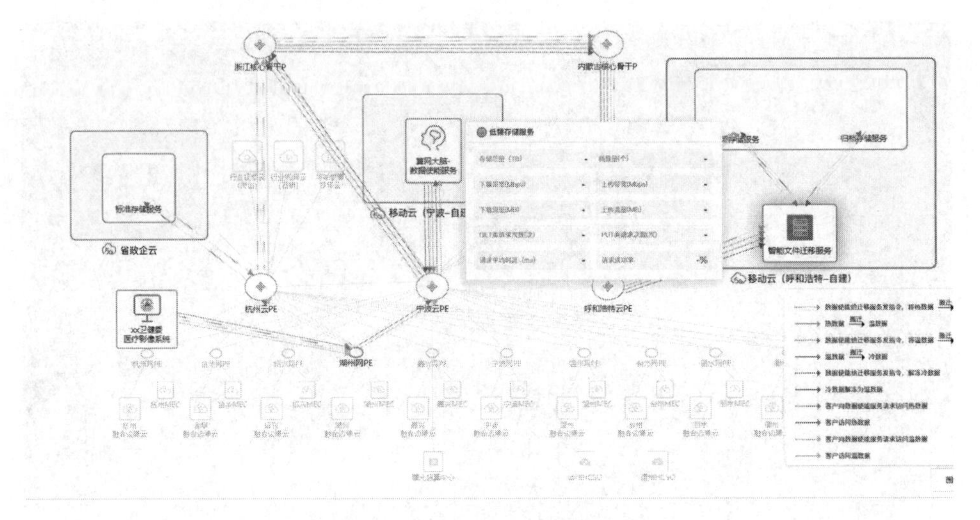

图 9-4 算力资源不同维度、不同分析粒度信息呈现

9.5 关键技术

9.5.1 3D地理可视化技术

3D 地理可视化技术是将现实世界中三维对象的相关属性与空间位置进行有机结合，通过经纬度与高程数据对空间对象进行数据化描述，可对空间实体的位置、分布、距离等空间信息进行科学分析。

3D 地理可视化技术一般支持动态加载全球范围多种通用地图数据，包含互联网各种主流专用地图数据，支持高精度高程数据、各类矢量地理要素数据（如道路、建筑、行政区划、海洋边界等）、倾斜摄影数据、无人机航拍数据、精细建筑结构数据等，并支持坐标偏移校正，经 / 纬 / 高坐标厘米级精度定位，实现各类地图要素数据的精准叠加显示。

近些年来，随着实景中国的提出，国内 3D 地理可视化技术发展迅猛，针对不同应用需求，提供不同精度城市建筑模型数据，实现大规模城市建筑的动态加载。特别是在全尺度的渲染能力研究、地理环境的高拟真动态渲染（真实模拟气象、光照等环境效果）方面都取得了一定突破。

9.5.2　网络拓扑可视化技术

网络拓扑可视化主要涉及网络拓扑模型、信息可视化和绘图三个研究领域。网络拓扑建模主要为拓扑可视化工作解决数据来源和可视化理论基础问题；信息可视化与网络拓扑可视化工作最为接近，主要提供理论和方法的参考；绘图则是网络拓扑可视化的技术支撑。其中网络拓扑模型的研究工作又涉及网络测量、图论、算法设计、统计学、数据挖掘、可视化以及数学建模等多个研究领域，主要有获得完整、准确的互联网网络拓扑数据，描述互联网网络拓扑特征以及构造类似互联网的网络拓扑这三个研究方向。信息可视化则是集合了很多传统科学的、由计算机来整合展现的一门技术，主要面向数据过于复杂或者不够直观等不利于令人理解的情况，将拓扑数据中抽象的信息转化为几何图形，使观看者更容易认识与理解数据的特征、更便于浏览与沟通。而绘图技术则是数学与计算机学科的交叉领域，主要研究拓扑空间与几何空间的映射关系，也就是为节点计算坐标，为连接的边计算弯曲度。

国际上，CAIDA 在 2001 年发布的 Walrus 工具，是一种能够在三维空间中对大规模有向图交互式可视化的工具，非常适合十万个节点以下的树状图可视化，其原理是将拓扑图抽象为生成树，并将生成树嵌在包含 3D 双曲空间的欧几里得投影的球体内进行渲染。

国内在网络拓扑可视化领域中也有很多研究成果：基于多层图布局算法的不确定性网络可视化方法，对传统的多层图布局算法进行了改进，并最终提高了概率图布局的确定性；对大规模拓扑图进行层级划分并逐级进行层次可视算力网络可视化，有效地提高了大规模网络拓扑的可视化效率与美观度。

9.5.3　游戏引擎技术

常见的游戏引擎有 Unity 3D、Unreal 等，主要应用于虚拟仿真、虚拟现实、视觉化、游戏开发等领域，可胜任航空航天、军事、海事、教育科研、城市规划、室内设计、工业制造等行业的虚拟技术实现。其中 Unreal 引擎全面整合封装了碰撞检测、格网渲染、物理引擎、动画声音组件。支持 C#、C++、UnigineScript 三种开发语言，支持 QT、WPF、WinForm 等开发环境，同时支持 DirectX 和 OpenGL 两种最常用的图形渲染引擎。

游戏引擎的主要渲染模块包含材质及着色器、静态及动态光照、摄像器、几何图元、表面纹理、粒子系统、文本等。较于其他三维平台和引擎，游戏引擎在特大场景塑造和画面渲染表现方面尤为突出，具体表现为：

- 城市级场景高性能可视化。支持范围达数千公里范围下的城市三维地理数据展示，支持GIS时空标准格式数据（3D Tiles、S3M、I3S等）的加载。
- 细节场景高拟真可视化。游戏引擎基于物理特性的渲染技术，具有精细着色、实时光照模式、精确大气模式、植被渲染模式、各类逼真动画特效的处理。

这些技术的演进，促进算力网络孪生可视化能够满足城市级场景大规模网络组网表达。

9.6 应用场景

在算力资源多样性的网络中，如何将用户业务流量调度到合适的算力资源池中进行处理，需要网络具备精确的路由决策能力。在算力业务开通中，应用的算力服务请求将不再局限于特定服务节点的能力，而是会依据应用的算力资源需求和算力服务质量，结合可用的网络路径，将应用请求或应用流路由至最优的算力节点进行处理。算网孪生可视化可以在算网业务开通过程中提供不同策略条件下算网路径路由，并模拟预测提供不同算力路由下相关网络指标。

算力网络包含云—边—端的算力，网络中分散的范围广，接入的设备资源规模大。整体算力网络的运营管控需要宏观到微观的可视化运营管理能力，展示枢纽算力节点与各大算力节点之间的网络拓扑信息、路由状态信息、算力资源信息（包括计算资源总量 / 剩余数量、存储资源总量 / 剩余数量等）。同时能够支持动态展示算网中流程编排和资源编排场景。

第10章 应用案例分析与设计

随着物理世界和数字世界的深度融合，网络作为连接物理世界和数字世界的桥梁，实现了数据的巨大价值。据 Gartner 预测，到 2025 年，超过 50% 的计算数据需要在边缘进行分析、处理和存储。海量数据的传输、分析和存储对传统网络和云计算提出了巨大挑战，最终推动计算从云向下移动到靠近数据源的边缘，在网络中形成分布式计算资源。因此，在未来的网络中，将会有中心、边缘、终端等多层次的计算资源，这些计算资源也是针对不同应用场景的异构计算资源。

表 10-1 将目前常见的算网应用根据其算力特征归纳为云—边—端协同、多云协同、云边协同三种主要类型，每种类型对于网络及算力的需求各有不同，在下文中将进一步举例说明。

表 10-1　主要算网应用类型

应用特征		场景说明	典型应用
算力结构特征	数据流量特征		
云—边—端协同	大	边侧算力支持端侧的感知和控制 云侧部署大规模算力，支持智能决策	AR/VR
多云协同	小	数据存储在不同云上，将任务调度到数据所在节点	基于联邦计算的医疗推荐
	大	数据产生于不同云上，将数据搬迁到成本低的节点计算	东数西算—数据迁移
云边协同	小	边算力支持快速响应的业务，云算力部署存储数据，并支持复杂计算	元宇宙—数字人
	大	边算力支持本地化业务，云算力支持管理决策，数据周期性传输	云边一体数据治理

另外，轻量化、快速启动、低运营成本的应用需求，推动计算技术向轻量化、动态发展的方向发展。打破传统模式，将服务器端应用解构为分布式的服务组

件，部署在网络的不同位置，由API网关统一调度。如何在网络提供数据传输能力的同时，为按需业务组件分配最优的计算能力，成为一个值得深入研究的关键问题。

10.1　云—边—端算力协同

10.1.1　AR/VR业务算网方案

虚拟现实（Virtual Reality，VR），简称虚拟技术，也称虚拟环境，是利用电脑模拟产生一个三维空间的虚拟世界，提供用户关于视觉等感官的模拟，让用户感觉仿佛身临其境，可以即时、没有限制地观察三维空间内的事物。用户进行位置移动时，电脑可以立即进行复杂的运算，将精确的三维世界影像传回，产生临场感。该技术集成了电脑图形、电脑仿真、人工智能、感应、显示及网络并行处理等技术的最新发展成果，是一种由电脑技术辅助生成的高技术模拟系统。从技术的角度来说，虚拟现实系统具有下面三个基本特征：即三个“I”Immersion-Interaction-Imagination（沉浸—交互—构想），它强调了在虚拟系统中的人的主导作用。从过去人只能从计算机系统的外部去观测处理的结果，到人能够沉浸到计算机系统所创建的环境中，从过去人只能通过键盘、鼠标与计算环境中的单维数字信息产生互动，到人能够用多种传感器与多维信息的环境发生交互作用；从过去的人只能以定量计算为主的结果中启发从而加深对事物的认识，到人有可能从定性和定量综合集成的环境中得到感知和理性的认识从而深化概念和萌发新意。增强现实（Augmented Reality，AR），是指通过摄影机影像的位置及角度精算并加上图像分析技术，让屏幕上的虚拟世界能够与现实世界场景进行结合与交互。这种技术于1990年提出。随着随身电子产品运算能力的提升，增强现实的用途也越来越广。混合现实（Mixed Reality，MR）指的是结合真实和虚拟世界创造了新的环境和可视化，物理实体和数字对象共存并能实时相互作用，以用来模拟真实物体，混合了现实、增强现实、增强虚拟和虚拟现实技术。Mixed Reality是一种“虚拟现实（VR）+增强现实（AR）”的合成品混合现实（MR）。

随着5G网络的大规模部署以及6G的研发，VR/AR与网络深入结合，接入网、承载网、数字中心等网络都将深度参与 VR/AR 相关业务。特别是 5G 网络将成为 VR/AR 业务的重要网络承载。5G 用户速率可达 100Mbps 到 1Gbps，传输时延可达 20ms 以内。在云端渲染场景中虚拟现实应用所需的渲染能力将导入云端，这样将有效降低终端配置成本。如何进一步将本地渲染与云端渲染所需的算力协同结合将成为未来一段时间整个产业面临的重大挑战之一。

多接入边缘计算（MEC）将密集计算任务迁移至网络边缘，有效降低了核心网及骨干传输网络的负担，更为重要的是 MEC 将为 VR/AR 用户体验最关键的时延 MTP 提供重要保障。MEC 可为应用提供 CPU、GPU、NPU 等算力，存储资源通过动态路由网络能力开放等进一步保障用户 SLA 需求。IP 网络架构扁平化以及网络切片有助于提升承载网的传输效率。相关网络拓扑如图 10-1 所示。

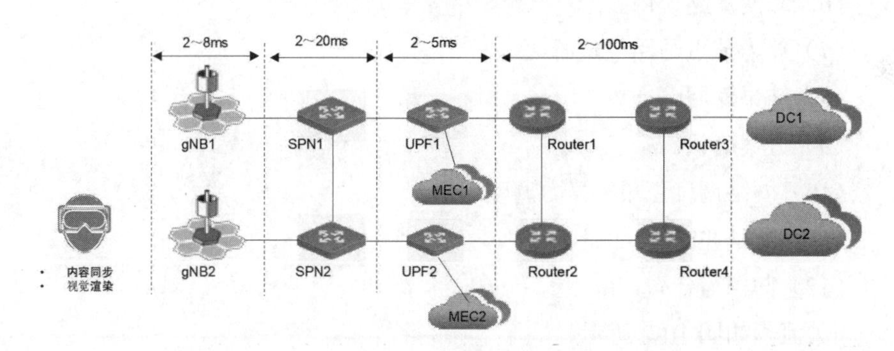

图 10-1　AR/VR 场景下网络拓扑

1. 算网需求

在此需求场景下进一步将 AR/VR 应用总体服务分解为两大类服务需求：

- 低时延服务：AR/VR视觉渲染等。
- 非低时延服务：AR/VR内容制作、内容同步等。

相关指标要求如表 10-2 所示。

表 10-2　AR/VR 场景网络指标要求

服务	网络需求（单用户）	算力需求（以满足 2000 用户，5% 并发估算）
视觉渲染	端到端时延要求：<10ms	处理能力：内容分辨率 2~4K，帧率 50~90FPS，码率 ≥ 40Mbps 处理时延：≤ 30ms
内容同步	端到端时延要求：<100ms 网络带宽：>200Mbps	处理能力：根据 VR 片源的引入情况确定

2. 关键业务流程

该场景下的算网大脑编排选择符合 AR/VR 业务需求的计算节点与网络路径，实现业务的云—边—端协同，保证业务质量与用户感知。其关键业务流程包括：

（1）提交业务算网需求。

（2）业务受理，生成订单。

（3）订单业务意图解析。

（4）编排工单下发。

（5）编排工单解析。

（6）算网算路调用。

（7）算力节点与路径选择。

（8）结果返回。

（9）方案确认。

（10）网络调度工单 / 算力调度工单。

（11）测试并回单。

（12）归档与计费。

相关流程如图 10-2 所示。

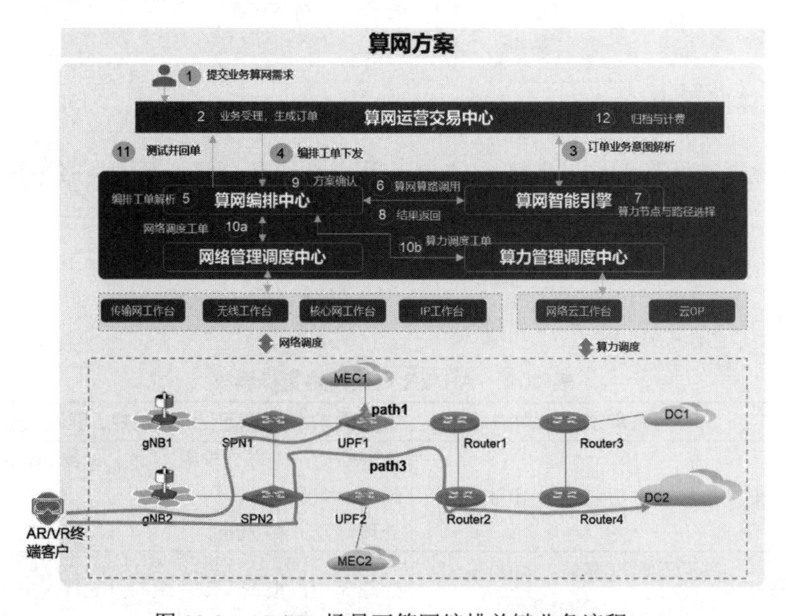

图 10-2　AR/VR 场景下算网编排关键业务流程

算力节点与路径选择关键指标如表 10-3 和表 10-4 所示。

表 10-3 AR/VR 场景下网络选择关键指标

服务	网络性能需求到网络节点配置映射示例
渲染服务	gNB2：S-NSSAI，5QI（80），Priority（68），PRB（x%）
	SPN1：Tunnel ID，DSCP（CS4），Bandwidth（xMbps）
	UPF1：S-NSSAI，5QI（80），Priority（68），AMBR（xMbps）
内容同步	gNB2：S-NSSAI，5QI（7），Priority（70），PRB（x%）
	SPN2：Tunnel ID，DSCP（AF43），Bandwidth（xMbps）
	UPF1：S-NSSAI，5QI（7），Priority（70），AMBR，（xMbps）
	Router1，2，4：SID，DSCP（AF43）Bandwidth（xMbps）

表 10-4 AR/VR 场景下算力选择关键指标

服务	算力性能需求到算力节点配置映射示例 （以满足 2000 用户，5% 并发估算）
渲染服务	服务器数量(>7)，单台配置：主频(>2.6GHz)；核数(>22)；内存(>60GB)；显卡（NVIDIA M60）；网卡（万兆）
内容同步	服务器数量(>150)，单台配置：主频(>2.6GHz)；核数(>12)；内存(>48GB)；网卡（万兆）；磁盘（>40TB）

在可见的未来 AR/VR 业务将进一步爆发，无论在 ToC 端家庭、移动式应用，或者 ToB 的工业设计、教育等领域的应用中，算网大脑以及算网编排能力将对业务发展以及用户感知起到至为关键的核心作用。

10.1.2 公安机关嫌疑犯识别

人工智能技术正在广泛深入地介入人类生活，其中人脸识别、目标检测等技术对司法、刑侦、电子护照及证件，金融保险行业的自助服务等诸多领域产生的重大变革。

随着城市的快速扩张和发展，犯罪也不断增加。为了避免出现因犯罪证据不足等情况而使犯罪分子逍遥法外，利用人脸识别、目标检测等新型 AI 技术可以有效辅助公安对犯罪行为的侦察和制止。相比于指纹、DNA 等其他需要罪犯留下身体痕迹的犯罪识别技术，通过面部识别的犯罪分子可以更快地发出警报（无论是从检测的角度还是从不同图像来源的分析角度），使得世界上越来越多的警察机关将其纳入。公安机关锁定嫌疑人后，根据嫌犯出现的场所，选定附近的摄像头，及时跟踪和绘制嫌犯的活动地图。

如图 10-3 所示，算网为以下服务规划资源：

- 训练服务：第一层，图像采集层，由用于捕获图像的摄像机提供；第二层，图像预处理层，由用于处理图像的算法承担；第三层，特征提取层，由从图像中提取的特征，如眼睛、鼻子、嘴巴和其他面部特征的位置；第四层，人脸识别层，由人脸识别算法承担，该算法将提取的特征与之前训练的数据进行比较。为应用规划好云端算力，以满足模型训练要求，如边缘检测和人脸检测。
- 推理服务：公安机关框定嫌疑犯出现场所附近的摄像头，将历史视频数据上传至算网选择的边缘云，在边缘云上进行人体特征识别推理服务。

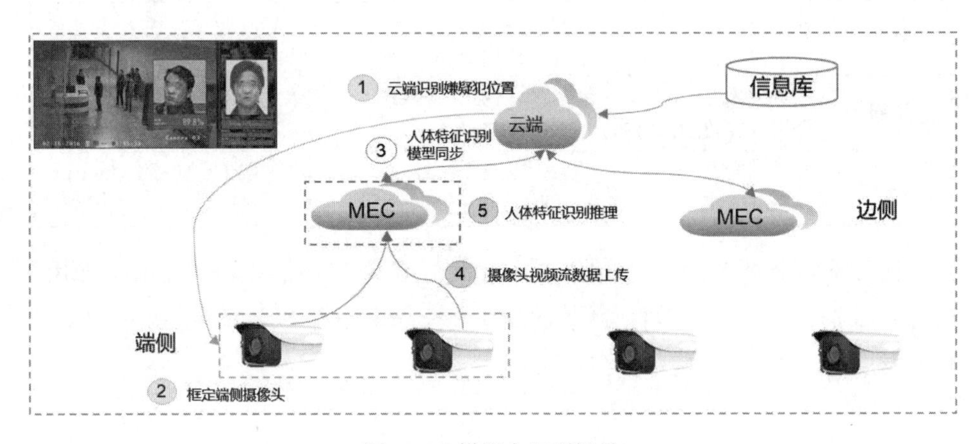

图 10-3　嫌疑人识别场景

1. 算网需求

在此场景下主要涉及图像识别、目标检测等 AI 算力的需求，如表 10-5 所示。

表 10-5　嫌疑人识别场景算网指标要求

服务	网络需求	算力需求
训练服务	时延要求：<100ms 带宽要求：>100Mbps	4 个人体特征识别模型： GPU：32 个 NVIDIA T4 CPU：16 个 Intel 4210 内存：2TB 硬盘：16TB

续表

服务	网络需求	算力需求
推理服务	时延要求：<100ms 带宽要求：>100Mbps	视频流数据示例：64 路摄像头，2 小时，1080P 视频 GPU：4 个 NVIDIA T4，处理频率为 80 帧 / 秒 CPU：2 个 Intel 4210 内存：64GB 硬盘：2TB

2. 关键业务流程

在此场景下系统通过边侧和云端协同实现根据需求进行算力调度，其关键业务流程包括：

（1）选定重点跟踪摄像头。

（2）进行边缘云节点及路径选择。

（3）进行边云模型同步。

（4）边缘执行人体特征识别。

（5）识别结果推送。

相关流程如图 10-4 所示。

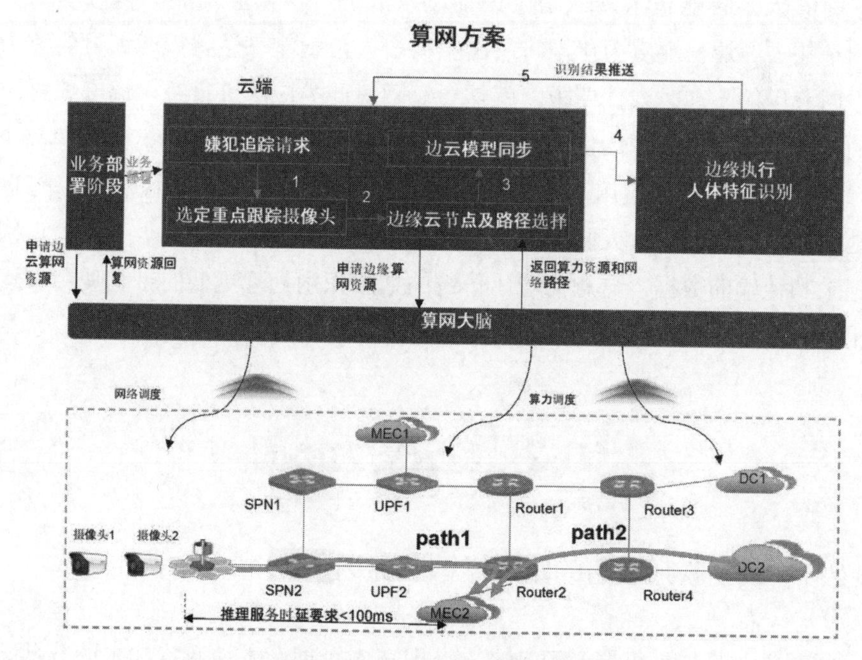

图 10-4　嫌疑人识别场景下算网编排关键业务流程

算力节点与路径选择关键指标如表 10-6 和表 10-7 所示。

表 10-6　嫌疑人识别场景下网络选择关键指标

服务	网络性能需求到网络节点配置映射示例
模型训练服务	Router2、Router4：Tunnel ID，DSCP（18），Bandwidth（10Gbps）
推理服务	SPN2：Tunnel ID，DSCP（18），Bandwidth（xMbps）
	UPF2：S-NSSAI，5QI（80），Priority（68），AMBR（xMbps）
	Router2：SID，DSCP（18），Bandwidth（　xMbps）

表 10-7　嫌疑人识别场景下算力选择关键指标

服务	算力性能需求到算力节点配置映射示例
模型训练服务	GPU：32 个 NVIDIA T4 CPU：16 个 Intel 4210 内存：2TB 硬盘：16TB
推理服务	GPU：4 个 NVIDIA T4 CPU：2 个 Intel 4210 内存：64GB 硬盘：2TB

随着人工智能技术领域图像识别技术的进一步快速发展，类似于本案例中例举的云—边—端算力协同将层出不穷。人工智能算法将需要大量的算力，但不同应用的不同时效性要求，就需要算网对此类应用进行统一调度编排。传统的人脸识别技术处理图像和视频过程中大量的训练和算力密集型处理都在云端。数据的传输需要占用一定的网络带宽，通过边缘 AI、摄像头可以有选择性地记录，只发送包含人脸的镜头。避免传输不相关的镜头减少了人脸识别系统记录和传输的数据。这意味着比传统的人脸识别处理更低的带宽使用和运营费用。

10.2　多云算力协同

10.2.1　基于联邦学习的医疗推荐业务场景

联邦学习是一种机器学习技术，亦即在多个拥有本地数据样本的分散式边缘设备或服务器上训练算法。这种方法与传统的集中式机器学习技术有着显著的不同，传统的集中式机器学习技术将所有的本地数据集上传到一个服务器上，而更经典的分散式方法则通常假设本地数据样本都是相同分布的。联邦学习使多个参与者能够在不共享数据的情况下建立一个共同的、强大的机器学习模型，从而可以解决数据隐私、数据安全、数据访问权限和异构数据访问等关键问题。

对于现代医疗领域而言，医疗机构不得不依靠自己的数据来源，而这些数据可能受到患者人口统计、使用的仪器或临床专业等因素的影响。或者他们需要从其他机构收集数据来获得需要的所有信息。联邦学习使人工智能算法能够从位于不同位置的大量数据中获取经验。

这种方法使不同的机构能够在模型的开发上进行协作，但是不需要彼此直接共享敏感的临床数据。在若干次训练迭代的过程中，共享的 AI 模型可以使不同数据隐私的组织机构广泛应用。为了训练符合医学专家级别的模型，人工智能算法需要输入大量病例。这些例子需要充分地代表它们将被使用的临床环境。但目前最大的开放数据集包含 10 万例病例。重要的不仅仅是数据的数量。它还需要非常多样化，并包括来自不同性别、年龄、人口统计数据和环境暴露的患者的样本。单个医疗保健机构可能拥有包含数十万记录和图像的档案，但这些数据源通常都是竖井式的。这在很大程度上是因为健康数据是私人的，未经必要的患者同意和伦理批准不能使用。联邦学习通过解决了将数据集中到单个位置的问题。相反，该模型在不同地点进行多次迭代训练。例如，三家医院决定合作，建立一个模型来帮助自动分析脑瘤图像。如果他们选择使用客户—服务器联合的方法，中央服务器将维护全局深度神经网络，每个参与医院将得到一份副本，以训练自己的数据集。一旦模型在本地进行了几次迭代训练，参与者就会将他们更新的模型版本发送回中央服务器，并将他们的数据集保存在他们自己的安全存储中。然后，中央服务器将汇总来自所有参与者的贡献。更新后的参数将与参与组织分享，以便它们能够继续在当地进行训练。

1. 算网需求

在算力网络的应用场景下基于联邦学习技术，搭建医疗联邦推荐业务，可以为不同用户提供推荐专家、极速问诊、挂号体检等服务。该场景对算网的需求主要包含以下两种服务：

- 联邦模型训练服务：双方不共享数据，利用纵向联邦学习进行联邦模型训练，获取联邦全局模型。

- 联邦模型推理服务：双方不共享数据，分别进行本地模型推理，通过政企云聚合结果，返回给用户。

业务流程如图 10-5 所示。

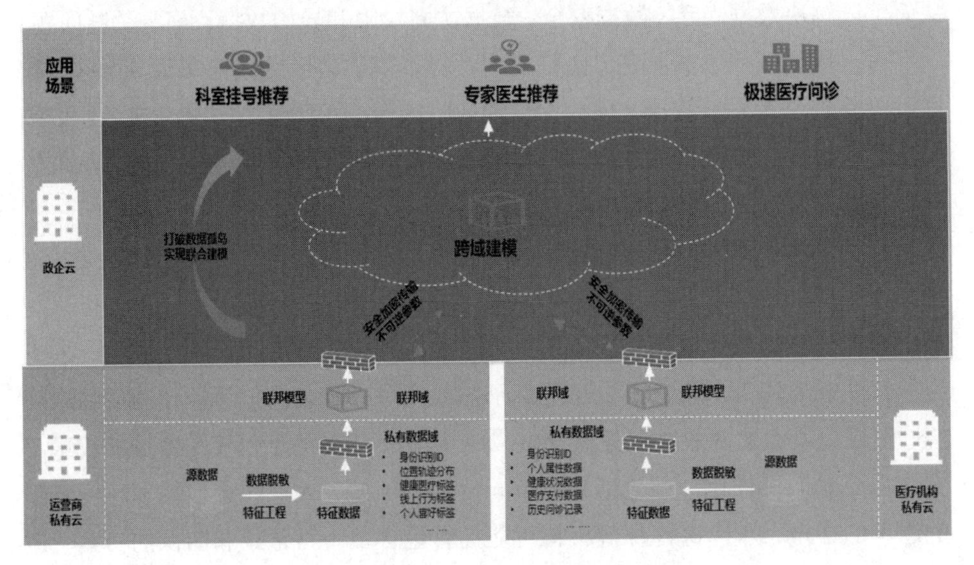

图 10-5　基于联邦学习的医疗推荐业务场景

此场景下的算网具体需求如表 10-8 所示。

表 10-8　基于联邦学习的医疗推荐场景网络指标要求

服务	网络需求	算力需求
联邦模型训练	云间端到端总时延：<100ms 云间上行和下行数据速率：>1Gbit/s 云间时延抖动：<50ms	x86 CPU 集群，2GHz 以上； 计算时延 < 40ms
联邦模型推理	App 调用总时延：<200ms 云间端到端总时延：<80ms 云间上行和下行数据速率：>100Mbit/s 云间时延抖动：<30ms	x86 CPU 集群，2GHz 以上； 计算时延 < 40ms

2. 关键业务流程

如图 10-6 所示，基于上述场景以及对算力和网络的需求，运营商、医疗机构多云参与的现状，相关系统流程如下：

（1）终端任务接入与请求。

（2）联邦系统角色分配。

（3）算网资源编排与调度：算力节点选择 / 网络路径规划。

（4）模型构建与服务部署：联邦模型训练 / 联邦模型推理。

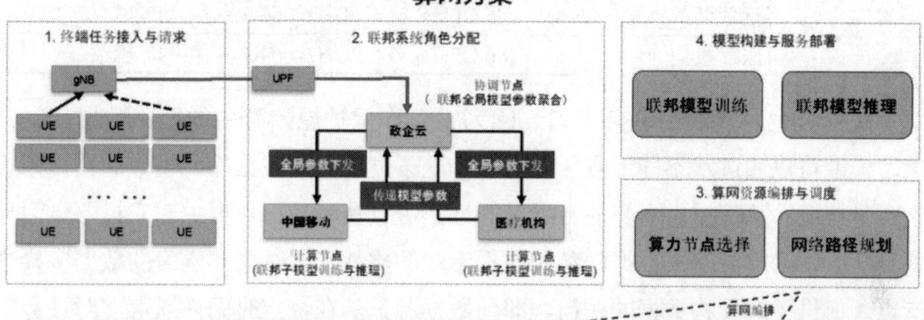

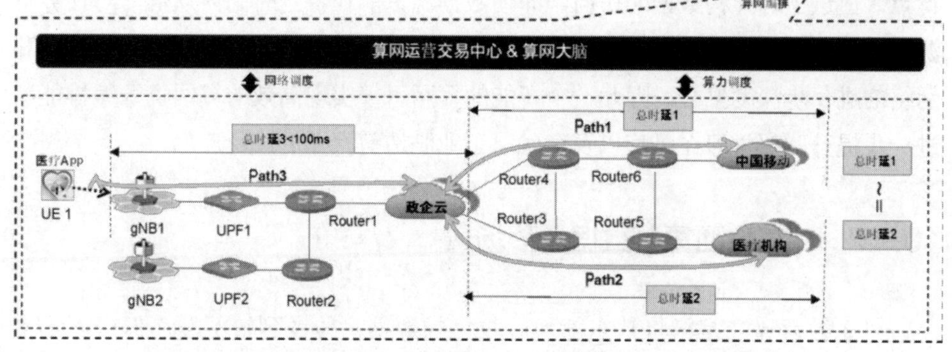

图 10-6　基于联邦学习的医疗推荐场景算网编排关键业务流程

算力节点与路径选择关键指标如表 10-9 和表 10-10 所示。

表 10-9　基于联邦学习的医疗推荐场景下网络选择关键指标

服务	网络性能需求到网络节点配置映射示例（以 1000 用户，5% 并发估算）
联邦训练	Path1：政企云，Router4（Priority（18）），Router6（Priority（18）），中国移动 Path2：政企云，Router3（Priority（18）），Router5（Priority（18）），医疗机构 Path3：gNB11（5QI（30）），UPF1（5QI（30）），Router1（Priority（18）），政企云
联邦推理	Path1：政企云，Router4（Priority（48）），Router6（Priority（48）），中国移动 Path2：政企云，Router3（Priority（48）），Router5（Priority（48）），医疗机构 Path3：gNB11（5QI（60）），UPF1（5QI（60）），Router1（Priority（48）），政企云

表 10-10 基于联邦学习的医疗推荐场景下算力选择关键指标

服务	算力性能需求到算力节点配置映射示例（以1000用户，5%并发估算）		
联邦训练	政企云	2	x86 CPU 4核，2GHz，64G内存，1T磁盘
	运营商	4	x86 CPU 8核，3GHz，128G内存，2T磁盘
	医疗机构	3	x86 CPU 8核，3GHz，128G内存，2T磁盘
联邦推理	政企云	2	x86 CPU 4核，2GHz，64G内存，1T磁盘
	运营商	4	x86 CPU 8核，3GHz，64G内存，1T磁盘
	医疗机构	3	x86 CPU 8核，2GHz，64G内存，1T磁盘

医疗行业可以利用联邦学习，因为它允许保护原始源中的敏感数据。联邦学习模型可以通过从不同地点（如医院、电子健康记录数据库）收集的数据来诊断罕见疾病，从而提供更好的数据多样性。可以从非共存数据中建立机器学习模型，从而帮助解决有关数据隐私和数据治理的挑战。同时联邦学习的数据多样性特点，促进了对异构数据的访问，即使数据源只能在特定时间内通信。对计算资源高效利用的特点，不需要一个复杂的中央服务器来分析数据，都促进了算力和网络的进一步深度融合，因此一个智能的算网引擎实现高效的算网资源编排能够进一步提升联邦学习在医疗以及金融、工业制造等行业的广泛应用。

10.2.2 “东数西算”数据迁移场景

“东数西算”是指将从东部地区收集的数据，传送到较不发达但资源丰富的西部地区进行存储、计算并反馈，并在西部建立更多的数据中心。可以帮助改善数字基础设施布局的不平衡，并将数据作为生产要素的价值最大化。“东数西算”中的“数”，指的是数据，“算”指的是算力，即对数据的处理能力。“东数西算”是通过构建数据中心、云计算、大数据一体化的新型算力网络体系，将东部算力需求有序引导到西部，优化数据中心建设布局，促进东西部协同联动。

目前国家已规划在京津冀、长三角、粤港澳大湾区、成渝、内蒙古、贵州、甘肃、宁夏等8地启动建设国家算力枢纽节点以及10个国家数据中心集群。为了支持“东数西算”工程，国内三大运营商纷纷开展了相关计算机网络资源的布局及建设。其中中国电信早在2020年就明确了“2+4+31+X”的数据中心、云计算布局，其中“2”指内蒙古和贵州，“4”指京津冀、长三角、粤港澳和陕川渝，“31”和“X”主要指各省公司及地市公司的计算资源。中国移动也确定了“N+31+X”的云资源池体系，其中心节点已经覆盖了长三角、粤港澳、成渝以及京津冀等区域，匹配了国家“东数西算”战略。中国联通发布了CUBE3.0战略，规划构建云网边一体化的“5+4+31+X”新型数据中心，开展网络、云计算、大数据之间的协同建设，推动算力向绿色化和集约化方向发展。

“东数西算”背景下，实现低碳节能数据存储计算，各企业的大数据面临数据搬迁：

- 非实时数据存储：从东部产生的数据搬迁到西部节点，实现成本、耗能的优化。
- 多云数据协同处理任务：在西部多节点之间启动协同计算任务。

1. 算网需求

为达成低碳节能实现成本优化，数据迁移的主要流程如图 10-7 所示。“东数西算”对于算网需求的服务包括：

- 数据迁移服务：经过治理的历史数据将作为数据资产传输到西部低碳节点存储。
- 协同计算服务：利用西部绿色计算节点联合计算，挖掘数据智能。

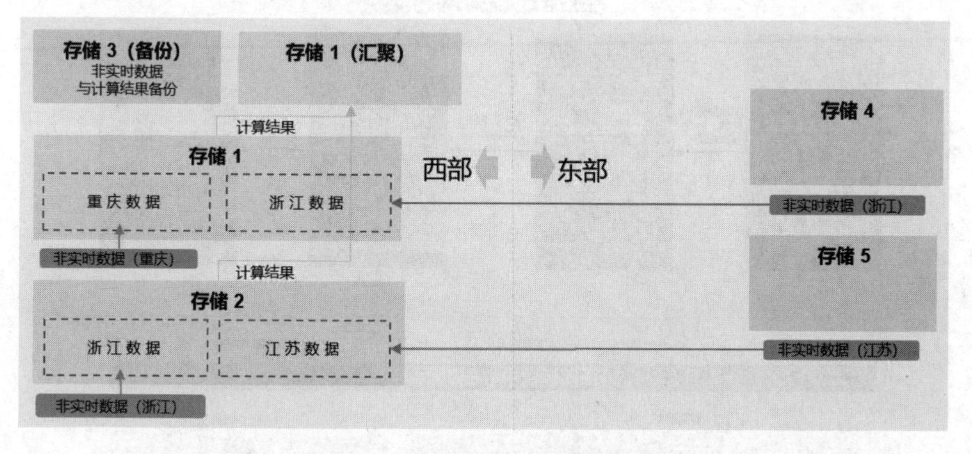

图 10-7　“东数西算”数据迁移场景

以某省电信运营商为例，每月最后一天前将 B 域三类数据迁往西部计算，数据量 2PB 。在流失客户报表统计业务中，需要在边缘节点上按月执行多个数据处理任务。以此场景来估算算力和网络需求，此场景下的算网具体需求如表 10-11 所示。

表 10-11　“东数西算”数据迁移场景网络指标要求

服务	网络需求	算力需求
数据迁移	东部存储 4 与西部存储 1，存储 5 与存储 2 之间的网络开通 网络带宽：>Gbps，挑选网络闲时传输，保证代价最低	节点数 3 个（其中 1 个作为数据备份节点）；单节点存储大于 20PB
协同计算	网络延迟 <100ms	1000 台 x86，（单台配置 32C，内存 8G）

2. 关键业务流程

如图 10-8 所示，该场景下涉及多云之前的非实时数据存储以及协同任务处理，其主要业务流程包括：

（1）多云数据开发及上线。

（2）数据协同调度。

（3）算网资源编排与调度。

（4）服务部署与数据处理。

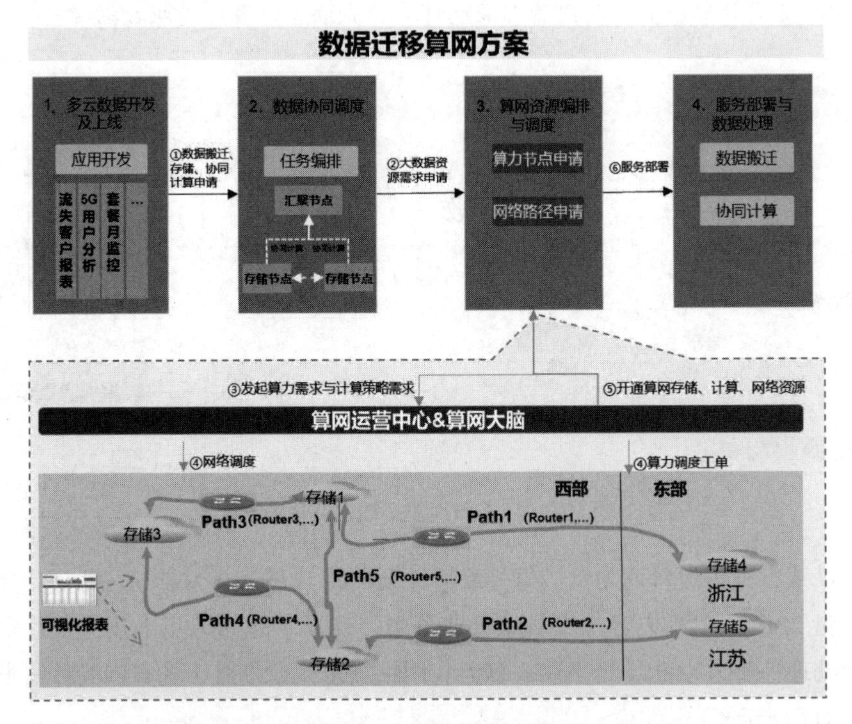

图 10-8　“东数西算”数据迁移场景关键业务流程

算力节点与路径选择关键指标如表 10-12 和表 10-13 所示。

表 10-12　“东数西算”数据迁移场景网络关键指标选择

服务	网络性能需求到网络节点配置映射示例
数据迁移	网络开通：Path1（存储 1~ 存储 4）、Path2（存储 2~ 存储 5）、Path3（存储 1~ 存储 3）、Path4（存储 2~ 存储 3）、Path5（存储 1~ 存储 2） 网络带宽：>Gbps 开通时段：网络闲时传输，保证每月最后一日前完成数据迁移即可
协同计算	网络开通：Path3（存储 1~ 存储 2） 网络带宽：>Gbps 网络延迟 <100ms 开通时段：网络闲时传输，保证每月最后一天 18：00 前完成计算即可

表 10-13　“东数西算”数据迁移场景算力关键指标选择

服务	算力性能需求到算力节点配置映射示例		
数据迁移	存储 1：20PB 储 存储 2：30PB 存储	存储 3：20PB 存储	存储 1：30PB 存储
协同计算	存储 1：200 台 x86（32C/8G） 存储 2：200 台 x86（32C/8G）	存储 3：50 台 x86（32C/8G）	存储 1：550 台 x86（32C/8G）

“东数西存”通过对东西部数据与应用协同，在 Web 应用、大数据分析及 AI 推理与训练等专题场景，主要解决数据存储量大、存储周期长、存储成本高等难题，打造跨域数据流动圈，实现数据资源能效进一步优化。

10.3　云边算力协同

云边一体数据治理业务场景。

数据治理是管理企业系统中数据的可用性、可用性、完整性和安全性的过程。它通过控制数据使用的内部数据标准和策略进行“治理”，有效的治理确保数据是可信的、一致的，并且不会被滥用。数据治理的主要作用是确保数据质量在数据的整个生命周期中保持高水平，并且实现的控制符合组织的业务目标。重要的是要有效地使用信息，并且要符合公司的意图。数据治理确定谁可以根据什么数据、在什么情况下以及使用什么方法采取什么行动。

数据治理是任何与大数据合作并形成一致、通用的业务流程和职责的组织的基本组成部分。它强调了需要通过组织的数据治理策略控制数据类型。它设置了与访问或负责数据的个人角色相关的明确规则，并且这些规则必须在组织的不同部门之间达成一致。

数据治理是一个复杂的系统工程，涉及多个领域，存在着不少的困难和挑战。其价值体现在多个方面。通过业务系统的数据资产的稽核，解决了信息孤岛问题，实现数据一点可看、全面可信。数据治理与各类平台建设协同开展、治理流程与开发过程深度内嵌、管理平台与生产平台无缝对接，使治理过程贯穿数据全生命周期，实现数据全面覆盖。良好的数据治理可以赋能各生产系统与业务应用的健康运转，保障数据资产价值发挥。

1. 算网需求

从数据价值和经济性考虑，企业需构建边云统一的数据治理及全网数据存储计算能力，相关需求包括：

- 全网数据存储：全网数据统一存储，实现共性应用开发。
- 边云数据协同处理任务：在边云多节点间启动协同计算任务。

为实现全网统一数据的治理与管理，云边一体数据治理业务对于算网的需求包括：

- 数据传输服务：边缘元数据、共性数据将作为数据资产传输到云端节点存储。
- 协同计算服务：利用边云节点协同计算，挖掘数据智能。

云边一体数据治理业务场景的主要流程如图 10-9 所示。

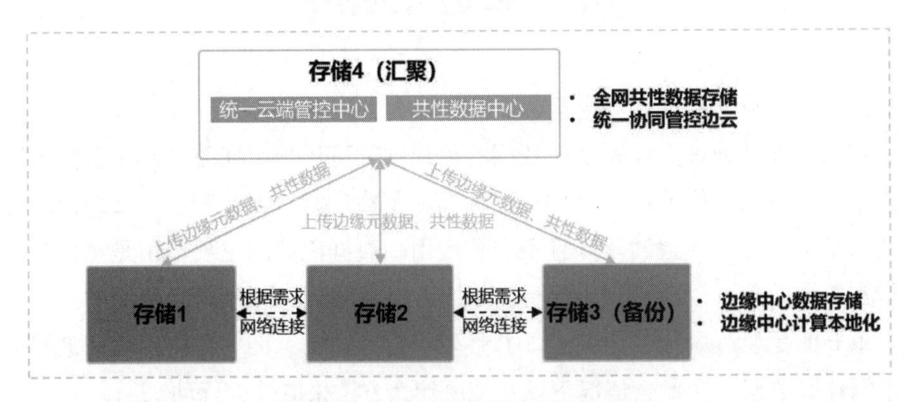

图 10-9　云边一体数据治理业务场景

以某电信集团公司为例，每月最后一天前将三类本地处理后的数据上传至云端计算，数据量 3PB。在点金信用分应用需求中，需要在边云节点上按月执行多个数据处理任务。以此场景来估算算力和网络需求，如表 10-14 所示。

表 10-14　云边算力协同场景网络指标要求

服务	网络需求	算力需求
数据传输	数据汇聚节点 4 分别与存储 1、存储 2、存储 3 之间的网络开通 网络带宽：>10Gbps，挑选网络闲时传输，保证代价最低	节点数 4 个（其中 1 个作为数据备份节点）； 单节点存储大于 30PB
协同计算	网络延迟：<100ms	1800 台 x86（单台配置 32C，内存 8G）

2. 关键业务流程

如图 10-10 所示，该场景下的关键业务流程如下：

（1）边云数据开发及上线。

（2）数据协同调度。

（3）算网资源编排与调度。

（4）服务部署与数据处理。

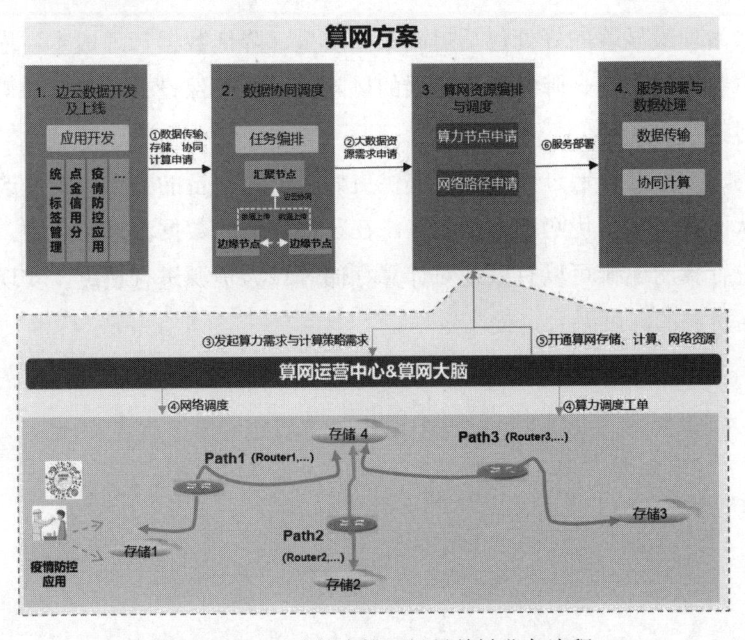

图 10-10　云边算力协同场景关键业务流程

算力节点与路径选择关键指标如表 10-15 和表 10-16 所示。

表 10-15　云边算力协同场景网络关键指标选择

服务	网络性能需求到网络节点配置映射示例
数据传输	网络开通：Path1（存储 1~ 存储 4）；Path2（存储 2~ 存储 4）；Path3（存储 3~ 存储 4） 网络带宽：10>Gbps 开通时段：网络闲时传输，保证每月最后一日前完成数据传输即可
协同计算	网络开通：Path1（存储 1~ 存储 4）；Path2（存储 2~ 存储 4） 网络带宽：>Gbps 网络延迟 <100ms 开通时段：网络闲时传输，保证每月最后一天 18：00 前完成计算即可

表 10-16　云边算力协同场景算力关键指标选择

服务	算力性能需求到算力节点配置映射示例		
数据传输	存储 1：50PB 存储 存储 2：40PB 存储	存储 3：30PB 存储	Cloud1：40PB 存储
协同计算	存储 1：400 台 x86（32C/8GB） 存储 2：400 台 x86（32C/8GB）	存储 3：50 台 x86（32C/8GB）	Cloud1：950 台 x86（32C/8GB）

数据治理最显著的好处包括提高数据质量、降低数据管理成本、增加跨组织对所需数据的访问、降低引入错误的风险，以及确保设置、执行和遵守关于数据访问的明确规则。

最终，数据治理通过向管理层提供更好、更高质量的数据来帮助改善业务决策，从而获得竞争优势和增加收入。在云边一体的数据治理场景中，通过算网大脑进行算网编排可以有效地对计算存储等算力资源进行调度，实现计算资源与网络资源的深度融合，提高效率。

第11章 未来展望

目前，算力网络仍在快速发展中，相关协议与功能都也在标准化过程中，其内涵和外延在不同语境下也不尽相同。但是对于算力网络的目标，业界的认识是比较一致的。算力网络作为CT和IT技术融合的最新成果，目标是能够满足各种网络和算力融合的新兴应用，实现算力资源和网络资源智能联合优化。

算网大脑作为算力网络的核心管理控制系统，支持网络资源和算力资源实时感知，能够完成业务需求实时分析，采用算网一体化智能编排调度方法，支持人工智能和数字孪生等新兴注智技术，高效实现算网业务的全生命周期管理。在未来，算网大脑会持续演进，支持更广维度的算网资源、更高效的编排调度能力、更精确的客户服务策略、更确定的资源调度和更融合的算网一体基础设施五大方面逐步进化，成为超级“算网大脑”。

1. 更广维度的算网资源

目前算网大脑主要关注在算力资源和网络资源的编排调度，应用和安全相关服务需借助其他方式完成部署。未来，算网大脑会拓展支持安全资源与应用资源的编排调度，灵活快速地满足用户在应用以及安全方面的需求。如图11-1描述了未来算网大脑与周边系统的集成关系，应用资源和安全资源作为新的资源类型会纳入算网大脑的管理能力范围。算网应用资源是指算力网络中预置通用应用能力，比如典型AI通用算法模型等。算网大脑的应用编排能够最大程度帮助客户减少非核心事务方面的时间、人力的耗费，而专注在自身核心业务应用的开发部署。在算力网络中，安全资源是一个比较宽泛的概念，会贯穿算网多功能层次，比如应用安全、网络安全、用户安全等方面。算网大脑将安全资源统一编排调度，会极大地降低算网安全方案部署的难度，提升算网业务部署总体时间效率。

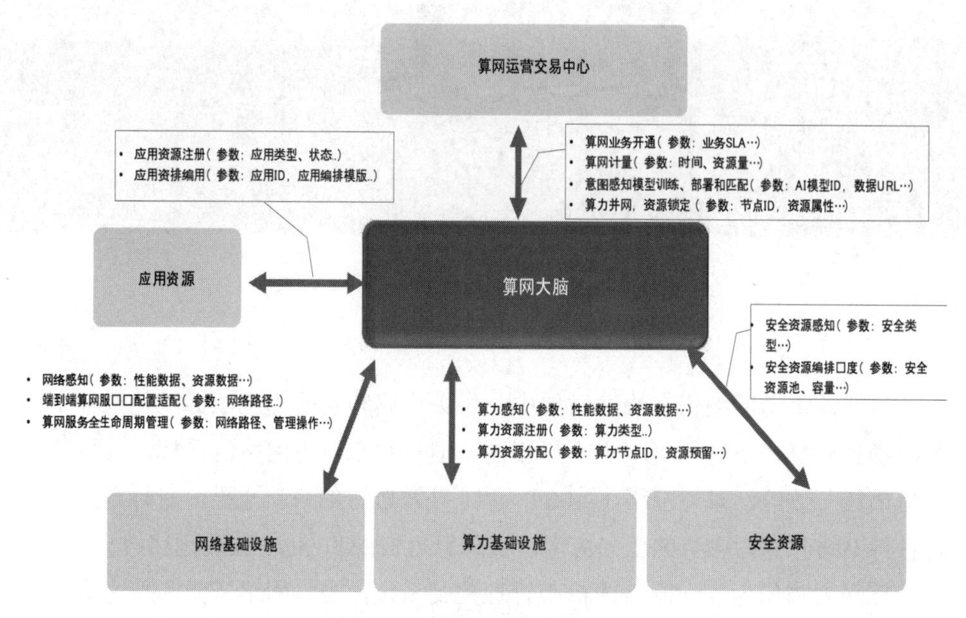

图 11-1　算网大脑集能力集

2. 更高效的编排调度

随着算网业务数量和类型的增长，算网大脑会从已部署业务性能和算网资源维度的海量数据中，采用大数据分析能力，关联业务需求与算网资源的匹配模式，逐步建立起算网大脑的业务知识词典。如图 11-2 所示，算网大脑基于已学习的业务画像和匹配策略的业务知识词典，通过分析业务需求特征完成对业务画像，快速智能地完成资源的编排决策，从而形成算网业务更为高效的编排调度策略，实现“秒级”编排调度策略。算网大脑的高效资源编排调度一方面能够帮助算网更高频度的业务调用能力，提高算网业务的实时性，另一方面也支持算网大脑在更大范围的算网基础上部署。

3. 更精确客户服务策略

随着算网基础设施能力的进一步开放，算网大脑能够实现对终端用户的业务状态的感知，进而可以为不同客户采用更为精确的服务策略，实现算网业务从“用户群”向“单用户”的感知与服务管理。如图 11-3 所示，算网大脑根据用户状态感知结果，动态调整算力网络资源的调度策略，满足用户的应用需求保证。算网大脑可以根据用户接入位置和应用请求，快速实现用户的算网资源调度，将应用算力送达终端用户。当用户结束服务需求时，算网大脑快速地调整用户策略，将算网资源释放掉。实现算力像电力一样“随用随取，随走随关”的服务模式，提供算力弹性供给，支持更为多样的客户服务模式。

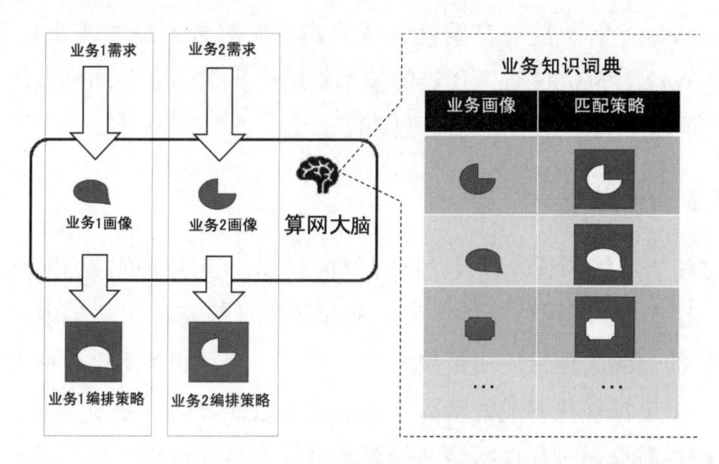

图 11-2　基于业务知识词典编排方法

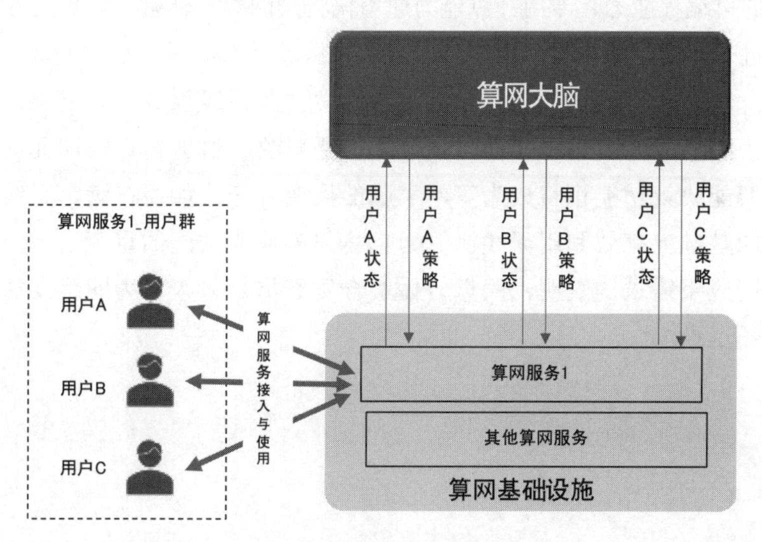

图 11-3　用户感知与服务

4. 确定性资源调度

通信网及互联网通过近三十年的发展已非常成熟，基于尽力而为的机制提供了如视频流媒体播放、电子商务、基于 IP 的语音通话等诸多服务。面对全球数字化转型的浪潮，以智能交通、工业控制、智慧医疗为代表的诸多行业对超低时延、高可靠，确定性等通信特征提出了新的需求。信息在网络传送过程中的实时性、确定性以及网络层的确定性越发成为未来网络发展的重要方向之一。广义上的确定性网络技术可以包括时间敏感网络（Time Sensitive Network）、确定网（DetNet）等。随着在垂直领域的确定性需求的爆发式增长，以 IPv6/SRv6、SD-WAN、5G/6G 等为代表的技术将进一步保障业务端到端的确定性，实现算力及网络的小颗粒切片及资源调度。

5. 网算一体融合

随着 5G 的规模部署，以及边缘计算的兴起，云边协同成为网络发展的重要方向之一。MEC 利用移动性、云服务和边缘计算将应用从集中式数据中心转移到网络的边缘，使得应用更接近最终用户，计算服务更接近应用数据。算力资源的路由选择优化将成为网算一体融合的重要方向，亦即需要有全新的路由协议将业务需求通过最佳网络路径调度至算力最佳节点。如何进一步提升网络设备的可编程能力、专用计算能力通用化将是网算一体融合的重要方向。5G 核心网进一步实现了软硬件解耦以及云化，因此其具备了天然的网算一体融合的基础。以 O-RAN 为主导的 5G 接入网也尝试在无线领域引入云化，未来无线侧算力必将成为网络边缘算力供给的重要来源，由于 RIC 等网元的引入，无线的智能决策功能也将成为算网大脑的重要补充。如何在满足无线基站基本功能的基础上有效利用无线侧算力也将成为业界关注的重点之一。技术发展及不同应用需求均表明，网算一体融合发展将是未来算力网络发展的重要方向之一。